基于变形控制的桩板墙技术研究与应用

姚裕春　冯建军　张　良　◎ 著
卢长德　陈小科　周　成

西南交通大学出版社
·成都·

图书在版编目（CIP）数据

基于变形控制的桩板墙技术研究与应用 / 姚裕春等著. -- 成都：西南交通大学出版社，2024.8. -- ISBN 978-7-5774-0034-1

Ⅰ.TU364

中国国家版本馆 CIP 数据核字第 2024Q4J378 号

Jiyu Bianxing Kongzhi de Zhuangbanqiang Jishu Yanjiu yu Yingyong
基于变形控制的桩板墙技术研究与应用

姚裕春　冯建军　张　良
卢长德　陈小科　周　成　　著

策 划 编 辑	黄淑文
责 任 编 辑	黄淑文
封 面 设 计	原谋书装
出 版 发 行	西南交通大学出版社 （四川省成都市金牛区二环路北一段 111 号 西南交通大学创新大厦 21 楼）
营销部电话	028-87600564　028-87600533
邮 政 编 码	610031
网　　　　址	http://www.xnjdcbs.com
印　　　　刷	成都蜀通印务有限责任公司
成 品 尺 寸	185 mm × 260 mm
印　　　　张	13.75
字　　　　数	300 千
版　　　　次	2024 年 8 月第 1 版
印　　　　次	2024 年 8 月第 1 次
书　　　　号	ISBN 978-7-5774-0034-1
定　　　　价	68.00 元

图书如有印装质量问题　本社负责退换
版权所有　盗版必究　举报电话：028-87600562

前 言

桩板墙具有收坡效果好、抗震性能佳、设计施工简单等特点，在铁路、公路、市政等工程中得到大量应用。目前，关于支挡结构侧向变形对路基沉降影响的研究较少，侧向变形引起的路基沉降的作用机理、影响范围尚不十分清楚。传统的桩板墙设计理论及方法以结构稳定为控制目标，虽然对桩板墙加固桩的桩顶和桩锚固点变形设置了限值，但缺乏基于变形控制的设计理论与方法。高速铁路对变形控制要求极为严格，现行《高速铁路设计规范》(TB 10621—2014)规定，无砟轨道高速铁路路基一般地段工后沉降不宜大于 15 mm，过渡段工后沉降不应大于 5 mm、折角不应大于 1/1000。高速铁路的速度目标值在不断地提高和发展，以成渝中线高速铁路为代表的时速 400 km 及时速 400+ km 高速铁路，促使必须研究提出基于变形控制的桩板墙设计理论与方法，建立桩板墙的变形控制标准。

本书介绍的成果在中国中铁股份有限公司科技研究开发计划重大课题（2022-重大-02）和重点课题（重点-03-2010）资助下取得，以室内土工试验、土工离心模型试验、有限元数值分析及现场测试的数据为基础进行理论分析，探讨桩板墙墙背土压力的分布规律、锚固桩顶位移与路基沉降的关系、粉质黏土的长期变形状态阈值与锚固桩顶位移的时间效应，构建基于桩体侧向位移状态控制的桩板墙设计理论与方法。

本书按概述、桩板墙有限元分析、桩板墙离心模型试验、桩板墙现场试验、桩板墙力学特性分析及变形阈值、桩板墙变形控制设计方法，共 6 章对研究取得的成果进行系统介绍。

本书编写参阅和引用了相关参考资料，在此对相关作者表示感谢！本书在编写过程中得到了甘肃省隧道工程绿色建造技术创新中心、中铁二院工程集团有限责任公司、西南交通大学等单位和专家的支持与帮助，在此表示感谢！另外，还要特别感谢李浩博士和硕士研究生吴江，他们在图书编写过程中做了大量的资料收集和仿真工作。

鉴于本书编写时间及笔者水平有限，书中难免存在错漏和不足之处，敬请读者批评指正。

作 者
2024 年 5 月

目 录

第1章　概　述 ·· 001
　1.1　桩板墙应用及存在问题 ··· 001
　1.2　桩板墙国内外研究现状 ··· 003
　1.3　高速铁路桩板墙研究内容 ·· 017

第2章　高速铁路无砟轨道路肩桩板墙有限元分析 ················· 019
　2.1　有限元分析方案 ·· 019
　2.2　计算结果与数据分析 ·· 023
　2.3　小　结 ·· 075

第3章　高速铁路无砟轨道路肩桩板墙离心模型试验 ·············· 078
　3.1　路肩桩板墙离心模型试验目的 ······································ 078
　3.2　路肩桩板墙离心模型试验设计 ······································ 078
　3.3　模型制备过程 ··· 097
　3.4　试验数据分析 ··· 099
　3.5　小　结 ·· 120

第4章　高速铁路无砟轨道路肩桩板墙现场试验 ···················· 121
　4.1　工点概况 ··· 121
　4.2　现场试验研究目的 ·· 126
　4.3　现场试验方案 ··· 126
　4.4　现场试验数据分析 ·· 134
　4.5　小　结 ·· 150

第5章　桩板墙力学特性分析及变形阈值 ····························· 151
　5.1　概　述 ·· 151
　5.2　桩板墙墙背土压力 ·· 151
　5.3　桩前地基抗力 ··· 154
　5.4　锚固桩侧向位移与路基沉降的关系 ······························· 159
　5.5　锚固桩顶位移时间效应及状态阈值 ······························· 164
　5.6　小　结 ·· 176

第6章 基于变形状态控制的桩板墙设计方法探讨 ·········· 178

6.1 概 述 ·········· 178
6.2 基于变形状态控制的桩板墙设计方法 ·········· 178
6.3 斜坡地基路肩式桩板墙设计中的襟边宽度讨论 ·········· 189
6.4 现场工点的长期性能计算分析 ·········· 190
6.5 现场工点设计工况的变形状态控制检算 ·········· 193
6.6 设计标准及控制阈值的探讨 ·········· 195
6.7 设计实例及变形状态阈值验证 ·········· 201
6.8 小 结 ·········· 204

参考文献 ·········· 205

【第1章】 >>>>
概 述

1.1 桩板墙应用及存在问题

桩板墙是由边坡支护中的抗滑桩演变而来的一种墙型，在抗滑桩间搭板或挂板就成为桩板墙，结构形式如图 1-1 所示，由加固桩和挡土板组成。桩板墙具有收坡效果好、抗震性能佳、设计施工简单等特点，在路堑和路堤工程中大量应用，如图 1-2、图 1-3 所示。桩板墙是利用锚固于地基中的锚固段提供抗滑力抵抗填土的侧压力，抗滑力主要是通过调动桩前地基土的抗力提供，是典型的被动式受力；抗滑桩也被 E. D Beer 称为"被动桩"，其主要优点在于墙高不受一般挡墙的高度限制，悬臂段可高达 15 m，地基承载力的不足可以通过锚固段的埋深得到补偿。此外，桩板墙墙背直立，可节约大量的填方工程量，桩身及挡土板刚度可以根据墙背土压力的大小及设计要求进行灵活调整，使得桩板墙在山区铁路路基工程尤其是高路堤支挡工程中得到广泛应用。

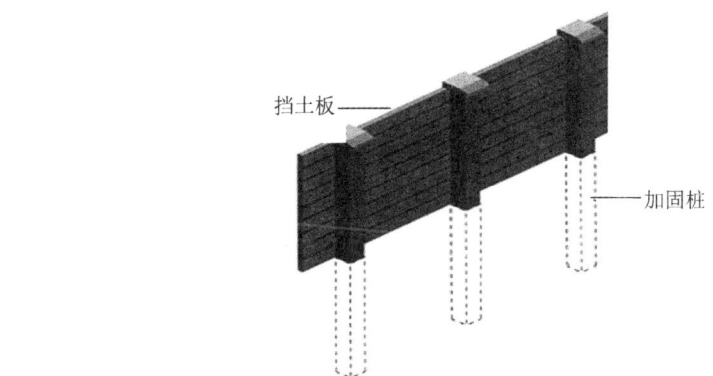

图 1-1 桩板墙结构型式

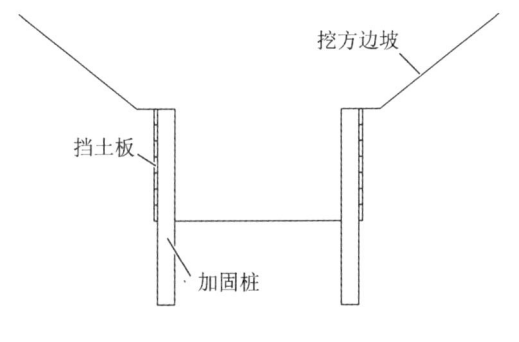

（a）代表横断面

（b）工程照片

图 1-2 路堑桩板墙

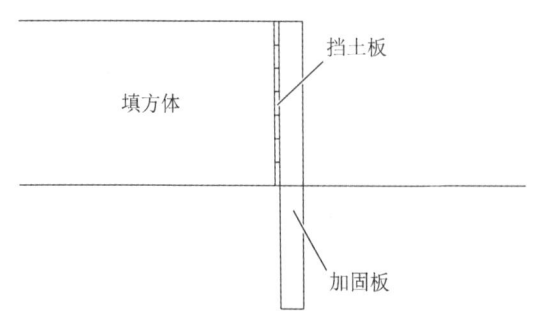 

（a）代表横断面　　　　　　　　（b）工程照片

图 1-3　路堤桩板墙

当锚固桩悬臂段较长时，桩体锚固段微小的侧向变形就会在桩顶处被放大，若墙后土体与挡墙发生协调变形，则挡墙的侧向变形势必会引起路堤的附加沉降。目前，对挡墙侧向变形随时间长期发展规律以及侧向变形影响路堤沉降作用机制的研究尚不够深入。桩板墙作为一种被动受力的支挡结构，依赖于锚固段地基土侧向变形产生的抗力，以平衡墙背土压力。因此，墙背荷载水平影响着锚固段地基土的变形状态，决定着锚固桩侧向位移的发展趋势，进而给路肩式桩板墙后的路基面工后沉降控制造成困难。当桩板墙应用于高速铁路无砟轨道路堤支挡时，要求锚固段地基土的变形处于快速稳定状态，即变形无时间效应，以控制路基的附加沉降，满足无砟轨道在少维修条件下的平顺性要求。我国 TB 10025—2019《铁路路基支挡结构设计规范》规定：桩板墙地面以下锚固段长度 1/3 处的桩前抗力应不大于地基土横向允许承载力 $[\sigma_H]$，并要求桩顶侧向位移小于悬臂段长度的 1%，且不宜超过 100 mm。这一强度及位移控制标准对无砟轨道条件下高速铁路的适用性尚待推敲。因此，研究适用于高速铁路无砟轨道的桩板墙变形状态控制设计方法及快速稳定状态对应的桩体侧向位移阈值，具有重要的理论价值，也是亟待解决的关键技术问题。

桩板墙支挡结构的力学作用机理主要是将悬臂段承受的土压力通过桩体传递至埋入锚固段地基中，通过桩体的侧向位移，调动桩前地基土抗力的发挥，达到力的平衡。从这一力学作用机理中反映出，桩前地基土的力学性质是桩板墙墙体位移控制的关键因素。目前，在桩板墙设计理论中，桩前地基土抗力的计算多采用基于弹性理论的弹性地基梁法，假定地基土发生弹性变形。对于小变形来讲该假设有一定的合理性，然而土的应力-应变关系具有强烈的非线性特征，弹性变形阶段的应变量很小，或一开始就发生塑性变形，因此《铁路路基支挡结构设计规范》（TB 10025—2019）中认为地面处桩体侧向位移超过 10 mm 后，虽然弹性地基梁法仍然适用，但常规地基系数不能采用，必须对其进行折减，而地基系数折减后，得到桩的变形增大，形成恶性循环，故通常采用加大锚固段深度或增大桩身截面尺寸的方法防止地面处桩水平位移过大。当地基土为细粒土时，其力学性质除了非线性特征外，还有比较显著的流变性特征，即土体的变形具有明显的时间效应，土体持续缓慢的微量变形，随时间所产生的累积变形也是比较可观的,甚至导致地基土发生破坏。因此,研究桩板墙桩前地基土变形的时间效应符合我国高速铁路无砟轨道对路基变形控制的要求,具有重要的工程意义。

挡土墙土压力问题是土力学的经典课题之一,早在1776年法国工程师库仑(Coulomb)就根据墙后土楔体极限平衡建立了著名的库仑土压力理论。之后的1857年,朗金(Rankine)根据墙后土体的一点应力状态建立了朗金土压力理论。这两种土压力理论因其概念清晰、计算简单,同时又能满足一定的工程精度,时至今日,依然是最主要的挡土墙土压力设计理论。目前,桩板墙设计中主要按库仑土压力理论,土压力分布形式一般取三角形或梯形,然而较多的试验证明,桩板墙上主动土压力分布形式并非为线性分布,多数情况下类似于抛物线型的非线性分布,实测土压力通常大于库仑土压力,其中一部分原因是墙后土体并未完全达到主动极限状态,因此在设计中通常将墙背主动土压力按库仑理论值的 1.1~1.2 倍取值。这种取值方法是基于实测值的经验估算,对于在限定挡墙位移情况下,可能会产生较大偏差,这就需要解决如何比较准确地计算挡墙在给定位移控制标准的情况下墙背土压力,为基于位移控制的桩板墙设计提供有价值的参考,也是目前高速铁路无砟轨道桩板墙需要解决的重要问题。

1.2 桩板墙国内外研究现状

我国高速铁路发展快速,特别是无砟轨道结构的高速铁路,因具有运行高速、平稳等特点,在新建的高速铁路中所占比例越来越大。然而无砟轨道高速铁路对路基工后沉降的控制严格,也给路基设计提出了更高的要求。在带有支挡结构的路基中,支挡结构在路基填土侧压力的作用下,势必会产生一定的位移,进而给路基工后沉降带来一定的负面影响,针对墙高较大、墙顶自由的桩板式挡墙来讲更是如此。从桩板墙这种"被动式受力"的工作机理来看,影响桩板墙墙体位移的主要因素是桩前土的变形以及抗力的发挥,当桩体刚度较大时,其自身的挠曲变形基本可以忽略。因此,充分掌握桩板墙桩前土变形及抗力的大小、分布形式、影响范围以及桩前土变形的时间效应等,是控制墙体位移的重要前提条件;此外,墙顶位移对路基工后沉降的影响程度、影响范围等是提出具体挡墙位移控制标准的决定性条件,也是提出基于位移控制的墙背土压力计算方法的前提。以下就这三大方面内容的国内外研究现状进行总结和阐述。

1.2.1 桩前地基土抗力

桩板墙是由抗滑桩发展而来的墙型,其桩前土抗力的分析模式与抗滑桩基本一致,而桩前地基土变形的时间效应关乎高速铁路无砟轨道桩板墙长期服役性能,因此准确掌握桩前土抗力的大小、分布形式以及作用区域、桩前地基土变形的时间效应,对桩前土抗力影响范围内的地基土进行适当加固,是控制桩前地基土变形的理论依据及提供技术支持的前提。近年来,国内外许多学者通过理论分析、数值模拟、室内模型试验以及现场试验等手段开展了这些方面的研究,也取得了一些有价值的成果。

1. 地基土抗力的研究

由于桩板墙桩体主要承受水平（横向）荷载，其桩前地基土抗力与承受水平荷载桩的理论分析方法是通用的，大致有三大类分析方法：基于极限平衡理论的极限地基反力法、弹性理论法和弹塑性分析法（弹塑性地基反力法）。现行桩板墙桩前地基土抗力通常以弹性地基理论为基础，弹性抗力系数（地基抗力系数）作为主要设计参数。

Rase 假定桩前土抗力为线性分布，首先提出了根据桩所受外力及其静力平衡条件的地基土反力计算方法，即极限地基反力法，该法特点是不考虑地基土的变形问题，地基反力只与桩的入土深度有关，与桩的挠度没有直接关系，在不考虑桩的变形问题时，该法比较方便。

Broms 同样利用基于极限平衡理论的极限地基反力计算方法，假定地基反力为直线型分布（矩形和三角形），同时考虑了桩顶自由、桩顶嵌固两种约束情况，如图 1-4 所示。虽然 Broms 法也考虑了刚性短桩和柔性长桩的情况，但由于该法与 Rase 法一样没有考虑地基土的变形问题，因此目前 Broms 法只在刚性短桩中有较好的适用性，但 Moayed、Murugan 均认为 Broms 法比较适用于单一土层，且极限地基土反力明显偏大。

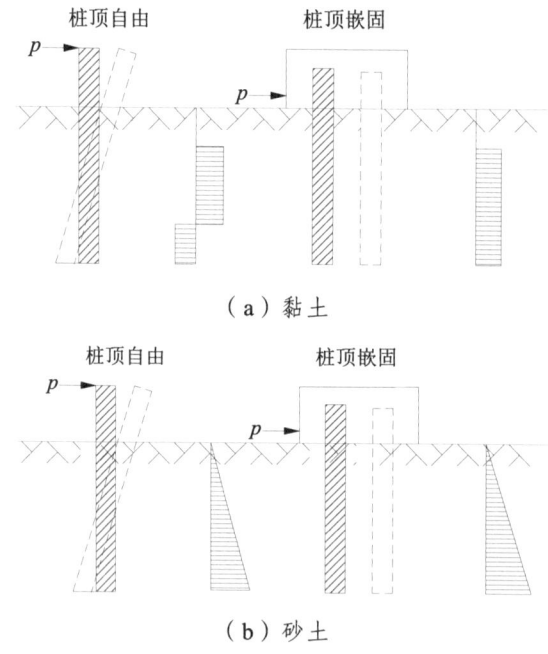

图 1-4 Broms 法刚性短桩极限地基反力示意图

Engel 和物部长穗进一步发展了 Broms 法，不同之处在于地基反力分布形式假设，Engel 和物部长穗将地基反力假设为二次抛物线型的非线性分布形式。

极限地基反力法最大的缺点是没有考虑地基土的变形问题，因此只对刚性短桩具有较好的适用性，而工程中弹性桩的大量应用，使得以 Broms 法为代表的极限地基反力计算理论无法较好地解决弹性桩问题，而 Winkler 弹性地基梁理论不仅能够解决弹性桩问题，而且也能解决刚性桩问题，同时又能够合理地考虑地基变形，因此以弹性地基梁理论为基础的地基抗力系数法在地基土抗力计算方法中得到了很好的发展。

文克尔（E. Winkler）假定地基土抗力 p 为地基抗力系数 C、桩身侧向位移 x 及土抗力的计算宽度 b_0（桩的计算宽度）的函数，即：$p = Cxb_0$。文克尔的这一假设用于对水平受荷桩的分析比用于弹性地基梁的分析更为恰当，因为地基梁在承受外荷载时产生向上挠曲，而地基梁并没有土起抗压作用，无法考虑土的抗力，而桩的两侧都存在着土。后来基于文克尔弹性地基梁理念的地基土抗力计算方法基本都集中于对地基抗力系数分布形式的假设。

张有龄假定水平地基抗力系数沿深度方向为不变的常数，即地基抗力系数沿深度呈矩形分布形式，得到了弹性长桩的内力和位移的解析解，该方法称为"张氏法"或"C"法。同年（1937年），苏联学者安盖尔斯基（д.в Ангерский）提出了"K"法，基本假定为：① 桩顶处嵌固，仅能水平移动，不能转动；② 地基水平抗力系数在地面处为零，地面至桩身第一弹性零点（桩身第一个水平位移为零的点）地基抗力系数沿深度呈凹曲线分布，该段地基土抗力为对称的二次抛物线型，而弹性零点以下，地基抗力系数保持不变，为常数；③ 地基土、桩身视为弹性介质，第一弹性零点以下桩身按无限长弹性地基梁考虑。"K"法的提出在当时的横向载荷桩基设计中得到了广泛应用，我国在此基础上，推导出了长桩位移和内力的计算表格，并写入了当时的相关规范，然而后来我国胡人礼、交通部科学院在工程实践中逐渐发现"K"法的计算理论存有重大缺陷，其计算方法相互矛盾，甚至建议将"K"法从规范中删除。

苏联学者西林（K. c Cunuh）提出了"m"法，假定地基抗力系数在地面处为零，并沿深度线性增加，即呈三角形分布形式。由于该法与工程能够较好地符合情况，在我国得到了广泛应用，至今仍为我国规范所推荐的方法之一。

太沙基（K. Terzaghi）由试验研究，认为预压黏性土地基抗力系数在地面处接近于零，并沿深度呈线性增长，到一定深度后趋于常数。并利用刚性承载板的水平加载试验给出了 m 的参考值。Terzaghi 认为地基抗力系数 C 为桩与土接触面某一点的水平压力 p 与该压力下在该点产生的水平位移 x 之比，即：$C = p/x$，并且对于无黏性土和正常固结的黏土，地基抗力系数 C 沿深度 y 呈线性增大，而随受荷宽度 b_0 的增大而减小。

Reese、Cox 和 Matlock 认为，在黏性土中，地面处的地基抗力系数并不为零，地基抗力系数沿深度逐渐增大，到地面以下约 3 倍桩径处增长到最大，往下便为常数。至于地面处至 3 倍桩径处地基抗力系数的变化规律，他们提出了对于无黏性和正常固结的黏性土，地基抗力系数为沿深度线性增大，并利用有限差分法求解桩身弹性曲线微分方程，其解的形式采用了无量纲的表达方式。

20 世纪 70 年代，我国曾组织国内专家学者对"K"法和"m"法进行了论证，通过 80 余根钻孔桩的水平载荷试验，反映出"K"法和"m"法均不能得到与荷载试验相一致的结果，综合实测数据后，提出了用地面处一定水平位移量控制桩身开裂发展的容许开裂极限点的理论和按双对数图确定此极限点的方法，后称为"C 值"法，其地基抗力系数沿深度呈 1/2 次的抛物线型增大，后因"C 值"法是由实测数据整理而来，有一定局限性，没有得到广泛应用。

地基抗力系数 K 的变化规律，一般认为与锚固深度 y 符合幂函数的变化规律[24]，基本表达式为：

$$K = m(y_0 + y)^n \tag{1-1}$$

式中：m——地基抗力系数随深度变化的比例系数（$kN/m^{(n+3)}$）；

y_0——与岩、土类别有关的常数（m）；

y——深度（m）；

n——与岩、土类别而变的常数。

n 取特定值时，式（1-1）有解析解，其他值时可得到数值解，n 值影响地基抗力系数沿深度的分布形式，如图 1-5 所示。

当 $n = 0$ 时，K 为常数，其分布形式为矩形，此时地基抗力系数的计算方法就是"C"法，适用于完整的岩质地基，桩体发生小位移情况。

当 $n = 0.5$、$y_0 = 0$ 时，$K = my^{0.5}$，其分布形式为沿深度呈 1/2 次的抛物线增大，此时地基抗力系数的计算方法就是"C 值"法。

当 $n = 1$、$y_0 = 0$ 时，$K = my$，其分布形式为三角形，此时地基抗力系数的计算方法就是"m"法。

当 $n > 1$、$y_0 = 0$ 时，$K = my^n$，其分布形式为凹曲线分布，相应的 y 由地面至桩身第一弹性零点时，地基抗力系数的计算方法就是"K"法。

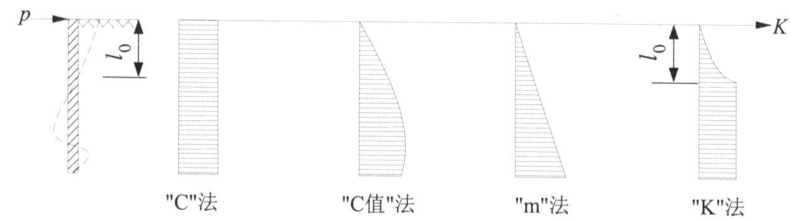

图 1-5 地基抗力系数 K 的几种分布形式示意图

Sun 基于弹性理论数值分析，在 Vlasov 模型[46]的基础上，加入了新的无量纲参数 γ，分析了 γ、桩的长细比 Ψ、泊松比 ν 以及挠曲系数 K_r 之间的关系，结果表明，$\lg(\gamma\Psi)$ 与 $\lg(K_r)$ 呈线性关系，并在不同的泊松比 ν 时，$\lg(\gamma\Psi)$ 与 $\lg(K_r)$ 关系曲线相互平行。同时，利用变分原理得到了桩体位移的解析解。

吴恒立在"γ 法"和弹性地基理论的基础上，提出了双参数法（m、t），其特点是将桩分成两段分别计算，上段假定地基比例系数 m 沿深度线性分布，下段假定比例系数为与 t 参数有关的常数，参数由试桩资料中反算得出，与地基土的实际参数无关。

Higgins 利用傅立叶有限元，将土视为弹性连续介质，分析了地基土为单一土层和双层的情况下桩的变形特性。结果表明，当桩-土的模量比达到某一阈值时，桩的挠曲线发生根本改变；超过该阈值后，桩的位移只与桩的弹性模型有关。

Davisson 在 20 世纪 60 年代就曾利用计算技术对成层土中水平载荷桩的性能进行了一定的探讨。

Pise 假定土为连续弹性介质，考虑了地基由两层土组成的情况，Pise 将桩顶位移、桩顶转角以及力矩采用了无量纲的表达方式，分析了桩顶自由和桩顶嵌固两种情况的桩-土相互作用，并指出当桩顶嵌固的情况下，表层土与底层土弹性模型之比不小于 6 时（浅层硬壳），可减小自地面至 0.1～0.2 倍桩长范围的桩身挠曲以及弯矩。

赵明华、张玲等提出了按桩身位移的大概形状及深度的综合加权换算双层地基"m"值的方法，并通过数千组误差分析，反映出该方法可将桩顶位移相对误差控制在 5%以内。而后根据 Winkler 弹性地基梁理论，采用幂级数解，得到了水平受荷桩在双层弹性地基假设条件下任意点的位移与内力分析结果。

Choi 利用变分原理，分析了成层地基土中桩-土的力学响应，结果表明，当桩的二次转动力矩相同时，桩的力学响应是相类似的，并且影响桩的力学响应的因素主要是表层土的厚度以及模量。

Basu 从能量学的角度研究了多层地基土的桩-土相互作用特性，得到桩身挠曲的解析解，并且基于能量学原理导出的一维有限差分方程可以更好、更快地解决土体位移场。

我国《公路桥涵地基与基础设计规范》(JTG D63—2019)对双层地基的处理同样利用了加权平均法，将双层地基的"m"值换算为当量值，其表达方法如下：

$$m = \gamma m_1 + (1-\gamma)m_2 \tag{1-2}$$

$$\gamma = \begin{cases} 5(h_1/h_m)^2, h_1/h_m \leqslant 0.2 \\ 1-1.25(1-h_1/h_m)^2, h_1/h_m > 0.2 \end{cases} \tag{1-3}$$

$$h_m = 2(d+1) \tag{1-4}$$

式中：m_1、m_2——表层土与底层土的地基比例系数；
　　h_1——表层土厚度；
　　d——桩径。

由于弹性理论视地基土为弹性介质，这种假设在地基土变形很小的情况下（通常地基土水平变形不大于 10 mm），可使计算变得简单，也能满足一定的工程精度。然而土体始终是一种强烈非线性材料，近年来，国内外学者基于非线性理论对地基土抗力进行了较多的研究，其中有代表性的成果就是"p-y"曲线在地基土抗力中的应用。

Matlock 对水下饱和软黏土的钢管桩进行了水平载荷试验，于 1970 年提出了水下饱和软黏土的桩侧土抗力与桩体水平位移之间的非线性关系的"p-y"曲线。其假设在某一深度 y_{cr} 范围内，桩侧黏土破坏形成为土楔体的滑出破坏，而位于 y_{cr} 以下土体破坏时则形成沿桩周的滑动破坏，y_{cr} 被定义为临界深度。

Reese 和 Cox 对砂土和水下硬黏土的打入桩进行了水平载荷试验，并沿用了 Matlock 关于临界深度 y_{cr} 上、下土体破坏形式的假设，于 1974 年提出了砂土和水下硬黏土的"p-y"曲线。

Suuivan 总结了 Matlock、Reese 和 Cox 的试验成果，继续沿用了 Matlock 关于临界深度 y_{cr} 上、下土体破坏形式的假设，于 1979 年提出了软黏土和硬黏土的统一"p-y"曲线。

现将 Matlock、Reese、Cox 和 Suuivan 等关于"$p\text{-}y$"曲线的理论应用简要概述如下[33]。

2. 临界深度 y_{cr}

通常认为临界深度 y_{cr} 以上范围内视为浅层土，临界深度 y_{cr} 以下视为深层土，具体确定方法如下：

$$y_{cr} = \frac{6b_0}{\dfrac{\gamma' b_0}{c_u} + J} \tag{1-5}$$

式中：b_0——桩的计算宽度（m）；

γ'——土的有效容重（kN/m³）；

c_u——三轴不排水抗剪强度（kPa）；

J——系数，一般黏土取 0.5，较硬的黏土取 0.25。

若土体容重和抗剪强度随深度而变化时，应按"$p\text{-}y$"曲线所在深度处土的性质计算，γ' 取自地面到该深度之间土体的平均值，c_u 取该深度处土的不排水抗剪强度。

3. 水下软黏土和硬黏土的极限地基土抗力统一解法（Suuivan 法）

浅层土的极限地基土抗力（$y \leqslant y_{cr}$）：

$$p_u = \left(2 + \frac{\gamma'}{c_u} y + \frac{0.833}{b_0} y\right) c_u \tag{1-6}$$

或

$$p_u = \left(3 + \frac{0.5}{b_0} y\right) c_u \tag{1-7}$$

深层土的极限地基土抗力（$y > y_{cr}$）：

$$p_u = 9 c_u \tag{1-8}$$

式中参数意义同式（1-5），其中，式（1-6）中的 c_u 取 y_{cr} 以上深度范围内的均值，式（1-7）、式（1-8）中的 c_u 取计算深度处的值，取式（1-6）、式（1-7）所计算的极限地基土抗力的最小值作为浅层土的极限地基土抗力。

4. 砂土极限地基土抗力（Reese 法）

砂土极限地基土抗力法是根据砂楔上力的平衡关系得出，如式（1-9）、式（1-10）。

浅层土的极限地基土抗力（$y \leqslant y_{cr}$）：

$$p_u = \Phi_A \left\{ \gamma' y \left[\frac{K_0 y \tan\varphi \sin\beta}{b_0 \tan(\beta-\varphi)\cos\alpha} + \frac{\tan\beta}{\tan(\beta-\varphi)} \left(1 + \frac{y \tan\beta \tan\alpha}{b_0}\right) + \right. \right.$$
$$\left. \left. \frac{K_0 y \tan\beta(\tan\varphi \sin\beta - \tan\alpha)}{b_0} - K_0 \right] \right\} \tag{1-9}$$

深层土的极限地基土抗力（$y > y_{cr}$）：

$$p_u = \Phi_A \gamma' y [K_a(\tan^8 \beta - 1) + K_0 \tan\varphi \tan^4 \beta] \quad (1\text{-}10)$$

式中：Φ_A——修正系数；

K_0——静止土压力系数；

K_a——朗金主动土压力系数；

φ——砂土内摩擦角（°）；

β——被动土压力破裂角（°），$\beta = 45° + \varphi/2$；

α——地面破裂角（°），$\alpha = \varphi/2$；

其他参数意义同式（1-5）。

5. 不同类型土"p-y"曲线

上述水下软黏土、水下硬黏土以及砂土的标准"py"曲线如图 1-6 所示。

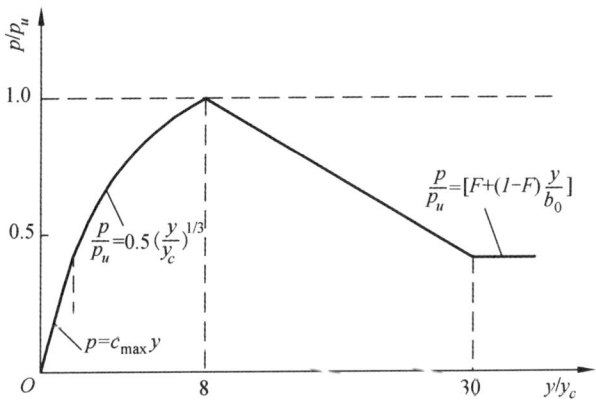

（a）水下软黏土和硬黏土标准"p-y"曲线

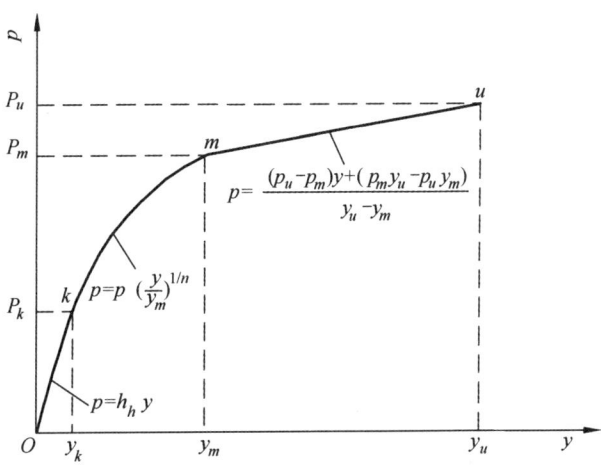

（b）砂土标准"p-y"曲线

图 1-6 不同类型土的标准"p-y"曲线

图 1-6 中，c_{max} 为地基土极限抗力系数，$y_c = A\varepsilon_c b_0$，ε_c 为三轴不排水试验中最大主应力差的一半对应的应变量，A、F 为试验常数。

王惠初研究了邓肯-张模型与"p-y"曲线的关联，并将"p-y"曲线经过适当的坐标无量纲化后，认为"p-y"无量纲化后的曲线在 $p \leq p_u$ 范围内呈双曲线形态，建立了割线模量与"p-y"曲线割线斜率之间的关系式，适用于软黏土和硬黏土。

程泽坤利用"p-y"曲线研究了高桩结构物的桩-土相互作用，并编制了相应的计算程序，对"p-y"曲线中的试验常数（A）的取值进行了一定的探讨。

苏静波等利用"p-y"曲线公式，推导了作用于桩上的非线性弹簧弹性系数的计算公式，并建立了桩-土相互作用非线性接触的有限元模型，分析了土体参数对泥面位移的敏感性，结果表明黏性土的不排水抗剪强度和砂土的内摩擦角对泥面位移敏感性最大。

Budhu 假设土的不排水抗剪强度沿深度线性增长，提出了一种适用于较黏土的边界元的增量分析法，可用于反映方桩和圆桩的桩-土相互作用的非线性特征。

Ashour 利用非线性的应变楔模型（Strain Wedge Model）研究了成层土中弹性桩的桩-土相互作用特性，该模型根据土的三轴试验参数可用于估计地基土抗力系数以及"p-y"曲线的非线性特征。

吴恒立对推力桩非线性传力机理和计算模型进行了探讨，认为桩侧土一开始就会产生塑性区，从而表现出非线性的特征，但桩体仍处于弹性变形范围，桩侧土塑性区随水平力的增大逐渐向深层土发展，基于这一传力机理，提出了综合刚度法的计算模型，用于描述推力桩与土的非线性关系。

韩理安、叶万灵等以桩水平载荷试验实测资料为基础，提出了地基土抗力与土体深度、位移的函数关系以及地基抗力系数与土的压缩系数之间的关系，建立了一种新的用于反映桩-土非线性的计算方法—非线法。

以上文献反映出，地基土抗力的计算理论及方法大致经历了整体极限平衡理论、弹性理论以及弹塑性理论的发展历程，目前我国现行规范中主要采用了基于弹性理论和弹塑性理论的计算方法，如"K"法、"m"法以及"p-y"曲线等，在一定程度上解决了水平受荷桩的桩-土相互作用以及弹性桩内力等问题，更确切地说，是解决了桩承受短期水平荷载以及周期性水平荷载的地基土的强度问题。而桩板式挡墙以及抗滑桩中的桩体主要承受长期性的水平荷载，在解决地基土强度问题的同时，还需要考虑地基土的变形问题，尤其在对变形有严格要求的高速铁路路基支挡结构中，地基土的长期持续变形可能会导致路基沉降变形超限，影响高速铁路路基的长期服役性能。地基土的长期持续变形就主要涉及土的变形时间效应问题，以下就土变形的时间效应问题进行阐述。

1.2.2 地基土变形的时间效应

土变形的时间效应归属于土流变学的理论范畴，其理论体系大致有元件模型理论、以 Boltzmann 叠加原理为基础的遗传流变理论、流动理论以及速率过程理论等，具体应用到桩板墙桩侧地基土变形的时间效应方面，就是如何掌握地基土长期累积塑性变形的演化状态及其不同状态的判别方法，得到长期累积塑性变形相对应的状态阈值，从而提出桩板墙桩侧地基土长期变形的控制标准。

通常完整的土体衰减变形与时间的关系包括三个阶段，即：衰减阶段、稳定流动阶段和急剧流动阶段，如图1-7所示。

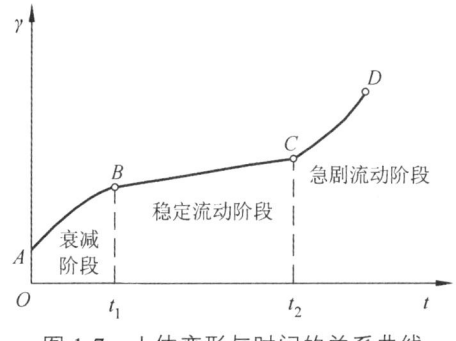

图1-7 土体变形与时间的关系曲线

在不同的应力水平下，土体的变形与时间的关系会呈现不同的状态特征。C.C Vyalov根据流变曲线表现出的特征，划分出了三个临界应力值，如图1-8所示，第一个临界应力对应于相对弹性极限τ_k，第二个临界应力对应于相对流动极限τ_r，第三个临界应力对应于土结构的完全破坏τ_f。

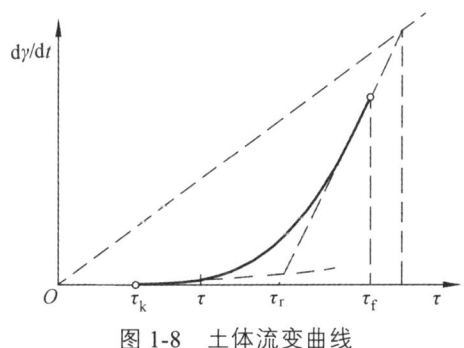

图1-8 土体流变曲线

陈宗基从土体蠕变的弹塑性质及蠕变速率的变化形态出发，提出了三个界限值f_1、f_2和f_3，其中f_1、f_2仅对弱超固结黏土存在，将蠕变变形分为弹性蠕变和弹塑性蠕变（f_1）、压实变形和蠕变变形（f_2）、减速蠕变和非减速蠕变（f_3）。

孙钧针对上海软土蠕变性质提出了三个蠕变特征值σ_{1s}、σ_{2s}和σ_p，将蠕变变形分为四个状态：① $\sigma<\sigma_{1s}$时，变形不具有时间效应；② $\sigma_{1s}<\sigma\leq\sigma_{2s}$时，蠕变变形处于衰减状态，变形趋于稳定；③ $\sigma_{2s}<\sigma\leq\sigma_p$时，蠕变变形出现黏滞流动阶段，最终导致破坏；④ $\sigma>\sigma_p$时，土体处于快速破坏状态。

范庆忠研究了含油泥岩蠕变特性，提出了起始蠕变应力阈值σ_1和蠕变破坏应力阈值σ_2，将其划分为无明显蠕变、衰减蠕变和加速蠕变三种状态。

刘钢研究了循环荷载作用下粗粒土填料长期累积塑性变形的演化状态，并用负幂函数表达累积塑性变形速率与循环次数N的关系，即：$f(N)=CN^{-p}$，划分了快速稳定（$p\geq 2$）、缓慢稳定（$1<p<2$）、长期破坏（$0<p\leq 1$）及快速破坏（$p\leq 0$）四种状态。

1.2.3　桩板墙墙背土压力

王广军通过桩板墙离心模型试验研究了桩间土拱效应及合理桩间距，结果表明，随墙后土体内摩擦角、黏聚力的增大及桩间距的减小，桩间土拱效应越发明显，相应的挡土板土压力减小；若桩间土拱效应得不到有效发挥时，挡土板主动土压力与朗金土压力相当。

黄治云等利用大比例尺模型试验研究了桩板墙土拱效应及土压力的传递特性，结果表明，受墙后土拱效应的影响，锚固桩背侧土压力与挡土板土压力的比值呈先增后稳定的特点，并且这种拱效应在桩板墙中下部表现得更加明显。

董捷等利用"普氏卸荷拱"和"简仓法"理论分析了柔性挡板桩板墙的土压力分配问题，结果表明，挡土板土压力沿墙高呈抛物线型分布，当挡土板设置于桩前时，土压力较小，桩前土拱效应更易得以发挥。

商秋婷等采用 FLAC3D 数值分析软件对悬臂桩挡土板后的土拱效应进行了研究，结果表明，挡土板刚度对桩后成拱效应影响显著，挡土板刚度越小，则其挠曲变形越大，进而墙后土体更容易成拱。

谢兰芳对云桂铁路膨胀土地段的桩板墙及柔性挡墙进行了现场试验研究，研究结果表明，桩板墙墙后土压力呈非线性分布特征，其中锚固桩上土压力最大值位于挡墙上部，而挡土板上土压力最大值位于墙趾（地面）附近。

代军等通过物理模型试验研究了桩锚支挡结构体系挡土板土压力，结果表明，挡土板上土压力并非为均布荷载，而呈二次或高次非线性分布，板边土压力较小，跨中处土压力最大。

Georgiadis 等通过墙后有附加荷载的悬臂式桩板墙物理模型试验及有限元法研究了锚固桩弯矩及墙背土压力的分布特征，并比较了库仑主动土压力、45°力分布法及弹性理论对墙背土压力及锚固桩弯矩进行了分析，其结果表明，模型试验得到的墙背主动土压力沿墙高呈重心偏上的非线性分布，由库仑土压力理论及 45°分布法与模型试验得到的墙背土压力及锚固桩弯矩较吻合，而弹性理论解得到的结果偏大。

Steenfelt 和 Hansen 认为弹性理论仅适用于解决柔性桩板墙支挡结构问题，而库仑主动土压力比较适用于刚性桩板墙。

Endley 等通过现场试验研究了锚索桩板墙，其结果表明，高的墙背土压力将导致锚固桩产生大的偏转和较大的桩身内力。

胡荣华、刘国楠通过大比例尺模型试验研究了衡重式桩板墙的受力特性和破坏机理，研究结果表明，在填土荷载作用下，卸荷扩散角为 $45°+\varphi/2$，并建议在实际设计时，衡重式桩板墙上墙与墙高的比值取 0.4，卸荷板埋深与宽度的比值取 1~1.3。

周德培等通过现场试验研究了南昆铁路软岩深路堑锚索桩支挡的受力特点，其结果表明，可将锚固桩后土压力简化为三角形与矩形的组合分布形式，而增加锚索后，可改善锚固桩内力，特别是锚固段内力将大大减小。

任辰等基于工程经验及挡土结构的变形原理，总结归纳了挡土结构典型的变形模式及其特征，在此基础上，基于贝叶斯概率准则实现对挡墙变形整体模式的识别。

杨明利用土工离心模型试验及有限单元法分析了抗滑桩的桩-土作用机理，得到临界桩间距为桩径的 5~6.25 倍，明确了桩间土拱的力学传递机制，认为土拱强度控制界面位于拱脚处，桩后土体受挤压传递到桩体形成拱脚反力，而桩侧与土体摩擦力能够提供的拱脚反力仅为桩后土受挤形成的反力的 10%。

蒋楚生等归纳总结了路肩式预应力锚索桩板墙柔性支挡结构的现场试验，提出了土压力分布图式，结果表明，锚固桩及挡土板土压力值属于同一数量级别，可不考虑"土拱效应"减小土压力的影响，土压力呈在顶部较小、在墙趾处为零的非线性分布形式。

李中国等对高速公路锚索桩板墙的现场试验分析，其研究表明，锚固桩内力及变形受施工工况影响较大，锚索桩板墙的作用是抵挡墙后填土引起的土压力，从受力模式上来看，土压力对桩体产生正向弯矩，锚索对桩体形成反向弯矩，而锚索作为主要受力结构构件，主要用于平衡土压力产生的正向弯矩。

谭献良等分析了交通荷载对锚索桩板墙土压力的影响，研究结果表明，在交通荷载作用下，墙顶以下 2 m 内为挡土墙主要受力区域，且作用于锚固桩上的土压力大于挡土板。当动荷载作用范围在墙背 0~1.5 m 内变化时，对挡墙土压力影响较大，而当动荷载作用范围大于 1.5 m 后，对挡墙土压力的影响较小。

1.2.4 考虑挡墙位移的墙背土压力

挡土墙墙背土压力是土力学的经典课题之一，早在 1776 年法国工程师库仑（Coulomb）就根据墙后土楔整体极限平衡建立了著名的库仑土压力理论。之后的 1857 年，朗金根据墙后土体的一点应力状态建立了朗金土压力理论。这两种土压力理论因其概念清晰，计算简单，同时又能满足一定的工程精度，时至今日，依然是最主要的挡土墙土压力设计理论。但库仑和朗金土压力理论均属于极限状态的土压力理论，未考虑挡墙位移及位移模式对墙背土压力的影响。

K. Terazghi 刚性挡墙模型试验研究表明，挡墙位移模式对墙背总主动土压力基本无影响，与库仑或朗金主动土压力大小比较接近，但对墙背土压力分布有较大影响。Sherif 研究结果亦有相同的结论。

周应英等刚性挡墙模型试验表明，挡墙位移模式对土压力分布形式有很大影响。当墙绕顶转动（Rotate about Top，RT）时墙背主动土压力呈上大下小的类似抛物线型，绕墙趾转动（Rotate about Base，RB）时沿墙高近似呈线性分布，而墙平移（T）时呈重心偏下的类似抛物线型，且墙趾土压力不为零，并且认为由于土拱效应引起墙趾附近土压力偏小，且土拱效应并非由基底摩擦引起的。

卢申林等利用改进的水平层分法研究了任意位移模式的刚性挡墙土压力，结果表明，位移模式对土压力分布有显著影响，主动情况下 RBT 位移模式土压力分布为下凹形，而位移模式对土压力合力大小无影响，但对合力作用点高度有明显影响，并将层间等效内摩擦角与挡墙位移模式相联系，得到了考虑挡墙位移模式的土压力计算方法。

陈页开等利用有限元法研究了刚性挡墙在不同位移模式下的土压力大小及分布情况，研究结果表明，当墙体平移时，墙后土压力基本为线性分布；当墙体为 RB 或 RT

位移模式时,墙背土压力均呈非线性分布,并且墙面的摩擦作用对土压力的分布影响较小;在 T 和 RBT 模式下,主动土压力随墙面摩擦角的增大而减小,达到极限主动土压力状态所需的挡墙位移较大;而在 RT 模式下,主动土压力与墙-土摩擦角有关,并随其提高而增大,并且达到主动土压力状态所需的墙体位移较小。

Bang 认为刚性挡墙墙背土压力由静止状态到主动状态是渐变的过程,有起始主动状态(initial active)、中间主动状态(intermediate active)和完全主动状态(full active),并认为起始主动状态一般发生于挡墙上部。

Handy 认为在挡墙位移量很小时,墙-土摩擦角的发挥在挡墙上部引起拱效应,增大了墙背上部土压力,随挡墙位移的增大,墙后土体水平剪应力的发挥,在挡墙下部引起拱效应,减小了墙背下部土压力。

Fang 等利用挡墙模型试验研究了 RB、RT 两种基本位移模式下墙背土压力的分布特征,试验结果表明,挡墙转角约为(2~5)×10^{-4}rad 时,挡墙上部土压力系数增长至最大值,而后急剧下降,并认为挡墙上部土压力系数增大是由墙-土摩擦作用引起,如图 1-9 所示。

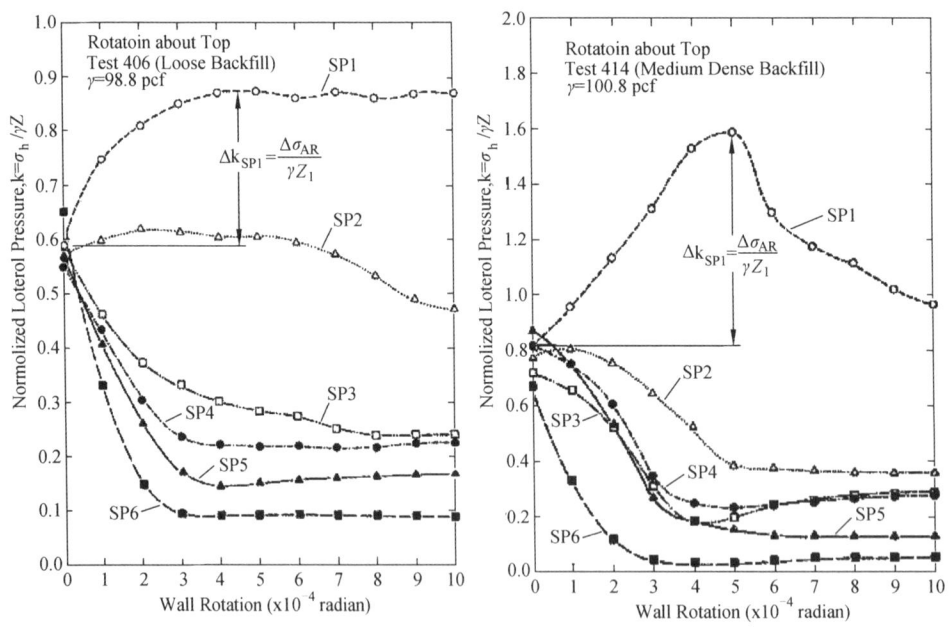

图 1-9 墙背土压力系数与挡墙转角的关系(引自文献[106])

Ichihara 等研究表明,墙后土体要达到主动土压力状态,则墙-土摩擦角必须达到最大值。

徐日庆根据基坑开挖工程的特点,从松弛应力和挤压应力与位移的正弦关系以及土压力的时间效应[式(1-11)]出发,提出了考虑挡墙位移及时间效应的土压力计算方法[式(1-12)],该方法可用于非极限状态下的蠕变土压力计算。

$$k_{aw} = \sin\left(\frac{\pi w}{2 w_{acr}}\right) \tag{1-11}$$

式中：k_{aw}——位移函数；

w——墙体位移；

w_{acr}——主动土压力状态时的墙体位移。

$$e_a = e_0 + (e_{acr} - e_0)\sin\left(\frac{\pi w}{2w_{acr}}\right) \quad (1-12)$$

式中：e_0——静止土压力；

e_{acr}——主动土压力。

杨泰华等基于朗金土压力理论，假定填土的内摩擦角与土体位移呈非线性分布，进而提出了挡墙非极限状态下的主动及被动土压力计算模式。

Chang等在假定墙后填土墙-土摩擦角、内摩擦角为同步发挥，且与该点墙体位移呈线性关系的基础上，提出了挡墙在绕墙趾转动（RB）位移模式情况下的非极限状态主动土压力计算方法。

梅国雄等考虑了土压力大小与挡墙位移的关系，提出了现场实时分析中的土压力计算公式，如式（1-13）所列，并与土工离心模型试验结果较吻合。

$$p = \left(\frac{k}{1+e^{-bs}} - \frac{k-4}{2}\right)p_0 \quad (1-13)$$

式中：p_0, k, b——由实测土压力得到的待定系数，且 $b>0$；

s——墙体位移。

徐日庆、龚慈考虑挡墙在平动位移模式下，并假定墙-土摩擦角与墙后填土的内摩擦角同时发挥，建立了墙-土摩擦角与墙后填土的内摩擦角与墙体位移的关系，分析了最不利滑动面形成的土楔的受力平衡，得到土压力合力及其作用点，如式（1-14）所列。此外，龚慈[115]等还研究了RT位移模式下刚性挡墙土压力的计算问题。

$$p = \frac{1}{2}\gamma H^2 \frac{\cos\theta_m \sin(\theta_m - \varphi_m)}{\sin\theta_m \cos(\theta_m - \varphi_m - \delta_m)} \quad (1-14)$$

对于非极限状态的 φ_m、δ_m 值与墙体位移有关，由静止到主动极限状态，$\tan\varphi_m$、$\tan\delta_m$ 随墙体位移变化的关系如式（1-15）、式（1-16）所列。

$$\tan\varphi_m = \tan\varphi_0 + k_d(\tan\varphi - \tan\varphi_0) \quad (1-15)$$

$$\tan\delta_m = \tan\delta_0 + k_d(\tan\delta - \tan\delta_0) \quad (1-16)$$

式中：φ_0——静止土压力状态时的填土内摩擦角；

δ_0——静止土压力状态时的墙-土摩擦角；

θ_m——滑动楔体的倾角；

γ——墙后填土容重；

H——墙高。

章瑞文等基于卡冈水平层分法，通过对每一土层采用不同的墙面和滑裂面摩擦角等，建立了挡墙主动土压力的逐层计算方法，推导出了挡墙主动土压力强度、土压力合力及其作用位置的计算公式。其计算简图如图1-10所示。

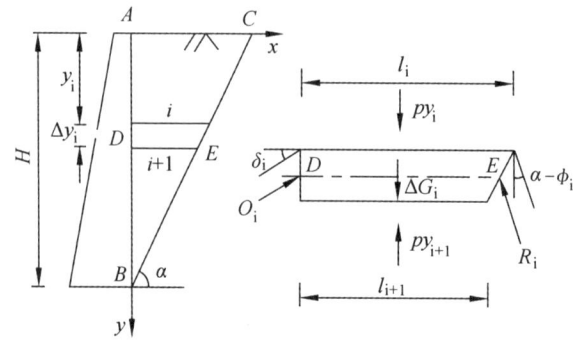

图1-10　水平层分法计算简图（引自文献[116]）

土压力强度计算式如式（1-17）和式（1-18）所列。

$$p_i = \frac{k_i}{\cos\delta_i} p_{yi} \tag{1-17}$$

$$k_i = \frac{p_{xi}}{p_{yi}} \tag{1-18}$$

式中：k_i——侧压力系数；

δ_i——墙-土摩擦角；

p_{xi}——水平分力；

p_{yi}——垂向分力。

蒋波等对墙后滑楔单元进行分析，建立了非极限状态主动土压力强度的一阶微分方程，得到了平移（T）模式下非极限状态主动土压力计算方法。

Chen、Duncan等研究了机械振动压实作用对墙背土压力的影响，其研究结果表明，在振动压实作用下，墙背土压力沿墙高呈非线性分布，其中，挡墙上部产生的土压力接近于朗金被动土压力，如图1-11所示。

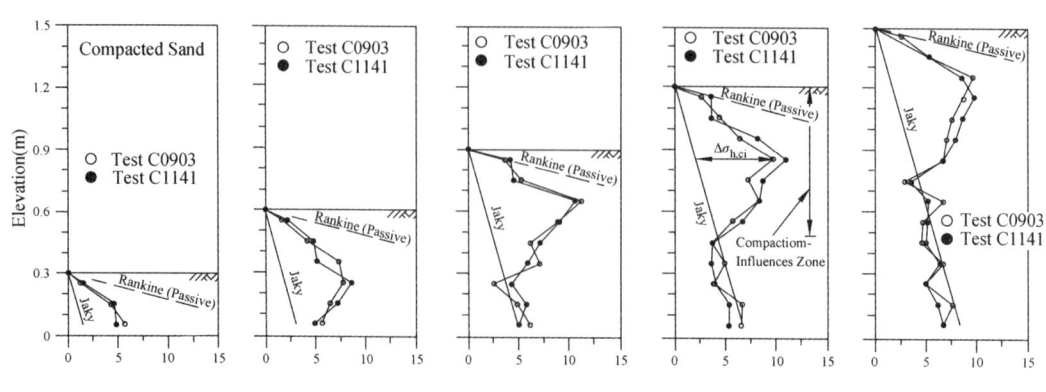

图1-11　振动压实作用下的墙背土压力分布（引自文献[119]）

彭述权等在库仑土压力理论的基础上，研究了不同位移模式下刚性挡墙主动土压力，其假定墙后任意点处的土压力与墙体水平位移呈线性关系，并将墙后土体看作由弹簧、理想刚塑体形成的组合体，如图1-12（a）所示，得出了不同位移模式下刚性挡墙主动土压力非线性分布的计算方法，得到的主动土压力合力与库仑主动理论值基本相等。不同位移模式下的土压力分布如图1-12（b）所示。

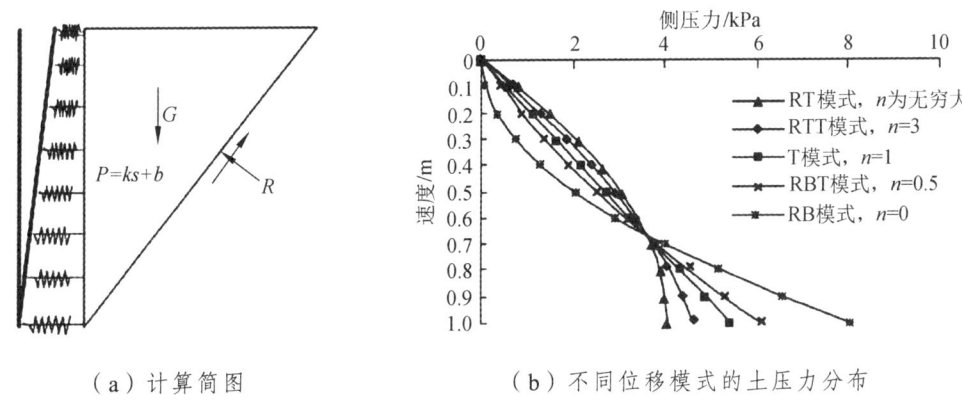

（a）计算简图　　　　　　（b）不同位移模式的土压力分布

图1-12　不同位移模式刚性挡墙主动土压力（引自文献[121]）

综合以上文献可知，墙背土压力分布的影响因素较多，其中比较明确的影响因素主要有挡墙位移模式、墙-土的摩擦作用引起的墙后土体的拱效应，而墙-土摩擦作用的关键在于墙-土摩擦角随挡墙位移的变化规律，但这一变化规律目前试验中能直接反映的较少，有待进一步的试验验证。此外，挡墙侧向位移与墙后土体的变形规律在当前研究较少，当挡墙用于路基支挡工程时，由挡墙侧向位移引起的墙后土体变形及其影响范围、影响程度尚不十分明确，而对高速铁路无砟轨道路基支挡结构来说，明确挡墙侧向位移引起的墙后土体变形规律是亟待解决的问题。

1.3　高速铁路桩板墙研究内容

在高速铁路无砟轨道条件下，如何控制由挡墙侧向位移引起的墙后土体沉降变形，是当前高速铁路无砟轨道路基支挡结构急需解决的重要问题。课题以多条高速铁路无砟轨道路肩桩板式挡墙为对象，从桩板墙墙背土压力与锚固桩侧向位移的关系、锚固桩侧向位移影响墙后路基沉降的机制以及锚固桩侧向位移的时间效应入手，通过现场测试、土工离心模型试验、数值计算分析及理论分析对这三个问题进行了研究探讨，最后提出锚固桩侧向位移阈值及基于变形状态控制的桩板墙设计方法。主要研究内容如下：

（1）采用数值分析、土工离心模型试验、现场试验以及理论分析等，研究分析桩板墙桩前地基土抗力及其抗力系数的分布、土体变形时间效应、桩板墙墙背土压力特征以及考虑位移的挡墙土压力计算理论及方法。

（2）针对高速铁路无砟轨道路肩桩板墙工点的地基土，进行常规的室内土工试验，获取颗粒密度、颗粒级配、界限含水量、击实特性、压缩模量及强度参数等指标，为有限元分析提供参考。

（3）以有限元计算为研究手段，针对现场工况建立计算模型，分析桩板墙、墙后填土、桩前地基的受力特性；探讨给定桩顶位移条件下桩板墙结构力学特性包括结构受力（土压力）、路基面沉降变形的变化规律，分析桩顶位移与路基面沉降的关系；研究桩板墙的结构参数、地基条件、不同桩体锚固条件、不同地基加固条件及列车荷载等条件改变对桩板墙后土压力、桩前地基抗力、桩身侧向变形及路基面沉降的影响规律；模拟列车荷载的作用，分析列车荷载对桩板结构（以板后动土压力为主）的影响。

（4）以现场工点路肩桩板墙为原型，通过不同桩前地基条件及悬臂段高度的土工离心模型试验，重点分析基于位移控制的桩板墙受力特性，包括桩板墙侧向位移对墙背土压力及路基面沉降的影响规律。

（5）通过高速铁路无砟轨道路肩桩板墙典型工点的现场测试，重点分析墙背土压力随锚固桩侧向位移的变化规律，桩前地基土变形、抗力的大小及分布特征。同时与桩板墙离心模型试验数据及有限元数值分析结果相互校验。

（6）以桩板墙土工离心模型试验测试数据为主，进行理论分析，重点讨论锚固桩侧向位移的时间效应、挡墙侧向位移引起墙后路基面沉降的分布规律及特征。

（7）提出基于变形状态控制的桩板墙设计方法，并利用三轴试验得到的土体变形状态强度参数，针对现场工点通过设计计算并结合现场测试与离心模型试验结构，给出适用于高速铁路无砟轨道路肩桩板墙侧向位移处于快速稳定状态下的控制阈值。

【第2章】>>>>
高速铁路无砟轨道路肩桩板墙有限元分析

2.1 有限元分析方案

2.1.1 现场工点概况

本次计算的原型为某高速铁路 DK396 段，属剥蚀丘陵，冲积平原地貌。地表高程 192~267 m，相对高差 5~69 m，地势起伏较大，冲沟发育。山坡自然坡度 5°~45°，植被较发育。山坡覆土较薄，沟槽中覆土较厚，多开垦为农田，本段村庄分布较多，有便道可以到达，交通较方便。地基上覆第四系全新统坡残积层（Q_4^{dl+el}）粉质黏土，下伏基岩为泥盆系上统榴江组-五指山组（D_3^{l-w}）之页岩、硅质岩、硅质页岩。地表水主要为沟水、水田水、水渠水，水量较大，受大气降雨补给，流量受季节变化影响大，以蒸发、下渗和径流等形式排泄；地下水较发育，受大气降雨及地表水补给。典型断面如图 2-1 所示。

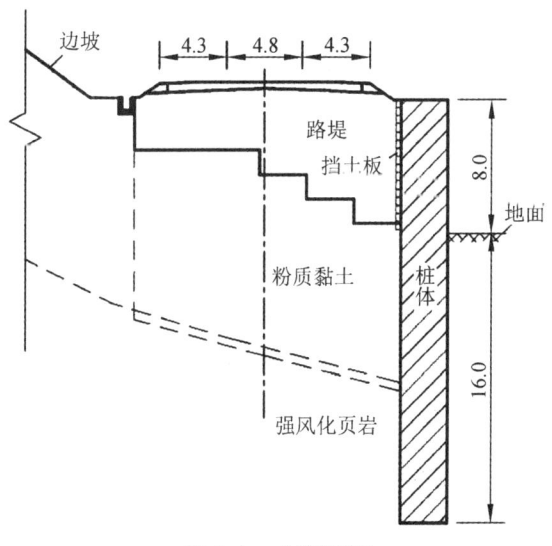

图 2-1 典型断面

工程措施如下：

（1）线路右侧路肩设置桩板墙，桩间距（中~中）5.0~6.0 m，桩截面尺寸采用 1.75 m × 2.75 m ~ 2.0 m × 3.0 m，桩靠线路侧边缘距左线线路中心距离为 11.10 m，桩长 19~26 m，共设置 22 根锚固桩，桩身采用 C35 砼灌注。挡土板为矩形板，采用 C35 钢筋混凝土现场预制，最大挂板高度 9 m。

（2）基底采用 CFG 桩加固，桩径 0.5 m，采用正三角形布置，桩间距 1.6 m，CFG 桩的桩长 4.0～18.0 m，桩顶铺设 0.6 m 碎石垫层夹二层双向土工格栅。

2.1.2 地基土室内土工试验结果

现场地基土层的物理力学性质指标直接关系到桩板墙后路基面的沉降、桩板墙的侧向变形和桩板墙的结构受力。为系统研究试验工点地基土层的基本物理力学指标，对某高速铁路页岩全风化层现场取样，进行了颗粒密度试验、颗粒分析试验、界限含水率试验、击实试验、固结试验、直接剪切试验、静三轴试验。

试验结果如下：

（1）颗粒密度为 2.73 g/cm³。

（2）粒径组成为 20～5 mm 的颗粒（中砾）含量约占全重的 10.55%，粒径为 5～2 mm 的颗粒（细砾）含量约占全重的 2.43%，粒径为 2～0.075 mm 的颗粒（砂粒）含量约占全重的 12.78%，粒径为 0.075～0.005 mm 的颗粒（粉粒）含量约占全重的 39.47%，粒径为 0.005～0.002 mm 的颗粒（黏粒）含量仅占全重的 22.44%，粒径为 0.002 mm 以下的颗粒（黏粒）含量仅占全重的 10.70%。粗粒组（粒径大于等于 0.075 mm）含量为 27.31%，根据《土的工程分类标准》（GB/T 50145—2007）的规定，可称为细粒土。

（3）界限含水量为液限 42.89%（$h = 17$ mm）、36.77%（$h = 10$ mm），塑限 23.06%。计算得到 $I_{P10} = 13.71$、$I_{P17} = 19.82$，地基土层可定义为粉质黏土。

（4）击实得到地基土层的最优含水率等于 15.07%，最大干密度 1.81 g/cm³。

（5）固结试验得到了压实度 90% 和 95% 的饱和与非饱和（最佳含水量）状态下的压缩曲线，其中饱和状态下压实度 90% 时 E_{S1-2} 为 7.294 MPa、压实度 95% 时 E_{S1-2} 为 7.819 MPa，非饱和状态下压实度 90% 时 E_{S1-2} 为 7.751 MPa、压实度 95% 时 E_{S1-2} 为 8.234 MPa。

（6）直接剪切试验得到了压实度 90% 和 95% 的饱和与非饱和（最佳含水量）状态下的强度指标，其中饱和状态下压实度 90% 时 $c = 40.31$ kPa、$\varphi = 18.27°$，压实度 95% 时 $c = 42.11$ kPa、$\varphi = 18.85°$；非饱和（最佳含水量）状态下压实度 90% 时 $c = 53.94$ kPa、$\varphi = 19.79°$，压实度 95% 时 $c = 61.83$ kPa、$\varphi = 20.87°$。

（7）三轴试验得到了压实度 90% 和 95% 最佳含水量状态下的强度指标，其中饱和状态下压实度 90% 时 $c = 177.3$ kPa、$\varphi = 22.15°$，压实度 95% 时 $c = 162.3$ kPa、$\varphi = 25.03°$。

2.1.3 模型本构与材料参数

根据现场实际状况，为方便建模处理，对实际断面进行适当简化，建立模型如图 2-2 所示。

1. 模型本构

桩板墙计算模型中主要包括四种材料：钢筋混凝土（锚固桩与挡土板）、墙后人工填土、地基土和水泥粉煤灰碎石桩（CFG 桩）。由于混凝土及钢筋混凝土的刚度巨大，锚固桩、挡土板与 CFG 桩的本构模型采用线弹性模型；墙后填土和地基土的本构模型均选择理想弹塑性莫尔-库仑（Mohr-Coulomb）模型。

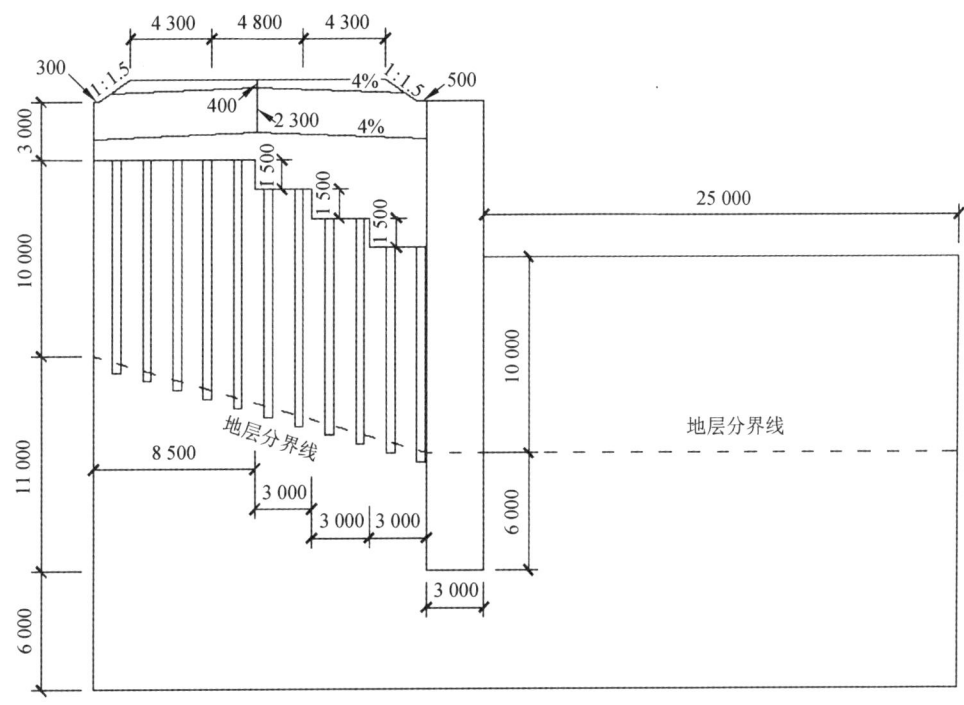

图 2-2　桩板墙几何模型（单位：mm）

2. 材料参数

路堤分为三层：第一层为基床表层，填料为级配碎石，压实度为 97%；第二层为基床底层，填料为 A、B 组填料，压实度为 95%；第三层为下部路堤 A、B 组填料，压实度为 92%，计算参数主要参考与之具有相同路基填料设计的填方路堤的实测参数。

强风化基岩上的地基覆盖层为粉质黏土，其指标取值是本次计算的关键。本项目研究从三方面获取了其参数：（1）地勘部门现场取样得到的试验数据，压缩模量 8.54 MPa，黏聚力 52.4 kPa，内摩擦角 13.2°；（2）室内土工试验数据，压缩模量 7.75 MPa，黏聚力 53.94 kPa，内摩擦角 19.79°；（3）土工离心模型试验模型制备完成后地基土的土工试验数据，压缩模量 11.5 MPa，黏聚力 54.7 kPa，内摩擦角 28.6°。需要说明的是，除现场取样外，室内试验的土样均按 0.90 压实系数、最佳含水量制备。大量的试验数据表明，天然沉积地层地表浅层的压实度接近且略低于 0.90，因此试样制备按 0.90 压实系数进行制备。综合三方面的数据，指标较为接近，表明试验数据可靠。现场取样的试验数据理论上更接近实际，且强度指标最小，模量居中。因此，强度参数按现场指标取值，模量取为 8 MPa。具体的取值如表 2-1 所示。

表 2-1 计算参数

填料类型	厚度/宽度/m	泊松比-	重度/(kN/m)	模量/MPa	黏聚力/kPa	内摩擦角	备注
级配碎石（基床表层）	0.4	0.21	22	85	132	40°	理想弹塑性
A、B组填料（基床底层）	2.3	0.28	21	67	86	44°	
A、B组填料（下部路堤）	5.7	0.30	20	58	56	43°	
粉质黏土	10	0.35	20.1	8	52.4	13.2°	
下伏基岩	18	0.20	25.4	12.49	—	—	线弹性
CFG桩	—	0.21	21.5	6100	—	—	
锚固桩	24	0.18	25	31500	—	—	
挡土板	0.3、0.4、0.5	0.18	25	31500	—	—	
钢轨	0.114/0.15	0.3	78.3	210000	—	—	
轨道板	0.26/2.8	0.2	25	34500	—	—	
支撑层	0.30/3.4	0.2	25	22000	—	—	

2.1.4 荷载及边界条件

模型左右两侧的约束条件为轴支承型式（Roller），也就是土体左右面边界仅允许做上下滑动。模型底部边界为固定约束，上部边界及锚固桩临空一侧为自由面。

锚固桩与土体之间的接触面上分别设置接触对。

在模拟挡土墙与土体间的接触时，采用主从面接触算法，对接触面之间设置摩擦接触；法向设置"硬"接触，允许接触分离。切向方向以罚函数定义面与面之间的摩擦系数。摩擦系数取为 2/3 土体内摩擦角的正切值。

CFG 桩与地基土之间的关系认为变形协调，用嵌入功能模拟筋土作用。

2.1.5 网格划分及单元选取

数值计算采用了大型有限元分析软件 ABAQUS。有限元分析计算时，网格的尺寸等参数将极大影响计算结果，通常情况下，计算结果的精度与划分的网格数量成正比。但随着网格划分得越精细，模型的计算成本也会随着增大。为了尽量提高工程应用时的计算效率，缩短计算时间，又能够满足工程中所需达到的精度，根据实际情况，将与墙体接触部分对网格进行了细化处理，其余土体的网格间距逐渐增大，网格划分结果如图 2-3 所示。

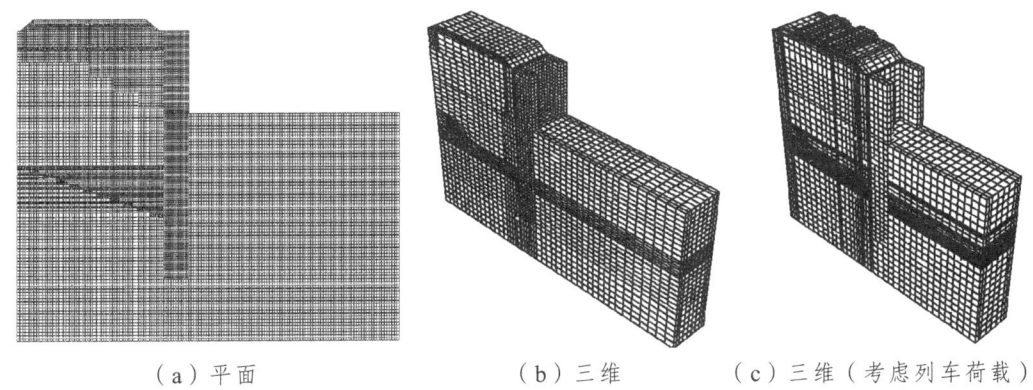

(a）平面　　　　　　（b）三维　　　（c）三维（考虑列车荷载）

图 2-3　几何模型网格划分

2.1.6　初始地应力平衡问题

锚固桩是埋在地基土中的，桩板墙墙后的填土是修筑在地基上的，地基土在施工之前已完成了固结沉降，并在土体内部产生初始地应力。为了得到真实的计算结果，应该首先模拟出地基的初始应力平衡。地应力平衡就是通过导入初始地应力场，使地基土具备重力荷载作用下的应力场，而初始变形很小，几乎等于零。在后面的计算中将填土作为外荷载，计算填土作用下的桩板墙结构及地基的力学响应。

2.1.7　计算内容

（1）模拟现场工况，建立计算模型，分析桩板墙、墙后填土、桩前地基的受力特性。

（2）进行桩板墙的结构参数（桩板墙高度：6 m、8 m、10 m、12 m，地基条件（地表的倾斜坡度：1∶10、1∶5、1∶2.5、1∶1.5（现场工况），地基强度（有、无覆盖层）、不同锚固条件、不同桩间距、挡土板厚度和桩截面尺寸等影响因素的敏感性分析。

（3）分析路肩桩板式挡墙桩不同位移约束条件下的结构受力（土压力）、路基面沉降变形的变化规律，分析桩顶位移与路基面沉降的关系。

（4）模拟列车荷载的作用，分析列车荷载对桩板结构的影响。

2.2　计算结果与数据分析

2.2.1　模拟现场工况

模拟现场工况，建立计算模型，分析桩板墙、墙后填土、桩前地基的受力特性。

1. 桩板墙墙背土压力

桩板墙墙背土压力如表 2-2 所列，图 2-4 是相应的土压力沿墙背的分布曲线。

表 2-2　桩板墙墙背土压力

距桩顶/m	0.0	1.0	2.0	3.0	4.0	5.0	6.0	7.0	7.5
墙背土压力/kPa	0	19	22	23	24	20	4	0	0

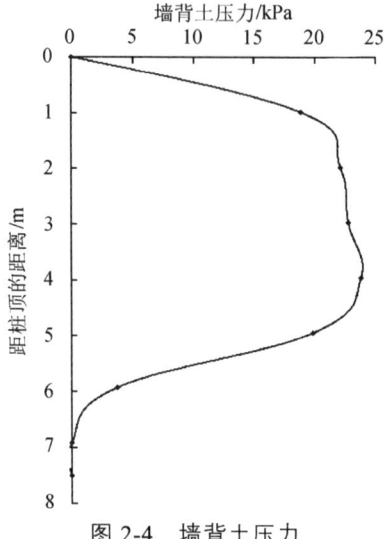

图 2-4 墙背土压力

由表 2-2 与图 2-4 可知,墙背土压力沿桩顶往下呈曲线分布,先增大后减小,在桩顶以下 7 m 后接近为 0,最大值出现在桩顶以下 4 m 处,最大值为 24 kPa。与现场工点实测值相比,计算最大值落在现场实测值的范围内(随时间延长在 18~46 kPa 之间变化),但位置是相同的。离心模型试验的测试数据表明,墙背土压力最大值在 15~20 kPa 之间,位于桩顶以下 4.5 m 附近,这与计算结果较为接近。

2. 桩前地基(覆盖层)抗力

桩前地基抗力如表 2-3 所列,图 2-5 是相应的地基抗力沿深度的分布曲线。

表 2-3 桩前地基抗力

距地表/m	0	0.9	2	2.7	3.6	4.5	5.4	6.3	7.2	8.1	9	9.9
桩前地基抗力/kPa	3	3	17	27	37	47	56	66	76	85	93	94

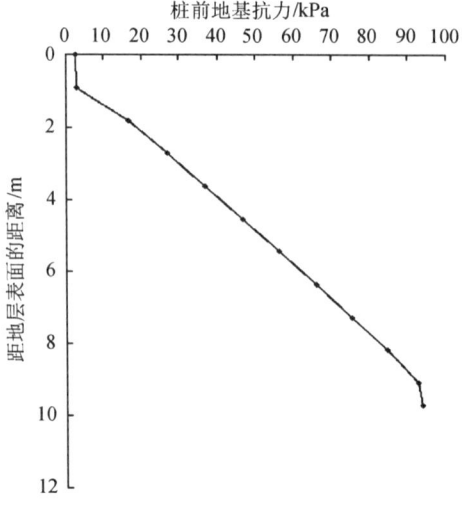

图 2-5 桩前地基抗力

由表 2-3 与图 2-5 可知,桩前覆盖层地基抗力沿地表往下基本呈线性增加,最大值出现在地表以下 9.9 m 处,最大值为 94 kPa。

3. 桩身侧向位移

桩身侧向位移如表 2-4 所列,图 2-6 是相应的桩身侧向位移沿桩身的分布曲线。

表 2-4　桩身侧向位移

距桩顶/m	0	1	2	3	4	5	6	7	8	9	10	11	12	13	14	15	16	17	18	19	20	21	23	24
侧向位移/mm	2.3	2.2	2.0	1.8	1.7	1.5	1.3	1.2	1.0	0.9	0.7	0.6	0.5	0.4	0.3	0.2	0.1	0.1	0.0	0.0	0.0	0.0	0.0	0.0

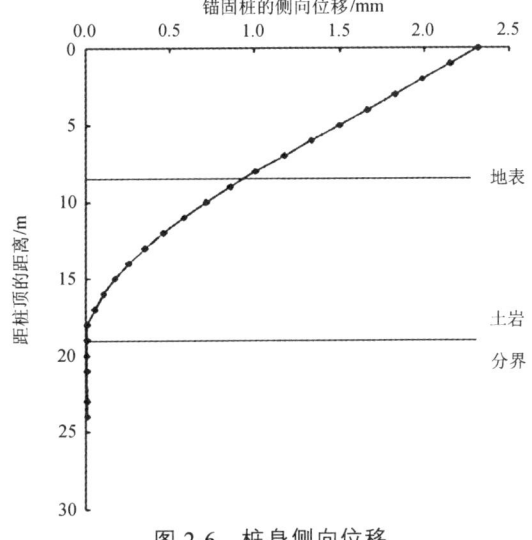

图 2-6　桩身侧向位移

由表 2-4 与图 2-6 可知,桩身侧向位移从桩顶往下减小,土岩分界线以上基本呈线性分布,基岩层中锚固桩基本无位移。最大侧向位移现出在桩顶,最大值为 2.3 mm。现场测得桩顶侧向位移为 22 mm,离心模型试验数据为 3.5~14 mm(还原为原型)。比较而言,计算得到的桩顶侧向位移偏小,可能的原因是现场实测与离心模型试验中,挖孔可能会使得桩周土体松动,使得桩侧向位移额外增加。

4. 路基面沉降

路基面沉降如表 2-5 所列,图 2-7 是相应的路基面沉降沿路基横断面的分布曲线。

表 2-5　路基面沉降

距墙背/m	0	0.9	1.8	2.7	3.6	4.5	5.4	6.3	7.2	8.1	9	9.9	10.8	11.7	12.6	13.5	14.4	15.3	16.2	17.1	17.5
路基面沉降/mm	11.2	11.4	11.3	11.0	10.6	10.0	9.2	8.5	7.5	6.6	5.8	4.9	4.4	4.0	3.7	3.4	3.2	3.1	2.9	2.7	2.6

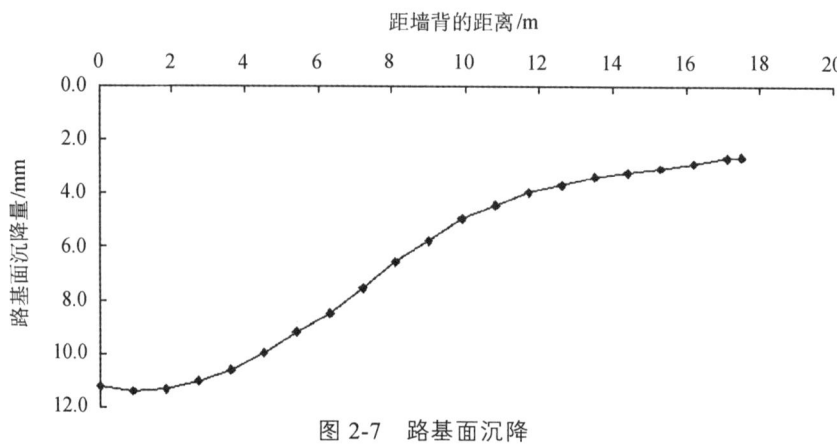

图 2-7 路基面沉降

由表 2-5 与图 2-7 可知,离墙越远,路基面沉降越小,最大沉降出现在距墙背 0.9 m 处,最大值为 11.4 mm。应该说明的是,这个沉降值中包含了路堤自重作用下的地基与路堤沉降值。

5. 桩身侧向位移的影响

为分析桩身侧向位移对墙背土压力、桩前地基抗力及路基面沉降的影响,对桩顶分步给予侧向位移 2 mm、4 mm、6 mm、7.5 mm,计算结果如下。

1)桩板墙墙背土压力

桩板墙墙背土压力如表 2-6 所列,图 2-8 是相应的土压力沿墙背的分布曲线。

表 2-6 桩板墙墙背土压力

距桩顶/m	桩板墙墙背土压力/kPa			
	桩顶侧向位移 2 mm	桩顶侧向位移 4 mm	桩顶侧向位移 6 mm	桩顶侧向位移 7.5 mm
0.0	4	5	6	8
1.0	24	18	12	0
2.0	24	17	7	0
3.0	23	16	5	0
4.0	22	13	0	0
5.0	15	0	0	0
6.0	0	0	0	0
7.0	0	0	0	0
7.5	0	0	0	0

由表 2-6 与图 2-8 可知,随桩顶侧向位移的增加,上部填土跟随桩顶位移而发生侧移,下部填土受地基约束,因此填土侧移沿深度增加而逐渐减小,墙背下部逐渐与墙

后土体脱离接触,有效接触范围内土压力沿墙背的分布规律变化不大,即桩顶往下呈曲线分布,先增大后减小,但土压力及总土压力值逐渐减小。

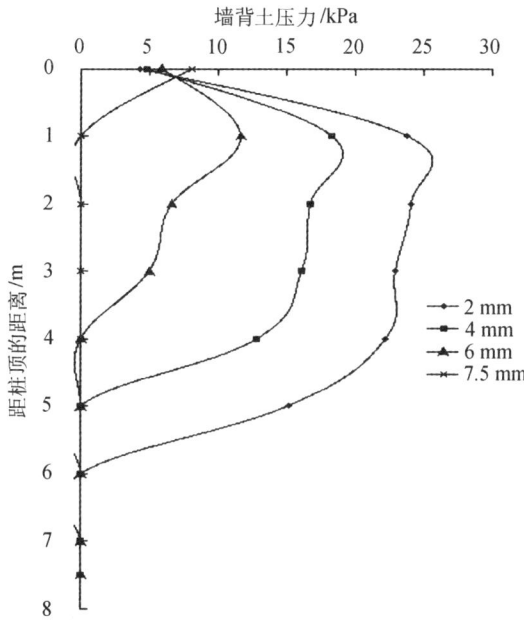

图 2-8 墙背土压力

2)桩前地基(覆盖层)抗力

桩前地基抗力如表 2-7 所列,图 2-9 是相应的地基抗力沿深度的分布曲线。

表 2-7 桩前地基抗力

距桩顶/m	桩前地基抗力/kPa			
	桩顶侧向位移 2 mm	桩顶侧向位移 4 mm	桩顶侧向位移 6 mm	桩顶侧向位移 7.5 mm
0	4	7	10	12
0.9	4	5	7	9
1.8	17	19	20	22
2.7	28	29	30	31
3.6	38	39	40	40
4.5	47	48	49	50
5.4	57	58	58	59
6.3	66	67	67	68
7.2	76	76	77	77
8.1	85	85	86	86
9	93	94	94	95

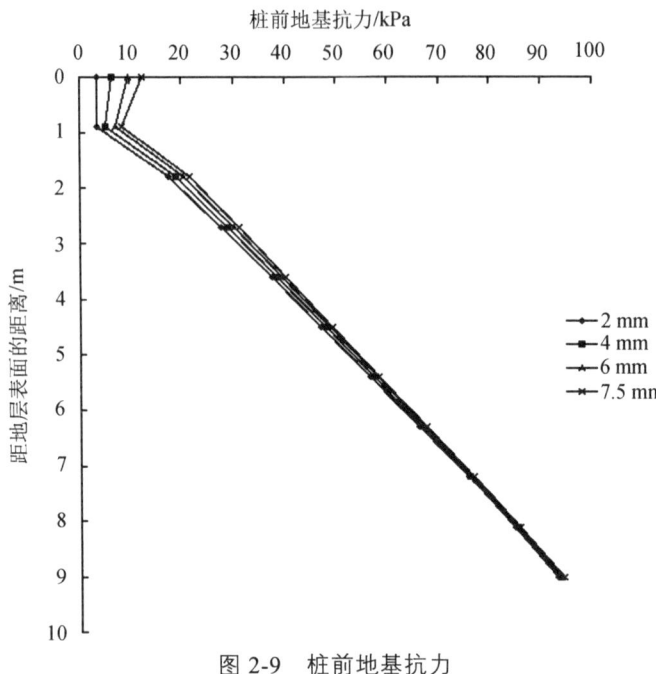

图 2-9 桩前地基抗力

由表 2-7 与图 2-9 可知，随桩顶给定侧移增加，桩前覆盖层地基抗力的分布规律基本无变化，即沿地表往下大致呈线性增加，但抗力值缓慢增加。

3）路基面沉降

路基面沉降如表 2-8 所列，图 2-10 是相应的路基面沉降沿路基横断面的分布曲线。

表 2-8 路基面沉降

距墙背/m	路基面沉降/mm			
	桩顶侧向位移 2 mm	桩顶侧向位移 4 mm	桩顶侧向位移 6 mm	桩顶侧向位移 7.5 mm
0	10.8	12.0	13.3	14.4
0.9	11.2	12.2	13.4	14.3
1.8	11.2	12.1	13.1	13.8
2.7	11.0	11.8	12.6	13.1
3.6	10.6	11.3	11.9	12.3
4.5	10.0	10.5	11.0	11.3
5.4	9.2	9.6	10.0	10.1
6.3	8.5	8.9	9.1	9.2
7.2	7.6	7.8	8.0	8.1
8.1	6.6	6.8	7.0	7.0

续表

距墙背/m	路基面沉降/mm			
	桩顶侧向位移 2 mm	桩顶侧向位移 4 mm	桩顶侧向位移 6 mm	桩顶侧向位移 7.5 mm
9	5.8	6.0	6.1	6.2
9.9	5.0	5.1	5.3	5.3
10.8	4.5	4.6	4.8	4.8
11.7	4.0	4.1	4.3	4.4
12.6	3.7	3.9	4.0	4.1
13.5	3.4	3.6	3.7	3.8
14.4	3.2	3.4	3.5	3.6
15.3	3.1	3.2	3.4	3.5
16.2	2.9	3.0	3.1	3.2
17.1	2.6	2.7	2.7	2.8
17.5	2.6	2.7	2.7	2.8

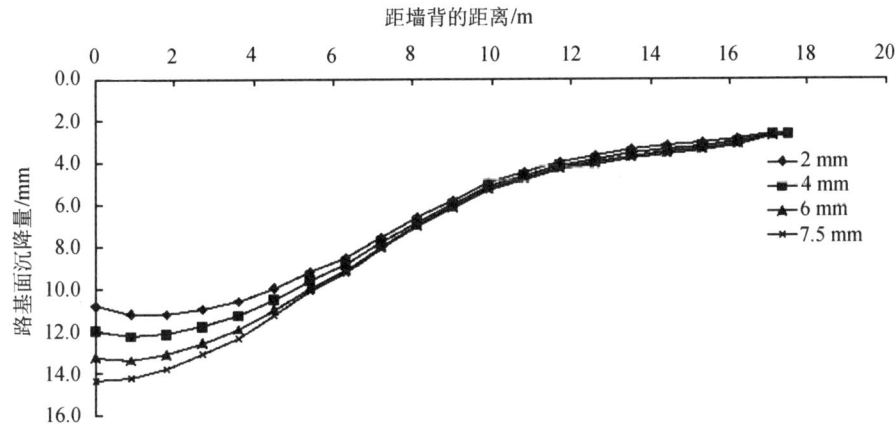

图 2-10　路基面沉降

由表 2-8 与图 2-10 可知，随桩顶侧向位移增加，路基面沉降逐渐增加，分布规律基本不变形，最大值出现在距墙背 0~0.9 m 处路基面，当桩顶侧向位移由 2 mm 增加至 7.5 mm 时，路基面沉降最大值由 11.4 mm 增加至 14.4 mm。这里所说的沉降值中包含了由路堤自重作用引起的地基与路堤沉降值。为分析侧向变形增加引起的附加沉降，以 2 mm 侧向位移时的沉降值为基准，后面各次沉降减去 2 mm 时的沉降得到侧移增加引起的路基面沉降增量，如表 2-9 所列，图 2-11 是相应的路基面沉降增量的分布曲线。

表 2-9 路基面沉降增量

距墙背/m	路基面沉降增量/mm			
	桩顶侧向位移 2 mm	桩顶侧向位移 4 mm	桩顶侧向位移 6 mm	桩顶侧向位移 7.5 mm
0	0	1.2	2.5	3.6
0.9	0	1.1	2.2	3.1
1.8	0	0.9	1.9	2.6
2.7	0	0.8	1.6	2.1
3.6	0	0.7	1.3	1.7
4.5	0	0.5	1.0	1.3
5.4	0	0.4	0.8	0.9
6.3	0	0.3	0.6	0.7
7.2	0	0.3	0.4	0.5
8.1	0	0.2	0.4	0.4
9	0	0.2	0.3	0.4
9.9	0	0.2	0.3	0.3
10.8	0	0.2	0.3	0.4
11.7	0	0.2	0.3	0.4
12.6	0	0.2	0.3	0.4
13.5	0	0.2	0.3	0.4
14.4	0	0.2	0.3	0.4
15.3	0	0.2	0.3	0.4
16.2	0	0.1	0.2	0.3
17.1	0	0.0	0.1	0.1
17.5	0	0.1	0.1	0.1

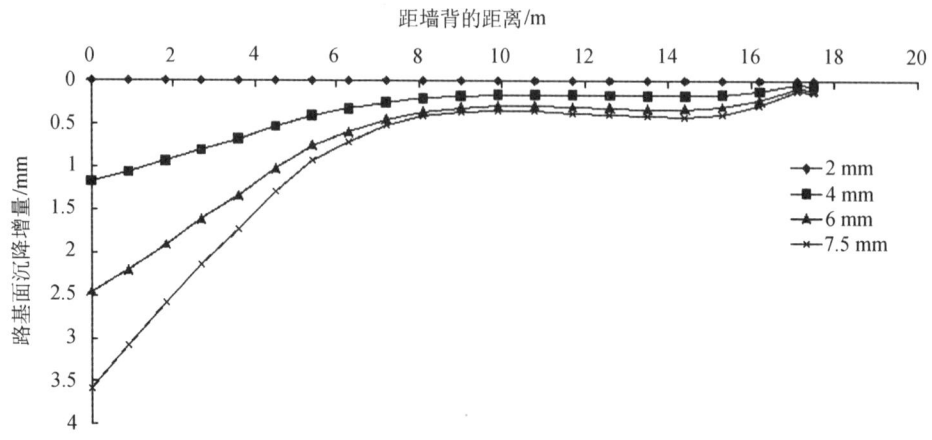

图 2-11 桩顶侧移引起的路基面沉降增量

由表 2-9 与图 2-11 可知,由桩顶侧向位移增加引起的路基面沉降增量主要分布在距墙背 6~8 m 范围内,且随桩顶侧移的增加路基面沉降增量逐渐增大,最大值在靠近墙背处。

另外,为分析墙背处与 I 线中心处(距墙背 6.3 m)路基面沉降增量 ΔS_V 与侧向位移增量 ΔS_H 的关系,将两种数据单独列表,如表 2-10 所列,图 2-12 为相应的关系曲线。

表 2-10 ΔS_V 与 ΔS_H 的关系

桩顶侧移增量 ΔS_H/mm	0	2	4	5.5
墙背处路基面沉降增量 ΔS_{V0}/mm	0	1.2	2.5	3.6
I 线中心路基面沉降增量 $\Delta S_{V6.3}$/mm	0	0.3	0.6	0.7

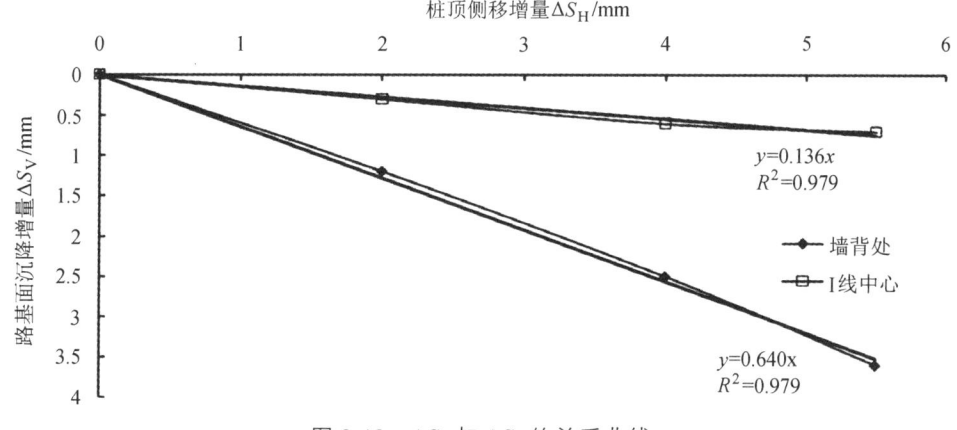

图 2-12 ΔS_V 与 ΔS_H 的关系曲线

由表 2-10 和图 2-12 可知,墙背处的路基面沉降增量 ΔS_{V0} 约为桩顶侧向位移增量 ΔS_H 的 0.64 倍,I 线中心处(距墙背 6.3 m)的路基面沉降增量 $\Delta S_{V6.3}$ 约为 ΔS_H 的 0.14 倍。

2.2.2 桩前地表坡度的影响

以现场工况为基准,保持其他条件不变,改变桩前地表坡度,分别为:水平、1∶10、1∶5、1∶2.5、1∶1.5。建立计算模型,分析桩板墙、墙后填土、桩前地基的受力特性。

1. 桩板墙墙背土压力

桩板墙墙背土压力如表 2-11 所列,图 2-13 是相应的土压力沿墙背的分布曲线。

由表 2-11 与图 2-13 可知,桩前地基表面斜坡度在水平~1∶1.5 之间变化时,墙背土压力的分布规律与大小基本无变化以,即沿桩顶往下呈曲线分布,先增大后减小,在桩顶以下 7 m 后接近为 0,最大值出现在桩顶以下 4 m 处,最大值为 24 kPa。与现场工点实测值相比,计算最大值落在现场实测值的范围内(随时间延长在 18~46 kPa 之间变化),但位置是相同的。离心模型试验的测试数据表明,墙背土压力最大值为 15~20 kPa,位于桩顶以下 4.5 m 附近,这与计算结果较为接近。

表 2-11 桩板墙墙背土压力

距桩顶/m	桩板墙墙背土压力/kPa				
	地表坡度 水平	地表坡度 1∶10	地表坡度 1∶5	地表坡度 1∶2.5	地表坡度 1∶1.5
0.0	0	0	0	1	0
1.0	19	19	19	19	19
2.0	22	22	22	22	22
3.0	23	23	23	23	23
4.0	24	24	24	24	24
5.0	20	20	20	20	20
6.0	4	2	3	4	2
7.0	0	0	0	0	0
7.5	0	0	0	0	0

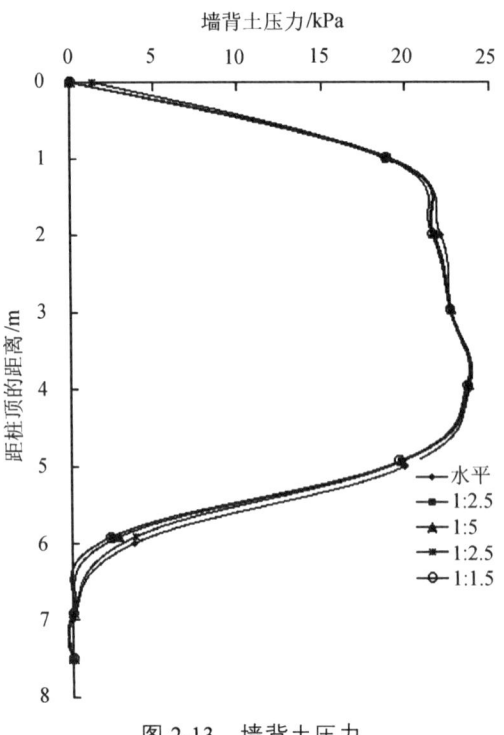

图 2-13 墙背土压力

2. 桩前地基（覆盖层）抗力

桩前地基抗力如表 2-12 所列，图 2-14 是相应的地基抗力沿深度的分布曲线。

表 2-12　桩前地基抗力

距地表/m	桩前地基抗力/kPa				
	地表坡度水平	地表坡度 1∶10	地表坡度 1∶5	地表坡度 1∶2.5	地表坡度 1∶1.5
0.0	3	2	2	4	3
0.9	3	2	4	7	9
1.8	17	11	8	7	9
2.7	27	20	14	10	9
3.6	37	28	21	14	10
4.5	47	38	29	20	13
5.4	56	47	38	28	18
6.3	66	57	47	37	26
7.2	76	67	57	48	36
8.1	85	78	68	60	49
9.0	93	87	79	74	64
9.9	94	91	86	81	74

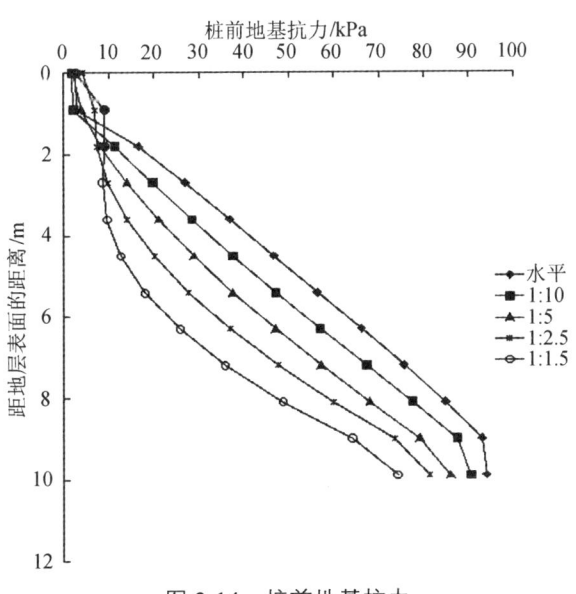

图 2-14　桩前地基抗力

由表 2-12 与图 2-14 可知，桩前覆盖层地基抗力沿地表往下增加，最大值出现地表以 9.9 m 处，最大值为 94 kPa。当地表斜坡坡度由水平逐渐变为 1∶1.5 时，桩前地基抗力呈减小的趋势，最大抗力由 94 kPa 减小为 74 kPa。

3. 桩身侧向位移

桩身侧向位移如表 2-13 所列,图 2-15 是相应的桩身侧向位移沿桩身的分布曲线。

表 2-13 桩身侧向位移

距桩顶/m	桩身侧向位移/mm				
	地表坡度水平	地表坡度 1∶10	地表坡度 1∶5	地表坡度 1∶2.5	地表坡度 1∶1.5
0	2.3	2.3	2.3	2.4	2.4
1	2.2	2.2	2.2	2.2	2.2
2	2.0	2.0	2.0	2.0	2.0
3	1.8	1.8	1.8	1.9	1.9
4	1.7	1.7	1.7	1.7	1.7
5	1.5	1.5	1.5	1.5	1.5
6	1.3	1.3	1.3	1.4	1.4
7	1.2	1.2	1.2	1.2	1.2
8	1.0	1.0	1.0	1.0	1.0
9	0.9	0.9	0.9	0.9	0.9
10	0.7	0.7	0.7	0.7	0.7
11	0.6	0.6	0.6	0.6	0.6
12	0.5	0.5	0.5	0.5	0.5
13	0.4	0.4	0.4	0.4	0.4
14	0.3	0.3	0.3	0.3	0.3
15	0.2	0.2	0.2	0.2	0.2
16	0.1	0.1	0.1	0.1	0.1
17	0.1	0.1	0.1	0.1	0.1
18	0.0	0.0	0.0	0.0	0.0
19	0.0	0.0	0.0	0.0	0.0
20	0.0	0.0	0.0	0.0	0.0
21	0.0	0.0	0.0	0.0	0.0
23	0.0	0.0	0.0	0.0	0.0
24	0.0	0.0	0.0	0.0	0.0

由表 2-13 与图 2-15 可知,随桩前地表斜坡坡度的增加,桩身侧向位移的分布规律基本保持不变,即从桩顶往下减小,土岩分界线以上基本呈线性分布,基岩层中锚固

桩基本无位移；但侧向位移值略有增大，最大值由 2.3 mm 增加到 2.4 mm。

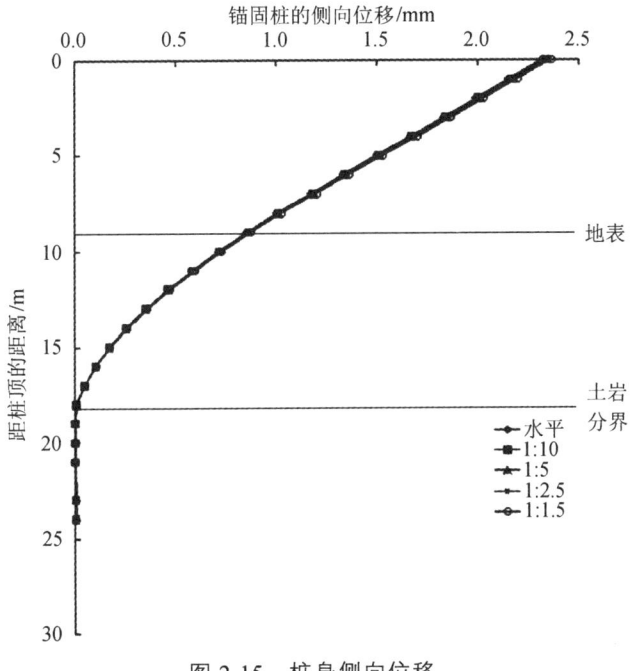

图 2-15　桩身侧向位移

4. 路基面沉降

路基面沉降如表 2-14 所列，图 2-16 是相应的路基面沉降沿路基横断面的分布曲线。

表 2-14　路基面沉降

距墙背/m	路基面沉降/mm				
	地表坡度 水平	地表坡度 1∶10	地表坡度 1∶5	地表坡度 1∶2.5	地表坡度 1∶1.5
0	11.2	11.3	11.3	11.3	11.3
0.9	11.4	11.5	11.5	11.5	11.5
1.8	11.3	11.4	11.4	11.4	11.4
2.7	11.0	11.1	11.1	11.1	11.1
3.6	10.6	10.6	10.6	10.6	10.7
4.5	10.0	10.0	10.0	10.0	10.0
5.4	9.2	9.2	9.2	9.2	9.2
6.3	8.5	8.5	8.5	8.5	8.5
7.2	7.5	7.5	7.5	7.5	7.5
8.1	6.6	6.6	6.6	6.6	6.6
9	5.8	5.8	5.8	5.8	5.8

续表

距墙背/m	路基面沉降/mm				
	地表坡度水平	地表坡度1∶10	地表坡度1∶5	地表坡度1∶2.5	地表坡度1∶1.5
9.9	4.9	4.9	4.9	4.9	4.9
10.8	4.4	4.4	4.4	4.4	4.4
11.7	4.0	4.0	4.0	4.0	4.0
12.6	3.7	3.7	3.7	3.7	3.7
13.5	3.4	3.4	3.4	3.4	3.4
14.4	3.2	3.2	3.2	3.2	3.2
15.3	3.1	3.1	3.1	3.1	3.1
16.2	2.9	2.9	2.9	2.9	2.9
17.1	2.7	2.7	2.7	2.7	2.7
17.5	2.6	2.6	2.6	2.6	2.6

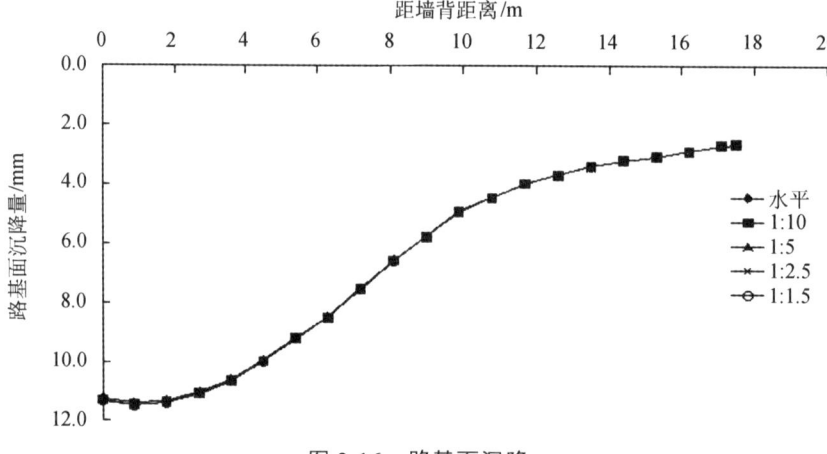

图 2-16 路基面沉降

由表 2-14 与图 2-16 可知，随桩前地表斜坡度的增加，路基面沉降的分布规律及大小基本无变化，即离墙越远，路基面沉降越小，最大沉降出现在距墙背 0.9 m 处，最大值为 11.5 mm，这个沉降值中包含了路堤自重作用下的地基与路堤沉降值。

2.2.3 桩板墙高度的影响

以现场工况为基准，保持其他条件不变，改变桩板墙高度，分别为：6 m、8 m、10 m、12 m。建立计算模型，分析桩板墙、墙后填土、桩前地基的受力特性。

1. 桩板墙背土压力

桩板墙墙背土压力如表 2-15 所列，图 2-17 是相应的土压力沿墙背的分布曲线。

表 2-15 桩板墙墙背土压力

距桩顶/m	桩板墙墙背土压力/kPa			
	桩板高度 6 m	桩板高度 8 m	桩板高度 10 m	桩板高度 12 m
0.0	0	0	0	0
1.0	20	19	16	7
2.0	20	22	21	16
3.0	18	23	24	21
4.0	8	24	27	26
5.0	0	20	30	30
6.0		4	30	33
7.0		0	22	35
7.5		0		
8.0			11	33
9.0			0	18
9.5			0	3
10.0				0
11.0				0
11.5				0

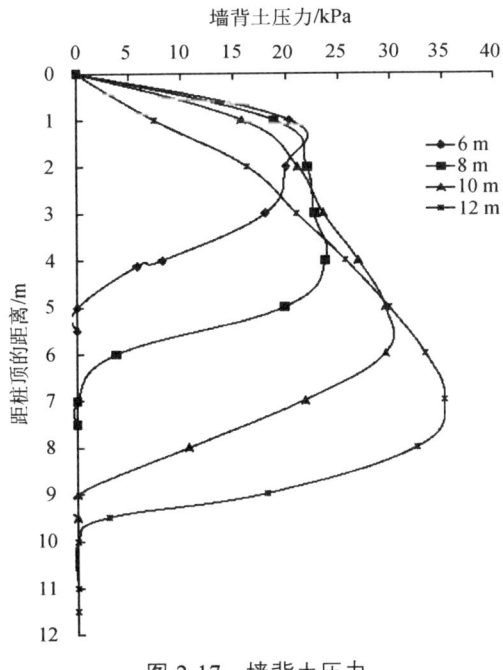

图 2-17 墙背土压力

由表 2-15 与图 2-17 可知，随桩板墙高度由 6 m 增加到 12 m，墙背土压力的分布逐渐往桩板墙的中下部集中，最大土压力的位置由桩顶以下 2 m 逐步变为桩顶以下 4 m、6 m、7 m，最大值由 20 kPa 逐渐增加为 24 kPa、30 kPa、35 kPa。

2. 桩前地基（覆盖层）抗力

桩前地基抗力如表 2-16 所列，图 2-18 是相应的地基抗力沿深度的分布曲线。

表 2-16 桩前地基抗力

距地表/m	桩前地基抗力/kPa			
	桩板墙高度 6 m	桩板墙高度 8 m	桩板墙高度 10 m	桩板墙高度 12 m
0.0	2	3	4	5
0.9	2	3	3	4
1.8	16	17	17	18
2.7	27	27	27	28
3.6	37	37	37	37
4.5	46	47	47	47
5.4	56	56	56	57
6.3	66	66	66	66
7.2	76	76	76	76
8.1	85	85	85	85
9.0	93	93	93	93
9.9	94	94	94	94

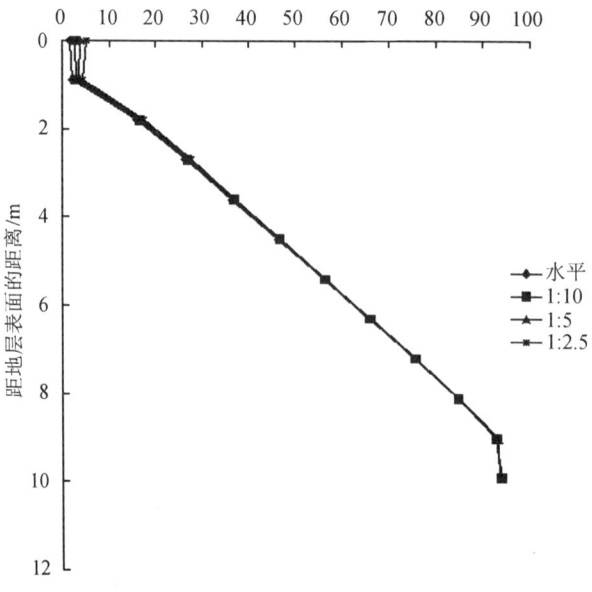

图 2-18 桩前地基抗力

由表 2-16 与图 2-18 可知,随桩板墙高度的增加,桩前覆盖层地基抗力的分布规律基本没有变化,即沿地表往下增加,最大值出现在地表以下 9.9 m 处,最大值为 94 kPa;抗力大小略有增加,主要集中在地表至以下 3.6 m 范围内。

3. 桩身侧向位移

桩身侧向位移如表 2-17 所列,图 2-19 是相应的桩身侧向位移沿桩身的分布曲线。

表 2-17 桩身侧向位移

距桩顶/m	桩身侧向位移/mm			
	桩板墙高度 6 m	桩板墙高度 8 m	桩板墙高度 10 m	桩板墙高度 12 m
0	0.5	2.3	4.1	7.0
1	0.5	2.2	3.9	6.6
2	0.4	2.0	3.6	6.2
3	0.4	1.8	3.3	5.8
4	0.3	1.7	3.1	5.4
5	0.3	1.5	2.8	5.0
6	0.2	1.3	2.5	4.5
7	0.2	1.1	2.2	4.1
8	0.1	1.0	1.9	3.7
9	0.1	0.9	1.7	3.4
10	0.1	0.7	1.5	3.0
11	0.0	0.6	1.2	2.6
12	0.0	0.5	1.0	2.3
13	0.0	0.4	0.8	1.9
14	0.0	0.3	0.6	1.6
15	0.0	0.2	0.5	1.3
16	0.0	0.1	0.3	1.0
17	0.0	0.1	0.2	0.8
18	0.0	0.0	0.1	0.6
19	0.0	0.0	0.1	0.4
20	0.0	0.0	0.0	0.2
21	0.0	0.0	0.0	0.1
22	0.0	0.0	0.0	0.0
23		0.0	0.0	0.0
24		0.0	0.0	0.0
25			0.0	0.0
26			0.0	0.0
27				0.0
28				0.0

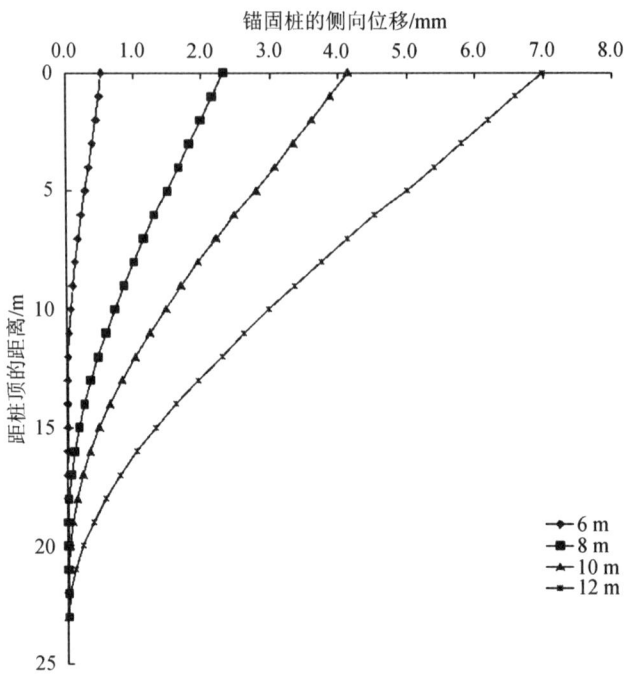

图 2-19 桩身侧向位移

由表 2-17 与图 2-19 可知，随桩板墙墙高的增加，锚固桩桩身侧向位移的分布规律基本保持不变，即从桩顶往下减小，土岩分界线以上基本呈线性分布，基岩层中锚固桩基本无位移；但侧向位移值明显增大，当墙高由 6 m 增加至 12 m 时，桩顶最大位移值由 0.5 mm 增加到 7.0 mm。

4. 路基面沉降

路基面沉降如表 2-18 所列，图 2-20 是相应的路基面沉降沿路基横断面的分布曲线。

表 2-18 路基面沉降

距墙背/m	路基面沉降/mm			
	桩板墙高度 6 m	桩板墙高度 8 m	桩板墙高度 10 m	桩板墙高度 12 m
0	7.0	11.2	16.3	22.9
0.9	7.2	11.4	16.4	22.8
1.8	7.1	11.3	16.3	22.6
2.7	6.8	11.0	16.0	22.3
3.6	6.2	10.5	15.5	21.8
4.5	5.7	10.0	15.0	21.3
5.4	5.0	9.2	14.2	20.5
6.3	4.4	8.5	13.5	19.7
7.2	3.6	7.5	12.5	18.7

续表

距墙背/m	路基面沉降/mm			
	桩板墙高度 6 m	桩板墙高度 8 m	桩板墙高度 10 m	桩板墙高度 12 m
8.1	3.0	6.6	11.5	17.6
9	2.3	5.8	10.6	16.7
9.9	1.6	4.9	9.6	15.6
10.8	1.4	4.4	9.0	14.8
11.7	1.2	4.0	8.2	13.9
12.6	1.2	3.7	7.7	13.2
13.5	1.0	3.4	7.1	12.4
14.4	0.9	3.2	6.7	11.7
15.3	0.9	3.1	6.4	11.2
16.2	0.8	2.9	5.9	10.5
17.1	0.9	2.6	5.4	9.7
17.5	1.0	2.6	5.4	10.1

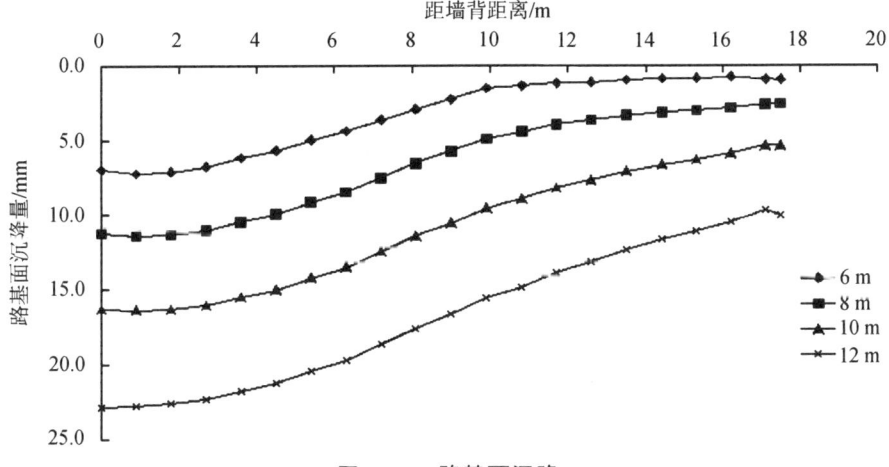

图 2-20　路基面沉降

由表 2-18 与图 2-20 可知，随桩板墙高度的增加，路基面沉降的分布规律基本无变化，即离墙越远，路基面沉降越小，最大沉降出现在距墙背 0～0.9 m 处，最大值为 22.9 mm，这个沉降值中包含了路堤自重作用下的地基与路堤沉降值。但沉降值显著增加，随墙高由 6 m 增加到 12 m，最大沉降值由 7.2 mm 增加至 22.9 mm。

2.2.4　桩前地基覆盖层强度条件的影响

地勘部门现场取样室内实测地基覆盖层的强度指标为 C 值 52.4 kPa、φ 值 13.2°，改变桩前地基条件时仅调整 C 值，分别为 10 kPa、20 kPa、30 kPa、40 kPa、52.4 kPa，分析桩板墙、墙后填土、桩前地基的受力特性。

1. 桩板墙墙背土压力

桩板墙墙背土压力如表 2-19 所列,图 2-21 是相应的土压力沿墙背的分布曲线。

表 2-19 桩板墙墙背土压力

距桩顶/m	桩板墙墙背土压力/kPa				
	C 值 10 kPa	C 值 20 kPa	C 值 30 kPa	C 值 40 kPa	C 值 52.4 kPa
0	6	5	4	2	1
1	25	24	22	19	19
2	24	25	24	22	22
3	23	24	24	23	23
4	20	23	25	24	24
5	0	14	17	19	20
6	0	0	0	0	4
7	0	0	0	0	0
7.5	0	0	0	0	0

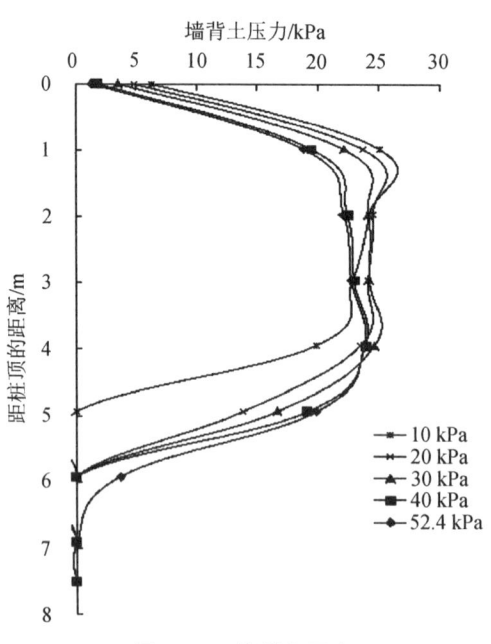

图 2-21 墙背土压力

由表 2-19 与图 2-21 可知,随地基覆盖层土的强度指标 C 值由 10 kPa 增加至 52.4 kPa,墙背土压力的分布略往中下部转移,但分布规律大致相同,即上、下两端小,中间大。

2. 桩前地基（覆盖层）抗力

桩前地基抗力如表 2-20 所列，图 2-22 是相应的地基抗力沿深度的分布曲线。

表 2-20 桩前地基抗力

距地表/m	桩前地基抗力/kPa				
	C 值 10 kPa	C 值 20 kPa	C 值 30 kPa	C 值 40 kPa	C 值 52.4 kPa
0.0	3	3	3	3	3
0.9	3	3	3	3	3
1.8	17	17	17	17	17
2.7	27	27	27	27	27
3.6	37	37	37	37	37
4.5	47	47	47	47	47
5.4	56	56	56	56	56
6.3	66	66	66	66	66
7.2	76	76	76	76	76
8.1	85	85	85	85	85
9.0	93	93	93	93	93
9.9	94	94	94	94	94

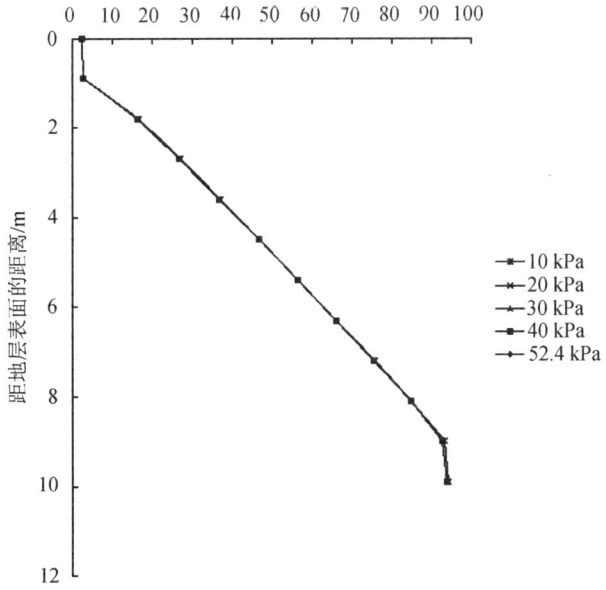

图 2-22 桩前地基抗力

由表 2-20 与图 2-22 可知，随桩前地基覆盖层土体的强度指标 C 值的增加，前覆盖层地基抗力的分布规律与大小基本无变化，即沿地表往下增加，最大值出现地表以 9.9 m 处，最大值为 94 kPa。

3. 桩身侧向位移

桩身侧向位移如表 2-21 所列，图 2-23 是相应的桩身侧向位移沿桩身的分布曲线。

表 2-21 桩身侧向位移

距桩顶/m	桩身侧向位移/mm				
	C 值 10 kPa	C 值 20 kPa	C 值 30 kPa	C 值 40 kPa	C 值 52.4 kPa
0	2.4	2.4	2.3	2.3	2.3
1	2.3	2.2	2.2	2.2	2.2
2	2.1	2.0	2.0	2.0	2.0
3	1.9	1.9	1.8	1.8	1.8
4	1.7	1.7	1.7	1.7	1.7
5	1.6	1.5	1.5	1.5	1.5
6	1.4	1.3	1.3	1.3	1.3
7	1.2	1.2	1.2	1.2	1.2
8	1.1	1.0	1.0	1.0	1.0
9	0.9	0.9	0.9	0.9	0.9
10	0.8	0.7	0.7	0.7	0.7
11	0.6	0.6	0.6	0.6	0.6
12	0.5	0.5	0.5	0.5	0.5
13	0.4	0.4	0.4	0.4	0.4
14	0.3	0.3	0.3	0.3	0.3
15	0.2	0.2	0.2	0.2	0.2
16	0.1	0.1	0.1	0.1	0.1
17	0.1	0.1	0.1	0.1	0.1
18	0.0	0.0	0.0	0.0	0.0
19	0.0	0.0	0.0	0.0	0.0
20	0.0	0.0	0.0	0.0	0.0
21	0.0	0.0	0.0	0.0	0.0
22	0.0	0.0	0.0	0.0	0.0
23	0.0	0.0	0.0	0.0	0.0
24	0.0	0.0	0.0	0.0	0.0

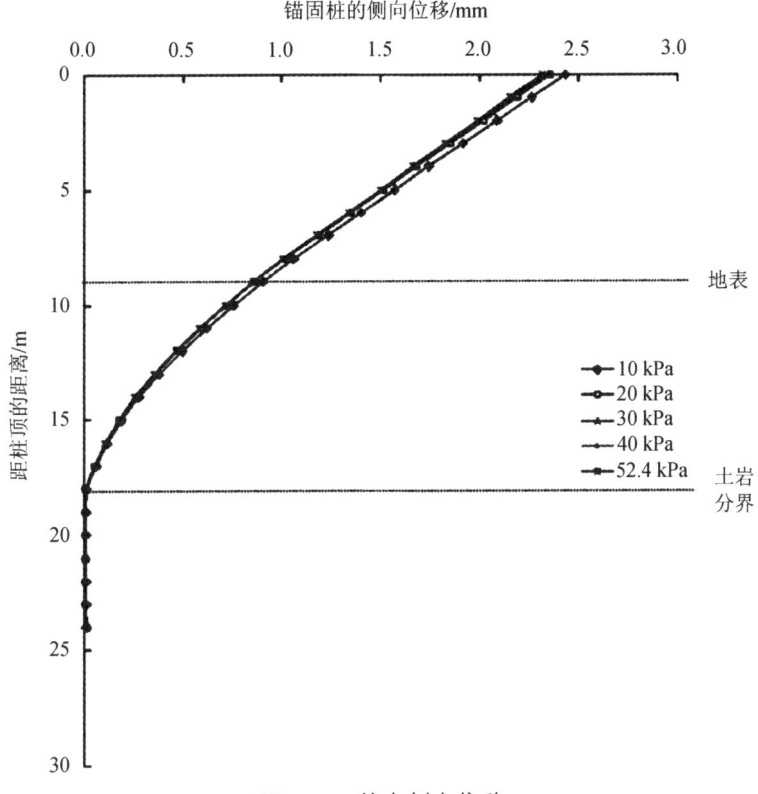

图 2-23 桩身侧向位移

由表 2-21 与图 2-23 可知,随地基覆盖层土强度指标 C 值由 10 kPa 增加至 52.4 kPa,锚固桩桩身侧向位移的分布规律基本保持不变,即从桩顶往下减小,土岩分界线以上基本呈线性分布,基岩层中锚固桩基本无位移;但侧向位移值略有减小,最大值由 2.4 mm 减小到 2.3 mm。

4. 路基面沉降

路基面沉降如表 2-22 所列,图 2-24 是相应的路基面沉降沿路基横断面的分布曲线。

表 2-22 路基面沉降

距墙背/m	路基面沉降/mm				
	C 值 10 kPa	C 值 20 kPa	C 值 30 kPa	C 值 40 kPa	C 值 52.4 kPa
0	12.7	12.1	11.8	11.4	11.2
0.9	12.9	12.3	12.0	11.5	11.4
1.8	12.7	12.1	11.8	11.4	11.3
2.7	12.2	11.7	11.4	11.1	11.0
3.6	11.6	11.2	11.0	10.7	10.6
4.5	10.7	10.4	10.2	10.0	10.0

续表

距墙背/m	路基面沉降/mm				
	C 值 10 kPa	C 值 20 kPa	C 值 30 kPa	C 值 40 kPa	C 值 52.4 kPa
5.4	9.7	9.4	9.3	9.2	9.2
6.3	8.8	8.7	8.6	8.5	8.5
7.2	7.7	7.6	7.6	7.5	7.5
8.1	6.7	6.6	6.6	6.6	6.6
9	5.8	5.8	5.8	5.8	5.8
9.9	5.0	4.9	4.9	4.9	4.9
10.8	4.5	4.4	4.4	4.4	4.4
11.7	4.0	3.9	4.0	4.0	4.0
12.6	3.7	3.7	3.7	3.7	3.7
13.5	3.4	3.4	3.4	3.4	3.4
14.4	3.3	3.2	3.2	3.2	3.2
15.3	3.1	3.1	3.1	3.1	3.1
16.2	2.9	2.9	2.9	2.9	2.9
17.1	2.7	2.7	2.7	2.7	2.7
17.5	2.7	2.6	2.6	2.6	2.6

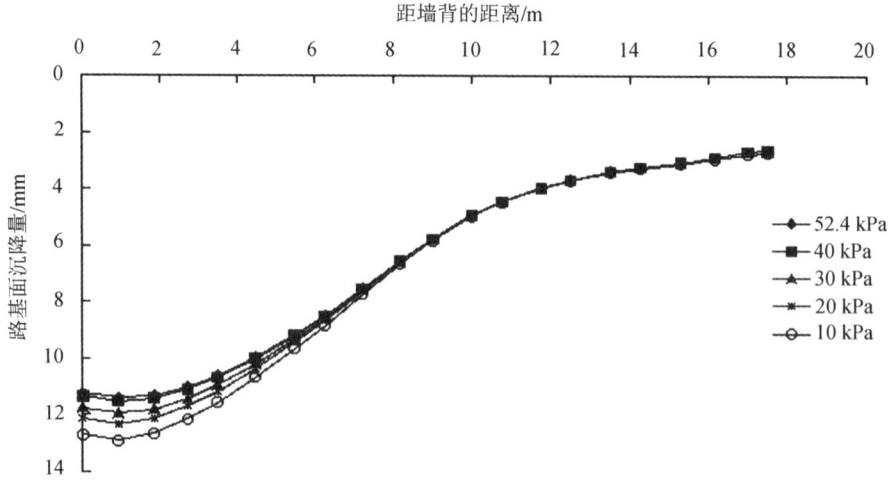

图 2-24 路基面沉降

由表 2-22 与图 2-24 可知，随地基覆盖土层强度指标 C 值的增加，路基面沉降的分布规律基本无变化，即离墙背越远，路基面沉降越小，最大沉降出现在距墙背 0.9 m 处，最大值为 12.9 mm，这个沉降值中包含了路堤自重作用下的地基与路堤沉降值；但沉降值略有减小,随 C 值由 10 kPa 增加到 52.4 kPa,最大沉降值由 12.9 mm 减小至 11.4 mm。

2.2.5 桩后地基加固条件的影响

改变桩后地基的加固条件(是否进行 CFG 桩加固),分析桩板墙、墙后填土、桩前地基的受力特性。

1. 桩板墙墙背土压力

桩板墙墙背土压力如表 2-23 所列,图 2-25 是相应的土压力沿墙背的分布曲线。

表 2-23 桩板墙墙背土压力

距桩顶/m	桩板墙墙背土压力/kPa	
	加固	不加固
0	1	0
1.2	19	0
2.4	21	10
3.6	24	24
4.8	21	40
6.0	2	54
6.9	0	63
7.5	0	39

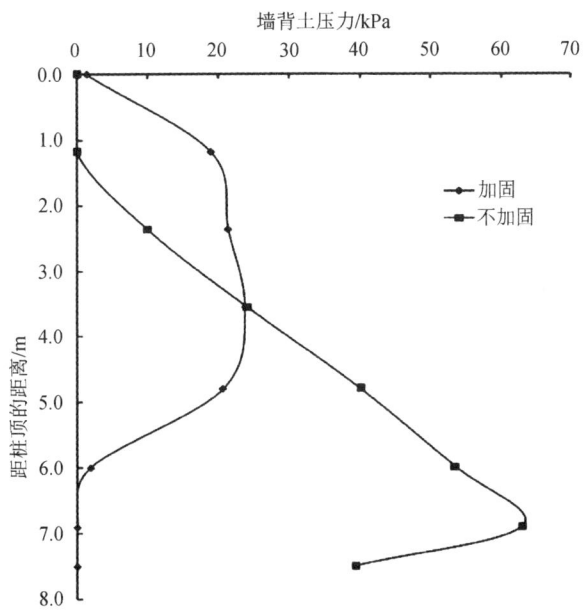

图 2-25 墙背土压力

由表 2-23 与图 2-25 可知,加固桩后地基将显著减小墙背土压力大小并改变分布规律,最大值由 63 kPa 减少至 24 kPa,未加固桩后地基墙背土压力的分布往中下部转移。

2. 桩前地基(覆盖层)抗力

桩前地基抗力如表 2-24 所列,图 2-26 是相应的地基抗力沿深度的分布曲线。

表 2-24 桩前地基抗力

距地表/m	桩前地基抗力/kPa	
	加固	不加固
0.0	3	8
1.2	9	13
2.4	24	26
3.6	37	51
4.8	50	63
6.0	62	76
7.2	75	53
8.4	84	88
9.6	84	113

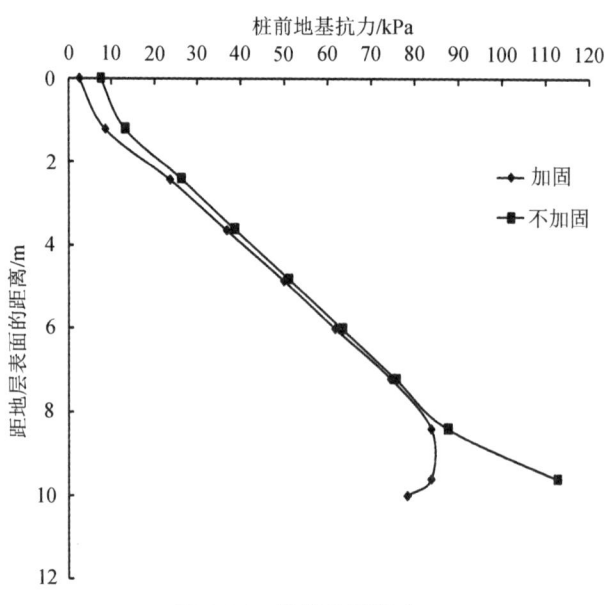

图 2-26 桩前地基抗力

由表 2-24 与图 2-26 可知,加固桩后地基将有助于减小桩前地基抗力,这主要是因为加固地基能显著降低桩后土压力,加固后最大地基抗力由 113 kPa 减小至 84 kPa。

3. 桩身侧向位移

桩身侧向位移如表 2-25 所列，图 2-27 是相应的桩身侧向位移沿桩身的分布曲线。

表 2-25 桩身侧向位移

距桩顶/m	桩身侧向位移/mm	
	加固	不加固
0	2.3	7.8
1	2.2	7.3
2	2.0	6.9
3	1.8	6.4
4	1.6	5.9
5	1.5	5.4
6	1.3	4.9
7	1.2	1.2
8	1.0	4.0
9	0.9	3.5
10	0.8	3.0
11	0.7	2.6
12	0.6	2.1
13	0.5	1.7
14	0.4	1.3
15	0.3	0.9
16	0.2	0.6
17	0.1	0.4
18	0.0	0.2
19	0.0	0.1
20	0.0	0.1
21	0.0	0.0
22	0.0	0.0
23	0.0	0.0
24	0.0	0.0

由表 2-25 与图 2-27 可知，加固桩后地基将显著减小桩体侧向位移，加固后侧向位移最大值由 7.8 mm 减小 2.3 mm。

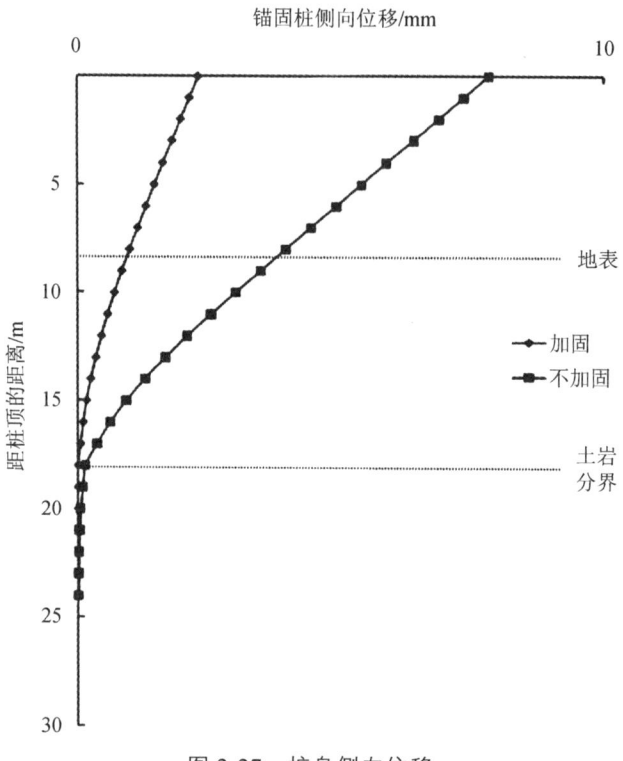

图 2-27 桩身侧向位移

4. 路基面沉降

路基面沉降如表 2-26 所列，图 2-28 是相应的路基面沉降沿路基横断面的分布曲线。

表 2-26 路基面沉降

距墙背/m	路基面沉降/mm	
	加固	不加固
0	11.2	99.3
1.0	11.4	99.8
2.0	11.3	100.1
3.0	10.9	100.4
4.0	10.3	100.5
5.0	9.6	100.6
6.0	8.7	100.4
7.0	7.8	99.9
8.0	6.8	99.1
9.0	5.8	97.9
10.0	4.9	96.3

续表

距墙背/m	路基面沉降/mm	
	加固	不加固
11.0	4.3	94.3
12.0	3.9	92.0
13.0	3.5	89.5
14.0	3.3	86.8
15.0	3.1	84.2
16.0	2.9	79.5
17.0	2.7	82.7
17.5	2.6	82.7

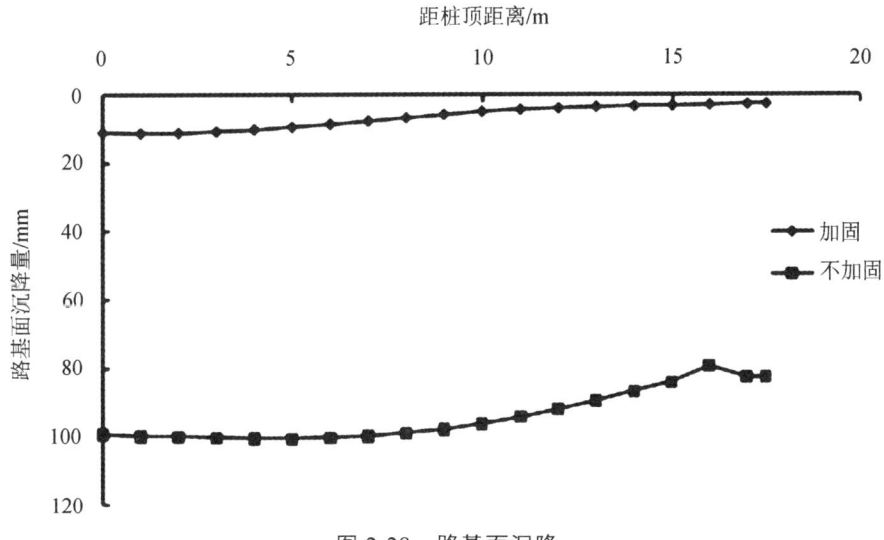

图 2-28 路基面沉降

由表 2-26 与图 2-28 可知，桩后地基加固将显著减小路基沉降，加固后路基面沉降最大值将由 100.6 mm 减少至 11.4 mm。

2.2.6 地基锚固条件改变的影响

改变桩后地基的锚固条件，即锚固桩锚固在黏土层中，桩底部为基岩，分析桩板墙、墙后填土、桩前地基的受力特性。

1. 桩板墙墙背土压力

桩板墙墙背土压力如表 2-27 所列，图 2-29 是相应的土压力沿墙背的分布曲线。

表 2-27 桩板墙墙背土压力

距桩顶/m	桩板墙墙背土压力/kPa	
	现场实况	改变锚固条件
0	1	0
1.2	19	0
2.4	21	0
3.6	24	0
4.8	21	0
6.0	2	27
6.9	0	44
7.5	0	99

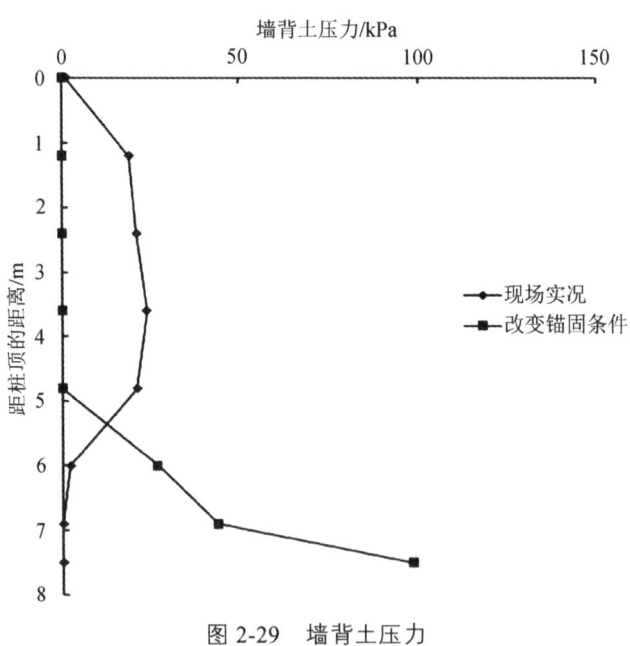

图 2-29 墙背土压力

由表 2-27 与图 2-29 可知，将桩的锚固条件由基岩改为覆盖层（粉质黏土）时墙背土压力增大且下移，这主要是由桩侧向位移增加导致墙背与墙后土体分离引起。

2. 桩前地基（覆盖层）抗力

桩前地基抗力如表 2-28 所列，图 2-30 是相应的地基抗力沿深度的分布曲线。

表 2-28 桩前地基抗力

距地表/m	桩前地基抗力/kPa	
	现场实况	改变锚固条件
0.0	3	19
1.2	9	10
2.4	24	21
3.6	37	36
4.8	50	49
6.0	62	60
7.2	75	69

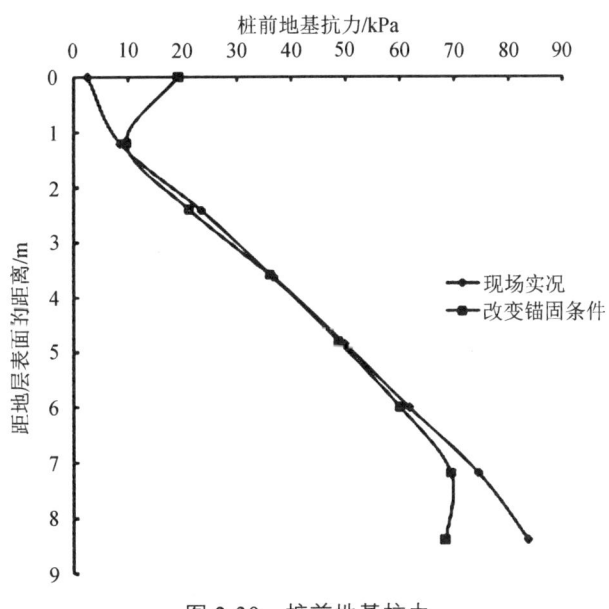

图 2-30 桩前地基抗力

由表 2-28 与图 2-30 可知,将桩的锚固条件由基岩改为粉质黏土时,地基浅层抗力将显著增加。

3. 桩身侧向位移

桩身侧向位移如表 2-29 所列,图 2-31 是相应的桩身侧向位移沿桩身的分布曲线。

由表 2-29 与图 2-31 可知,将桩的锚固条件由基岩改为粉质黏土时,桩身侧向位移将显著增加,桩顶位移由 2.3 mm 增加至 20.6 mm。

表 2-31 桩身侧向位移

距桩顶/m	桩身侧向位移/mm	
	现场实况	改变锚固条件
0	2.3	20.6
1	2.2	19.7
2	2.0	18.7
3	1.8	17.8
4	1.6	16.7
5	1.5	15.8
6	1.3	14.8
7	1.2	13.9
8	1.0	12.9
9	0.9	12.0
10	0.7	11.0
11	0.6	10.0
12	0.5	9.1
13	0.4	8.1
14	0.3	7.2
15	0.2	6.3
16	0.1	5.4
17	0.1	4.6
18	0.0	3.8
19	0.0	3.0
20	0.0	2.3
21	0.0	1.7
22	0.0	1.1
23	0.0	0.6
24	0.0	0.2

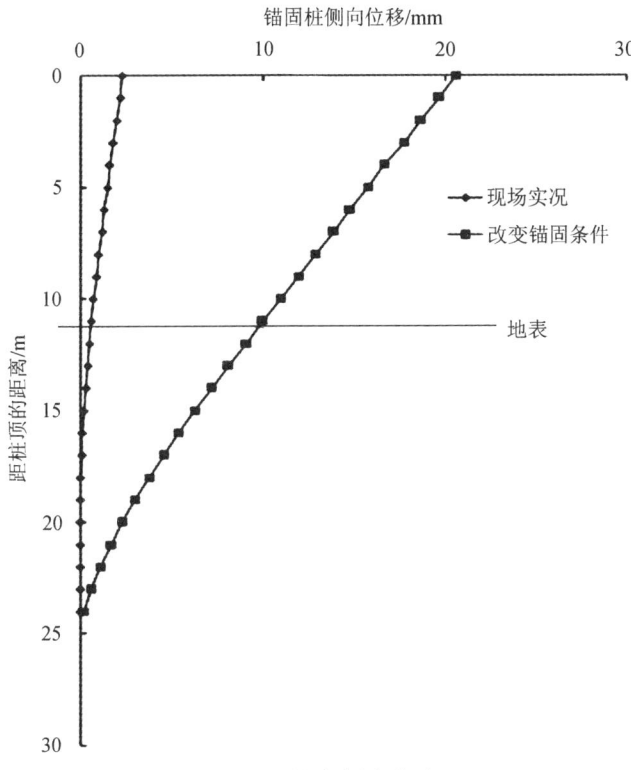

图 2-31　桩身侧向位移

4. 路基面沉降

路基面沉降如表 2-30 所列，图 2-32 是相应的路基面沉降沿路基横断面的分布曲线。

由表 2-30 与图 2-32 可知，将桩的锚固条件由基岩改为粉质黏土时，路基面沉降将显著，最大沉降由 11.2 mm 增加至 179.3 mm。因此，当桩需要锚入土层中时，应严格控制变形。

表 2-30　路基面沉降

距墙背/m	路基面沉降/mm	
	现场实况	改变锚固条件
0	11.2	177.2
1.0	11.4	177.9
2.0	11.3	178.5
3.0	10.9	179.0
4.0	10.3	179.2
5.0	9.6	179.3
6.0	8.7	179.2
7.0	7.8	178.8

续表

距墙背/m	路基面沉降/mm	
	现场实况	改变锚固条件
8.0	6.8	178.1
9.0	5.8	177.0
10.0	4.9	175.4
11.0	4.3	173.1
12.0	3.9	170.2
13.0	3.5	167.5
14.0	3.3	163.6
15.0	3.1	160.2
16.0	2.9	158.2
17.0	2.7	159.0
17.5	2.6	177.2

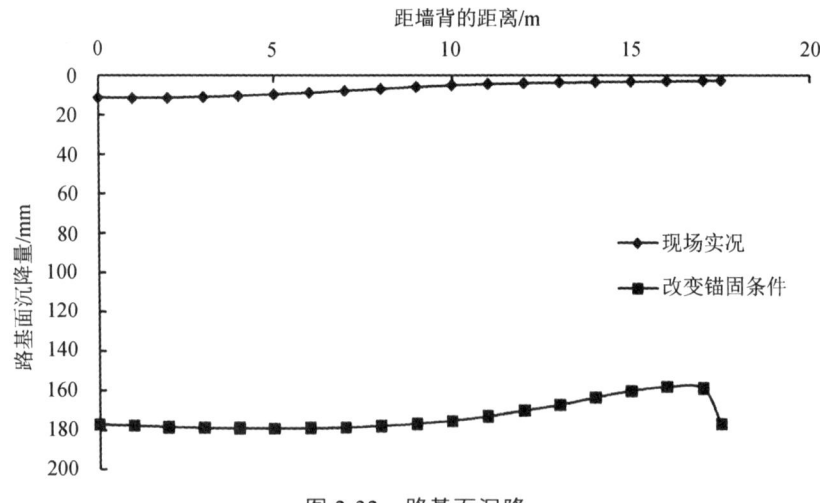

图 2-32 路基面沉降

2.2.7 桩截面尺寸变化的影响

分析桩身截面尺寸、桩间距与挡土板厚度变化的影响需要建立三维模型进行计算。改变锚固桩的截面尺寸，分别为 1.5 m×2 m、2 m×3 m、3 m×4 m，分析桩板墙、墙后填土、桩前地基的受力特性。

1. 桩板墙墙背土压力

桩板墙墙背土压力如表 2-31 所列，图 2-33 是相应的土压力沿墙背的分布曲线。

表 2-31 桩板墙墙背土压力

距桩顶/m	桩板墙墙背土压力/kPa		
	1.5 m×2.0 m	2 m×3 m	3 m×4 m
0	0	2	6
1	0	7	15
2	7	16	22
3	12	22	28
4	16	25	30
5	14	23	31
6	1	13	26
7	0	4	18
7.5	0	1	6

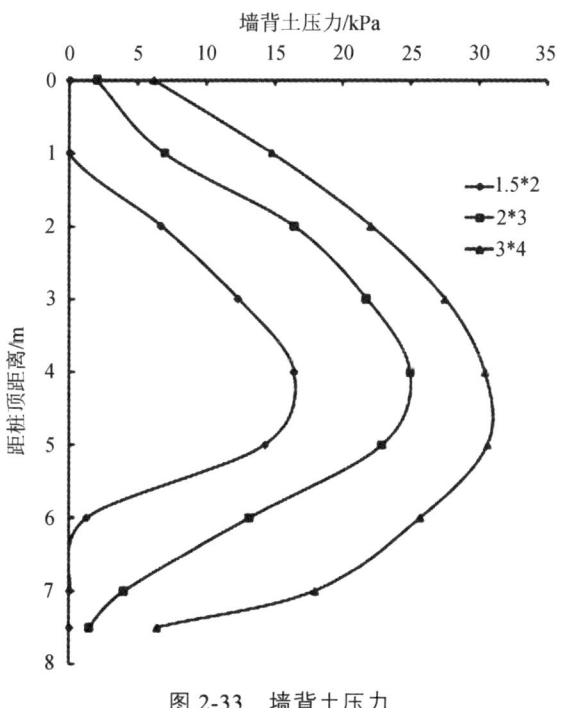

图 2-33 墙背土压力

由表 2-31 与图 2-33 可知,随桩身截面由 1.5 m×2.0 m 增加至 3 m×4 m,墙背土压力的分布基本无变化,但土压力值在增加,最大土压力由 16 kPa 增加至 30 kPa。这主要是桩的截面尺寸增加导致抗弯刚度增大,桩体侧向位移减小所致。

2. 桩前地基(覆盖层)抗力

桩前地基抗力如表 2-32 所列,图 2-34 是相应的地基抗力沿深度的分布曲线。

表 2-32 桩前地基抗力

距地面(m)	桩前地基抗力/kPa		
	1.5 m×2.0 m	2 m×3 m	3 m×4 m
0	6	4	3
1	5	4	2
2	5	7	11
3	28	29	30
4	47	47	44
5	62	61	58
6	73	71	70
7	82	80	77
8	87	87	86
9	85	87	86
10	53	54	54

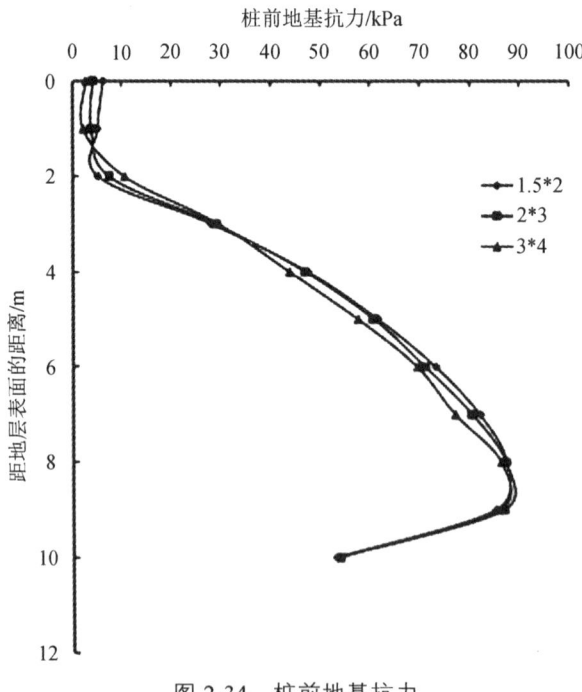

图 2-34 桩前地基抗力

由表 2-32 与图 2-34 可知，随桩身截面尺寸的增加，桩前地基覆盖层地基抗力的分布规律与大小基本无变化，即沿地表往下增加，最大值出现地表以下 9.0 m 处，最大值为 86~87 kPa。

3. 桩身侧向位移

桩身侧向位移如表 2-33 所列，图 2-35 是相应的桩身侧向位移沿桩身的分布曲线。

表 2-33 桩身侧向位移

距桩顶/m	桩身侧向位移/mm		
	1.5 m×2.0 m	2 m×3 m	3 m×4 m
0	4.6	3.3	2.0
1	4.2	3.0	1.8
2	3.8	2.8	1.7
3	3.5	2.5	1.5
4	3.1	2.3	1.4
5	2.7	2.0	1.2
6	2.3	1.7	1.1
7	1.9	1.5	0.9
8	1.6	1.2	0.8
9	1.2	1.0	0.7
10	0.9	0.8	0.5
11	0.7	0.6	0.4
12	0.5	0.5	0.3
13	0.3	0.3	0.2
14	0.2	0.2	0.2
15	0.1	0.1	0.1
16	0.0	0.1	0.1
17	0.0	0.0	0.0
18	0.0	0.0	0.0
19	0.0	0.0	0.0
20	0.0	0.0	0.0
21	0.0	0.0	0.0
22	0.0	0.0	0.0
23	0.0	0.0	0.0
24	0.0	0.0	0.0

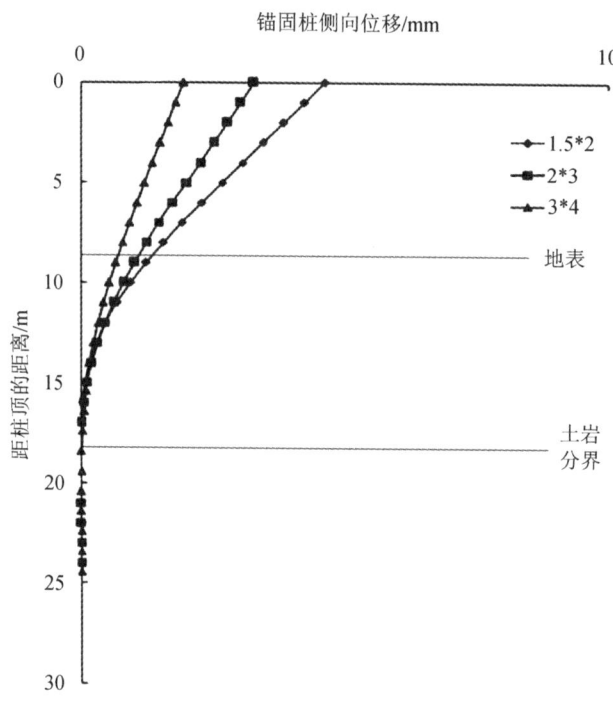

图 2-35 桩身侧向位移

由表 2-33 与图 2-35 可知，随桩身截面尺寸的增加，桩身侧向位移的分布规律不变，即从桩顶往下减小，土岩分界线以上基本呈线性分布，基岩层中锚固桩基本无位移；但侧向位移值有减小，最大值由 4.6 mm 减小到 2.0 mm。

4. 路基面沉降

路基面沉降如表 2-34 所列，图 2-36 是相应的路基面沉降沿路基横断面的分布曲线。

由表 2-34 与图 2-36 可知，随桩身截面尺寸的增加，路基面沉降的分布规律基本无变化，即离墙背越远，路基面沉降越小，最大沉降出现在距墙背附近，沉降值有所减小，由 8.8 mm 减小至 7.1 mm。

表 2-34 路基面沉降

距墙背/m	路基面沉降/mm		
	1.5 m×2.0 m	2 m×3 m	3 m×4 m
0.0	8.8	7.9	6.7
0.2	8.8	8.0	6.9
0.7	8.8	8.0	6.9
1.3	8.7	8.0	7.1
1.6	8.7	7.9	7.0
1.9	8.6	7.9	7.1

续表

距墙背/m	路基面沉降/mm		
	1.5 m×2.0 m	2 m×3 m	3 m×4 m
2.7	8.2	7.6	6.9
3.7	7.6	7.2	6.7
4.7	6.9	6.5	6.1
5.7	6.1	5.8	5.6
6.7	5.2	5.0	4.8
7.7	4.4	4.3	4.2
8.7	3.6	3.5	3.5
10.3	2.9	2.9	2.9
12.0	2.5	2.4	2.4
13.6	2.4	2.4	2.4
15.3	2.1	2.1	2.1
15.6	2.2	2.2	2.2
15.9	1.9	1.9	1.9
16.4	1.9	1.9	1.9
16.9	1.5	1.5	1.5
17.2	1.7	1.7	1.8

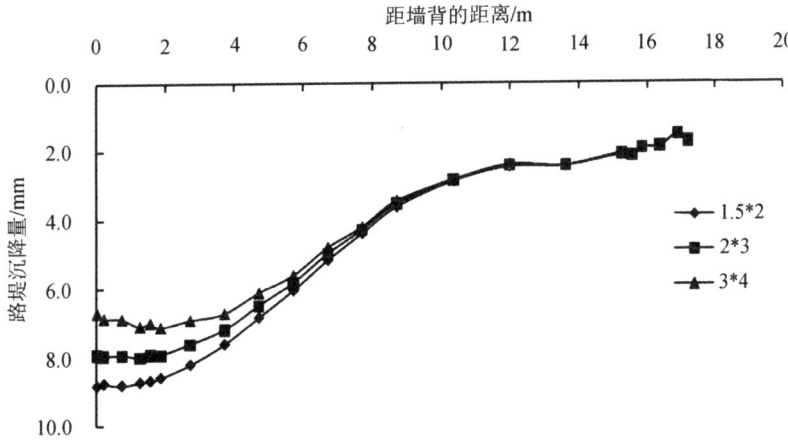

图 2-36 路基面沉降

2.2.8 桩间距变化的影响

改变锚固桩的桩间距，分别为 5 m、6 m、7 m，分析桩板墙、墙后填土、桩前地基的受力特性。

1. 桩板墙墙背土压力

桩板墙墙背土压力如表 2-35 所列，图 2-37 是相应的土压力沿墙背的分布曲线。

表 2-35 桩板墙墙背土压力

距桩顶/m	桩板墙墙背土压力/kPa		
	桩间距 5 m	桩间距 6 m	桩间距 7 m
0	0	2	2
1	9	7	8
2	17	16	23
3	21	22	26
4	26	25	23
5	24	23	13
6	15	13	4
7	7	4	2
7.5	2	1	6

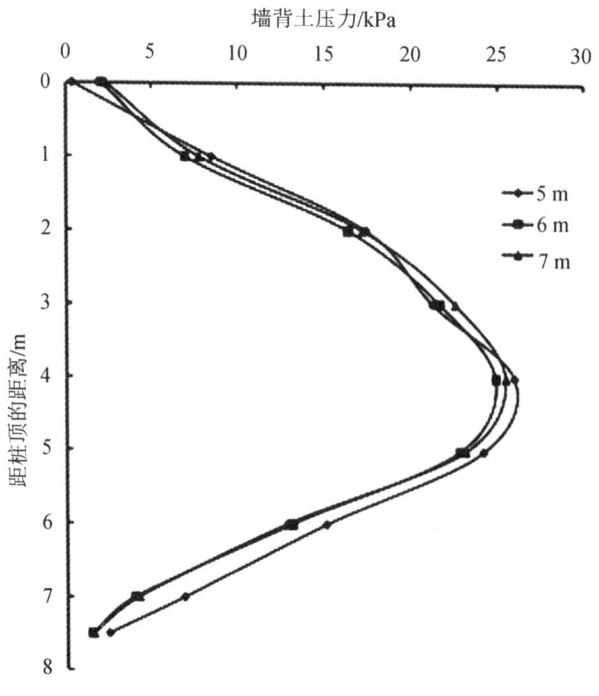

图 2-37 墙背土压力

由表 2-35 与图 2-37 可知，随桩间距由 5 m 增加至 7 m，墙背土压力有所减小。这主要是因为桩所受土压力增大导致桩体侧向变形增加所致。

2. 桩前地基（覆盖层）抗力

桩前地基抗力如表 2-36 所列，图 2-38 是相应的地基抗力沿深度的分布曲线。

表 2-36　桩前地基抗力

距地面/m	桩前地基抗力/kPa		
	桩间距 5 m	桩间距 6 m	桩间距 7 m
0	5	4	5
1	4	4	4
2	4	7	5
3	29	29	31
4	52	47	53
5	62	61	64
6	77	71	79
7	88	80	88
8	95	87	95
9	97	87	97
10	91	54	92

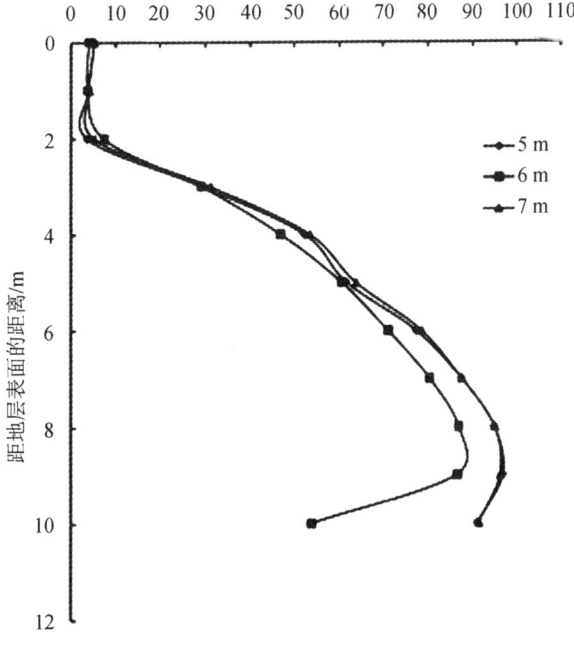

图 2-38　桩前地基抗力

由表 2-36 与图 2-38 可知，随桩间距的增加，桩前地基覆盖层地基抗力的变化规律性不显著。

3. 桩身侧向位移

桩身侧向位移如表 2-37 所列，图 2-39 是相应的桩身侧向位移沿桩身的分布曲线。

表 2-37　桩身侧向位移

距桩顶/m	桩身侧向位移/mm		
	桩间距 5 m	桩间距 6 m	桩间距 7 m
0	3.1	3.3	3.4
1	2.9	3.0	3.1
2	2.6	2.8	2.9
3	2.4	2.5	2.6
4	2.1	2.3	2.3
5	1.9	2.0	2.1
6	1.6	1.7	1.8
7	1.9	1.5	1.5
8	1.4	1.2	1.3
9	1.2	1.0	1.0
10	1.0	0.8	0.8
11	0.8	0.6	0.6
12	0.6	0.5	0.5
13	0.4	0.3	0.3
14	0.3	0.2	0.2
15	0.2	0.1	0.1
16	0.1	0.1	0.1
17	0.1	0.0	0.0
18	0.0	0.0	0.0
19	0.0	0.0	0.0
20	0.0	0.0	0.0
21	0.0	0.0	0.0
22	0.0	0.0	0.0
23	0.0	0.0	0.0
24	0.0	0.0	0.0

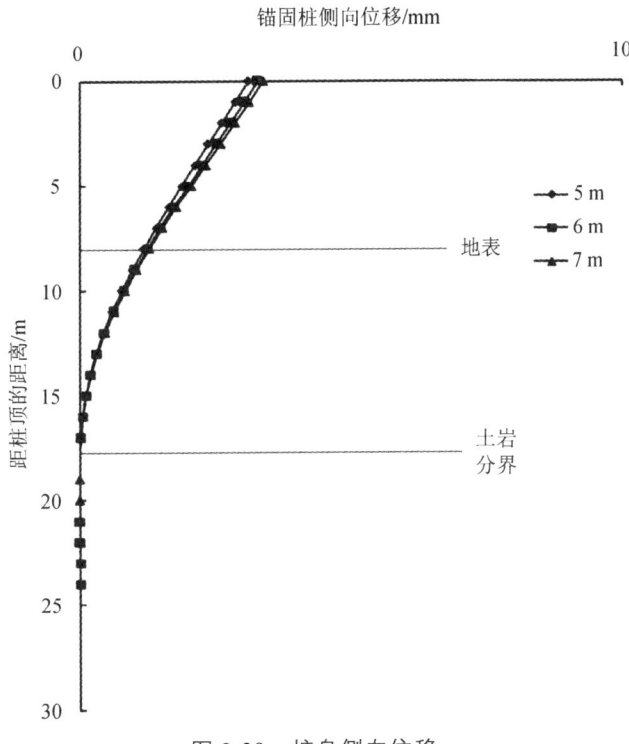

图 2-39 桩身侧向位移

由表 2-37 与图 2-39 可知，随桩间距的增加，桩身侧向位移的分布规律不变，即从桩顶往下减小，土岩分界线以上基本呈线性分布，基岩层中锚固桩基本无位移；但侧向位移值有增加，最大值由 3.1 mm 增大到 3.4 mm。

4. 路基面沉降

路基面沉降如表 2-38 所列，图 2-40 是相应的路基面沉降沿路基横断面的分布曲线。

表 2-38 路基面沉降

距墙背 /m	路基面沉降 /mm		
	桩间距 5 m	桩间距 6 m	桩间距 7 m
0.0	7.9	7.9	6.7
0.2	7.8	8.0	6.9
0.7	7.9	8.0	6.9
1.3	7.8	8.0	7.9
1.6	7.8	7.9	7.9
1.9	7.7	7.9	8.0
2.7	7.6	7.6	8.1
3.7	7.0	7.2	8.0

续表

距墙背/m	路基面沉降/mm		
	桩间距 5 m	桩间距 6 m	桩间距 7 m
4.7	6.5	6.5	8.1
5.7	5.7	5.8	7.8
6.7	5.1	5.0	7.4
7.7	4.2	4.3	6.6
8.7	3.6	3.5	5.9
10.3	2.7	2.9	5.1
12.0	2.5	2.4	4.4
13.6	2.3	2.4	3.6
15.3	2.2	2.1	2.9
15.6	2.0	2.2	2.4
15.9	2.1	1.9	2.4
16.4	1.7	1.9	2.1
16.9	1.8	1.5	2.2
17.2	1.5	1.7	1.9

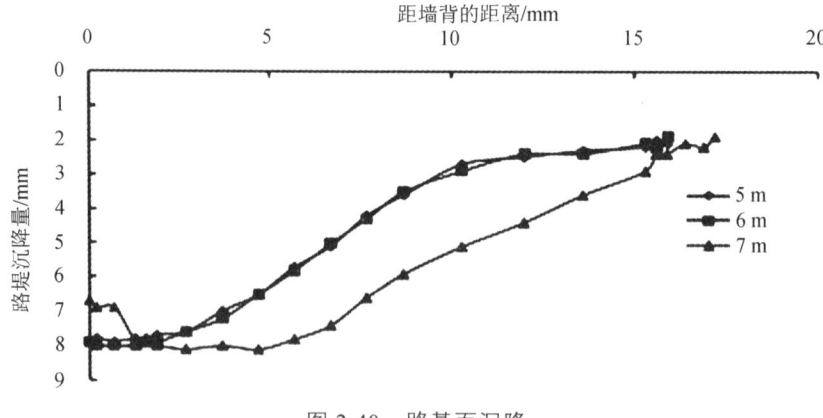

图 2-40 路基面沉降

由表 2-38 与图 2-40 可知，随桩间距增加，路基面沉降的分布规律变化不大，但沉降值增大，最大增加幅度为 2.4 mm。

5. 最大土压力沿挡土板纵向的分布

挡土板背面最大土压力如表 2-39 所列，图 2-41 是相应的最大土压力沿挡土板纵向的分布曲线。

表 2-39 墙背最大土压力

距挡土板左侧的距离/m	墙背最大土压力/kPa		
	桩间距 5 m	桩间距 6 m	桩间距 7 m
0	26	25	26
0.5	25	24	25
1	23	23	23
1.5	20	20	20
2	19	16	16
2.5	17	14	13
3.0	18	13	10
3.5	20	14	10
40	13	16	10
4.5	24	20	13
5.0	26	23	16
5.5		24	20
6.0		25	23
6.5			25
7.0			26

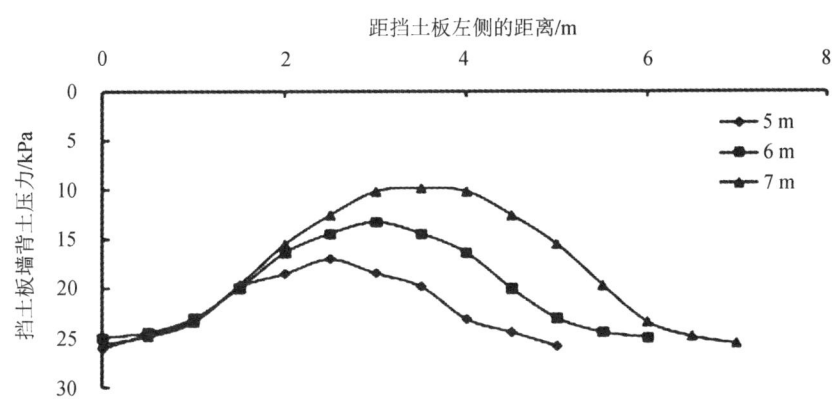

图 2-41 墙背沿线路纵向的最大土压力

由表 2-39 与图 2-41 可知，挡土板土压力分布为锚固桩所在位置最大，板中所受力最小，随桩间距的增加，锚固桩中心截面位置处的土压力变化不大，板中土压力减小明显，当桩间距由 5 m 增加至 7 m 时，板中土压力由 17 kPa 减小至 10 kPa。

2.2.9 挡土板厚度变化的影响

改变挡土板的厚度,分别为 0.3 m、0.4 m、0.5 m,分析桩板墙挡土板上土压力沿线路纵向的分布情况,考察其均匀分布情况。

1. 桩板墙墙背土压力

桩板墙墙背土压力如表 2-40 所列,图 2-42 是相应的土压力沿墙背的分布曲线。

表 2-40 桩板墙墙背土压力

距桩顶/m	桩板墙墙背土压力/kPa		
	挡土板厚度 0.3 m	挡土板厚度 0.4 m	挡土板厚度 0.5 m
0	2	2	2
1	7	6	5
2	16	15	13
3	22	20	18
4	25	24	22
5	23	22	18
6	13	11	3
7	4	2	0

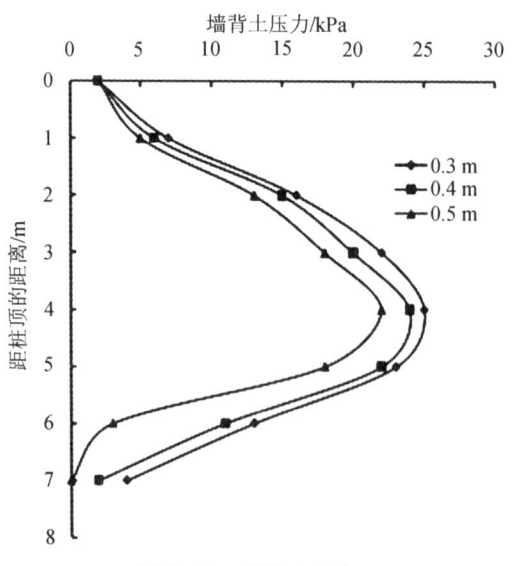

图 2-42 墙背土压力

由表 2-40 与图 2-42 可知,随挡土板厚度的增加,其刚度也相应增加,桩中心截面对应位置处的土压力逐渐减小,最大土压力由 25 kPa 减小至 22 kPa。

2. 最大土压力沿挡土板纵向的分布

挡土板背面最大土压力如表 2-41 所列,图 2-43 是相应的最大土压力沿挡土板纵向的分布曲线。

表 2-41 墙背最大土压力

距挡土板左侧的距离/m	墙背最大土压力/kPa		
	挡土板厚度 0.3 m	挡土板厚度 0.4 m	挡土板厚度 0.5 m
0	25	24	22
0.5	24	23	21
1	23	22	21
1.5	20	21	20
2	16	19	19
2.5	14	18	18
3	13	17	18
3.5	14	18	18
4	16	19	18
4.5	20	21	19
5	23	22	20
5.5	24	23	21
6	25	24	21

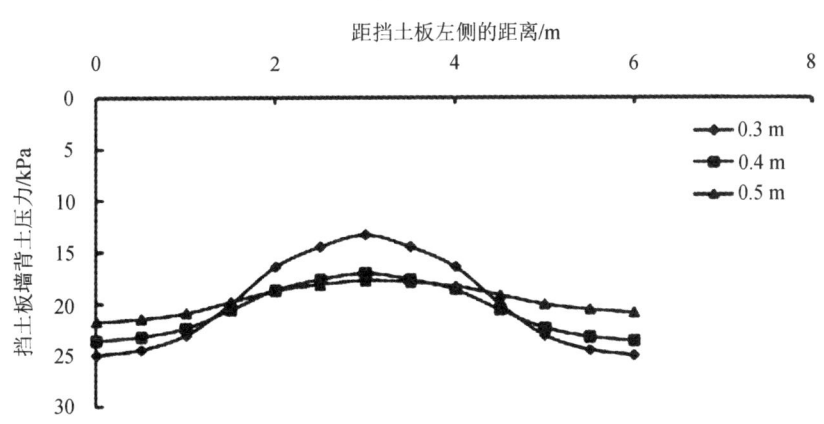

图 2-43 墙背沿线路纵向的最大土压力

由表 2-41 与图 2-43 可知,挡土板厚度的增加有助于均化板后土压力,以板中与板边的土压力比值(定义为均化系数)来评价,当板的厚度由 0.3 m 增加至 0.5 m 时,均化系数由 0.52 增加至 0.82,均化效果明显。推荐挡土板厚度为 0.5 m。挡土板后土压力均化有利于线路结构的均衡受力。

2.2.10 列车动荷载的影响

1. 列车荷载模型

列车荷载可以采用一个激振力函数模拟，其中包括静荷载和由一系列正弦函数叠加而成的动荷载，其表达式为：

$$F(t) = P_0+P_1\sin(\omega_1 t)+P_2\sin(\omega_2 t)+P_3\sin(\omega_3 t) \tag{3-1}$$

其中，P_0 为单边静轮载；P_1、P_2、P_3 为分别对应于低、中、高频控制条件中某一典型值的振动荷载幅值，其表达式为：

$$P_i = M_0 \alpha_i \omega_i^2 \tag{3-2}$$

其中，M_0 为列车簧下质量，α_i 为对应于低、中、高频三种情况下的某一典型失高。

ω_i 为某一车速下低、中、高频三种情况的不平顺振动波长下的圆频率，可按下式计算：

$$\omega_i = 2\pi v/L_i \tag{3-3}$$

其中，v 为列车的运行速度；L_i 为对应于低、中、高频三种情况下的典型波长。参考 CRH 系列的有关数据，见表 2-42，若取轴重 16 t，单边静轮载中 $P_0 = 80$ kN；取簧下质量 $M_0 = 750$ kg；本模型只考虑在低频作用下列车荷载的影响，所以仅取低频控制条件的典型不平顺振动波长和相应的失高分别为 $L_1 = 10$ m，$\alpha_1 = 3.5$ mm，对应于 $v = 180 \sim 360$ km/h 的车速，其低频范围在 $5 \sim 10$ Hz，基本符合前述规律。

表 2-42 CRH 系列的有关数据

	CRH1	CRH5	CRH2	CRH4	CRH3
转向架轴重/t	≤16	≤17（动）/16（拖）	≤14		15
中间车长度/m	26.6	25	25	25	24.775
转向架轴距/m	2.7	2.7	2.5	2.5	2.5
转向架中心距/m			17.5	17.5	17.375

（1）当轴重取 15 t，$v = 300$ km/h 时，激振力 $F(t) = 75+71.97\sin(52.36\,t)$；

（2）当轴重取 17 t，$v = 250$ km/h 时，激振力 $F(t) = 85+49.98\sin(43.63\,t)$；

（3）当轴重取 15 t，$v = 250$ km/h 时，激振力 $F(t) = 75+49.98\sin(43.63\,t)$；

（4）当轴重取 15 t，$v = 250$ km/h 时，激振力 $F(t) = 75+49.98\sin(43.63\,t)$。

由于模型尺寸的限制，本模型列车荷载的模拟，只加载一个转向架的力于钢轨上。

2. 计算内容

在基本参数基础上进行参数敏感性分析，具体如下：

（1）在 $v = 250$ km/h 时，其他条件不变，改变轴重：15 t，17 t；

（2）在 $v = 250$ km/h 时，取轴重 17 t，其它条件不变，改变列车荷载作用位置。

3. 计算结果及分析

1）改变轴重

模拟现场工点的桩板式挡墙结构，取 $v = 250$ km/h，其他参数条件不变，通过改变列车轴重，分别取 15 t、17 t，进一步分析桩板式挡土墙墙背土压力的分布规律。

桩板墙墙背动土压力如表 2-43 所列，图 2-44 是相应的土压力沿墙背的分布曲线。

表 2-43 墙背动土压力

距桩顶/m	墙背动土压力/kPa	
	轴重 15 t	轴重 17 t
0.0	0	0
0.8	0	0
1.5	0	0
2.3	4	5
3.0	5	5
3.8	7	8
4.5	5	5
5.3	4	4
6.0	4	4
6.8	0	0
7.5	0	0
8.0	0	0

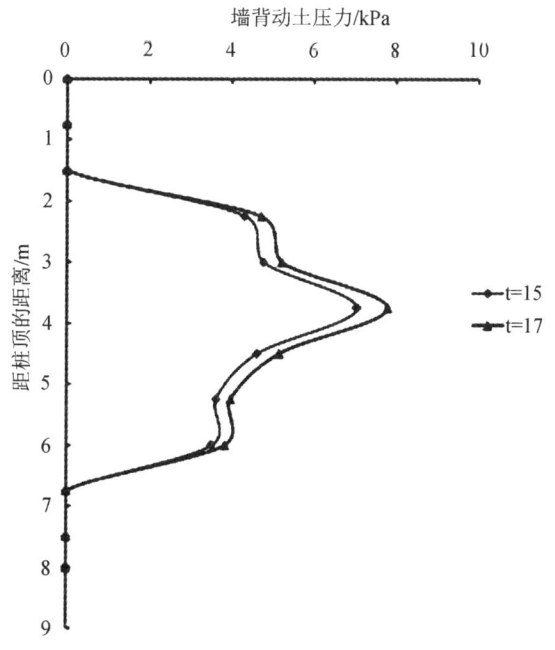

图 2-44 墙背动土压力

由表 2-43 与图 2-44 可知，在 250 km 时速条件下，15 t 和 17 t 轴重作用下桩板墙墙后动土压力沿墙高先增加后减小，最大动应力出现在桩顶以下 3.8 m 处，轴重的增加不改变分布规律，但动应力值有所增加，最大动应力由 7 kPa 增加至 8 kPa。

桩板墙墙背水平位移如表 2-44，图 2-45 相应的水平位移沿墙背的分布曲线。

表 2-44 桩板墙墙背水平动位移

距桩顶/m	桩板墙墙背水平动位移/mm	
	轴重 15 t	轴重 17 t
0.0	0.38	0.42
0.8	0.37	0.41
1.5	0.36	0.40
2.3	0.34	0.38
3.0	0.32	0.36
3.8	0.30	0.34
4.5	0.28	0.31
5.3	0.26	0.29
6.0	0.24	0.27
6.8	0.22	0.24
7.5	0.20	0.22
8.0	0.18	0.20

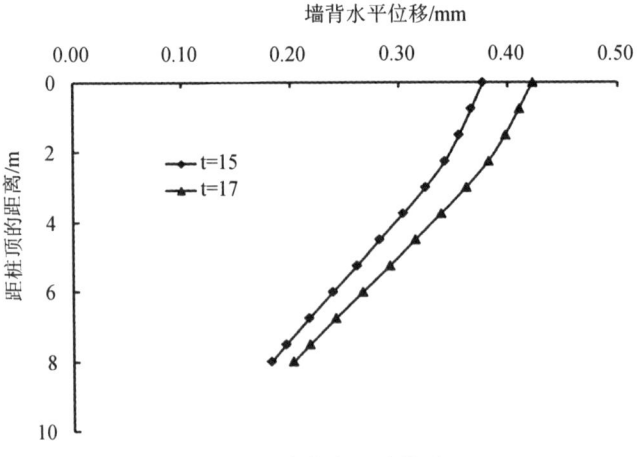

图 2-45 墙背水平动位移

由表 2-44 与图 2-45 可知，在 250 km 时速条件下，15 t 和 17 t 轴重作用下桩板墙墙背水平动位移沿桩顶往下逐渐减小，最大值出现在桩顶处，轴重的增加不改变分布规律，但动位移值有所增加，最大水平动位移由 0.38 mm 增加至 0.4 mm。

2) 改变列车荷载作用位置

模拟现场工点的桩板式挡墙结构，取 $v = 250$ km/h，$t = 17$ t，其他参数条件不变，通过改变列车荷载作用位置：（1）列车荷载作用在模型纵向边缘处（载荷 1）；（2）列车荷载作用位置关于纵向中心线对称（载荷 2）。根据荷载作用位置计算对桩板式挡土墙墙背动土压力的影响规律。

桩板墙墙背动土压力如表 2-45 所列，图 2-46 是相应的土压力沿墙背的分布曲线。

表 2-45 墙背动土压力

距桩顶/m	墙背动土压力/kPa	
	载荷 1	载荷 2
0.0	0	0
0.8	0	0
1.5	0	0
2.3	5	1
3.0	5	1
3.8	8	3
4.5	5	3
5.3	4	1
6.0	4	1
6.8	0	0
7.5	0	0
8.0	0	0

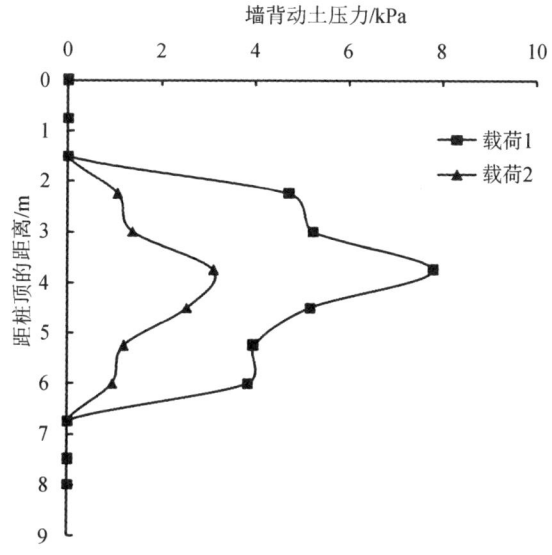

图 2-46 墙背动土压力

由表 2-45 与图 2-46 可知，在 250 km 时速条件下，17 t 轴重转向架作用于板中位置时，动应力小于作用于桩中心截面处，但动应力分布规律没有变化，最大动应力出现在桩顶以下 3.8 m 处，板中位置处的最大值为 3 kPa 左右，小于桩中心截面处的 8 kPa，因此，分析动荷载影响时，动荷载作用断面应选在桩中心所在截面处。

桩板墙墙背水平动位移如表 2-46 所列，图 2-47 是相应水平动位移沿墙背的分布曲线。

表 2-46 桩板墙墙背水平动位移

距桩顶/m	桩板墙墙背水平动位移/m	
	载荷 1	载荷 2
0.0	0.42	0.40
0.8	0.41	0.39
1.5	0.40	0.38
2.3	0.38	0.36
3.0	0.36	0.35
3.8	0.34	0.33
4.5	0.31	0.31
5.3	0.29	0.28
6.0	0.27	0.26
6.8	0.24	0.23
7.5	0.22	0.20
8.0	0.20	0.19

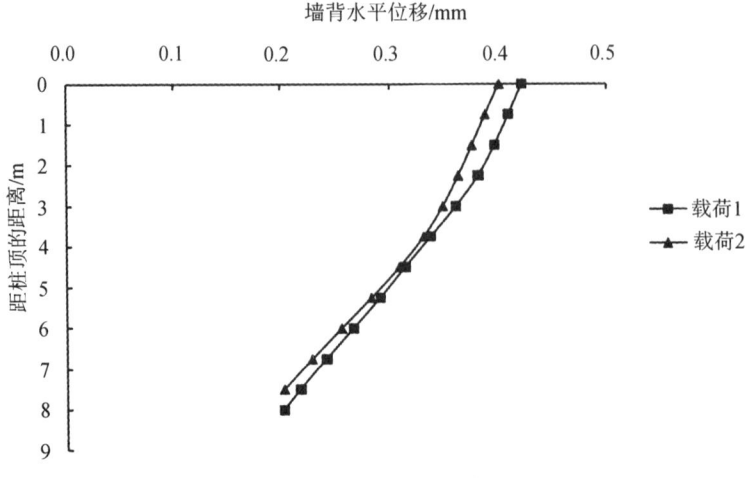

图 2-47 墙背水平动位移

由表 2-46 和图 2-47 可知，在 250 km 时速条件下，不同作用位置处桩板墙墙背水平动位移沿桩顶往下逐渐减小，最大值出现在桩顶处，当车体转向架由板中移动到桩中心截面处，桩顶侧移由 0.4 mm 增加至 0.42 mm。可见，列车动荷载影响的最不利位置为桩中心所在截面。

2.3 小　结

本章模拟现场工况，建立计算模型，分析了桩板墙、墙后填土、桩前地基的受力特性，并在此基础上进行了桩板墙的结构参数（桩板墙高度：6 m、8 m、10 m、12 m，地基条件（地表的倾斜坡度：1∶10、1∶5、1∶2.5、1∶1.5（现场工况）、地基强度（有、无覆盖层）、锚固桩截面尺寸及间距、挡土板刚度（厚度）及列车动荷载等影响因素的分析；研究了路肩桩板式挡墙不同位移约束条件下的结构受力（土压力）、路基面沉降变形的变化规律，分析了桩顶位移与路基面沉降的关系。有如下基本结论：

1. 现场工况

（1）桩前地基未见塑性屈服，桩身侧向位移不会随时间延长而发展（无时间效应），即工后将很快稳定。

（2）墙背土压力沿桩顶往下呈曲线分布，先增大后减小，在桩顶以下 7 m 后接近为 0，最大值出现在桩顶以下 4 m 处，最大值为 24 kPa，与现场工点实测值及离心模型试验的测试数据较为吻合。

（3）桩前覆盖层地基抗力沿地表往下基本呈线性增加，最大值出现地表以 9.9 m 处，最大值为 94 kPa，与现场实测数据表较为接近。

（4）桩身侧向位移从桩顶往下减小，土岩分界线以上基本呈线性分布，基岩层中锚固桩基本无位移。最大侧向位移出现在桩顶，最大值为 2.3 mm。与现场实测及离心模型试验数据相比较偏小，可能的原因是现场实测与离心模型试验中，挖孔可能会使得桩周土体松动，使得桩侧向位移额外增加。

（5）路基面沉降分布呈现为：离墙越远，路基面沉降越小，最大沉降出现在距墙背 0.9 m 处，最大值为 11.2 mm，这包含了路堤自重作用下的地基与路堤沉降值。

（6）桩体侧向位移增加引起的路基面沉降增量主要分布在距墙背 6~8 m 范围内，且随桩顶侧移的增加路基面沉降增量逐渐增大，最大值在靠近墙背处，墙背处的路基面沉降增量 ΔS_{V0} 约为桩顶侧向位移增量 ΔS_H 的 0.64 倍，Ⅰ线中心处的路基面沉降增量 ΔS_{V0} 约为 ΔS_H 的 0.14 倍。

2. 嵌岩桩条件下的桩前地表坡度的影响分析

地表斜坡坡度在水平~1∶1.5 范围内变形时，桩前地基未出现塑性屈服区，桩身侧向位移将很快收敛；墙背土压力、桩身侧向位移及路基面沉降的分布规律与变化不明显；桩前地基抗力呈减小的趋势，最大抗力由 94 kPa 减小为 74 kPa，荷载往基岩上转移。

3. 嵌岩桩条件下的桩板墙高度的影响分析

桩板墙高度由 6 m 增加到 12 m，墙背土压力的分布逐渐往桩板墙的中下部集中，最大土压力的位置由桩顶以下 2 m 逐步变为桩顶以下 4 m、6 m、7 m，最大值由 20 kPa 逐渐增加为 24 kPa、30 kPa、35 kPa；桩前覆盖层地基抗力的分布规律基本没有变化，抗力大小略有增加，主要集中在地表至以下 3.6 m 范围内；锚固桩桩身侧向位移的分布规律基本保持不变，即从桩顶往下减小，土岩分界线以上基本呈线性分布，基岩层中锚固桩基本无位移；但侧向位移值明显增大，当墙高由 6 m 增加至 12 m 时，桩顶最大位移值由 0.5 mm 增加到 7.0 mm；路基面沉降的分布规律基本无变化，即离墙越远，路基面沉降越小，最大沉降出现在距墙背 0~0.9 m 处，最大值为 22.9 mm，沉降值显著增加，随墙高由 6 m 增加到 12 m，最大沉降值由 7.2 mm 增加至 22.9 mm。

4. 嵌岩桩条件下的桩前地基覆盖层强度指标的影响分析

地基强度指标 C 值由 10 kPa 增加至 52.4 kPa，墙背土压力的分布略往中下部转移，但分布规律大致相同，即上、下两端小，中间大；桩前覆盖层地基抗力的分布规律与大小基本无变化；锚固桩桩身侧向位移的分布规律基本保持不变，但侧向位移值略有减小，最大值由 2.4 mm 减小到 2.3 mm；路基面沉降的分布规律基本无变化。

5. 桩后地基加固条件的影响分析

加固桩后地基将显著减小墙背土压力大小并改变分布规律，最大值由 63 kPa 减小至 24 kPa，未加固桩后地基墙背土压力的分布往中下部转移；并有助于减小桩前地基抗力，加固后最大地基抗力由 113 kPa 减小至 84 kPa；显著减小桩体侧向位移与路基面沉降，加固后侧向位移最大值由 7.8 mm 减小至 2.3 mm、路基面沉降最大值将由 100.6 mm 减小至 11.4 mm。

6. 地基锚固条件改变的影响分析

改变桩后地基的锚固条件（将锚固桩锚固在黏土层中，并与锚于基岩中比较）时，墙背土压力增大且下移；桩身侧向位移将显著增加，桩顶位移由 2.3 mm 增加至 20.6 mm，导致地基浅层抗力将显著增加；路基面沉降将显著，最大沉降由 11.2 mm 增加至 179.3 mm。因此，当桩的锚固段位于土层中时，应严格控制位移。

7. 桩截面尺寸变化的影响分析

当桩身截面尺寸由 1.5 m×2 m 分别增加至 2 m×3 m、3 m×4 m 时，墙背土压力值将增加，最大土压力由 16 kPa 增加至 30 kPa；桩前地基覆盖层地基抗力的分布规律与大小基本无变化；桩身侧向位移的分布规律不变但位移值有所减小，最大值由 4.6 mm 减小到 2.0 mm；路基面沉降的分布规律基本无变化，但沉降值有所减小，由 8.8 mm 减小至 7.1 mm。

8. 桩间距变化的影响分析

锚固桩的桩间距由 5 m 增加至 6 m、7 m 时，墙背土压力有所减小，这主要因为桩所受土压力增大导致桩体侧向位移增加所致；桩身侧向位移的分布规律不变，但侧向位移值有增加，最大值由 3.1 mm 减小到 3.4 mm；路基面沉降的分布规律变化不大，但沉降值增大，最大增加幅度为 2.4 mm。

9. 挡土板厚度变化的影响分析

挡土板的厚度由 0.3 m 分别增加至 0.4 m、0.5 m 时，板后土压力越趋均匀，以板中与板边的土压力比值（定义为均化系数）来评价，均化系数由 0.52 增加至 0.82，均化效果明显。推荐挡土板厚度为 0.5 m，因为挡土板后土压力均化有利于线路结构的均衡受力。

10. 列车动荷载的影响分析

在设计行车速度（250 km/h）条件下，主型车辆通过时，在桩板墙墙背产生的动土压力不超过 8 kPa，最大动土压力的位置与最大静土压力位置基本一致，动应力为现场测得最大静土压力的 20%左右；在桩顶产生的动位移不超过 0.42 mm。一般认为这一低压力水平下，不影响桩板墙结构的长期服役性能。

【 第 3 章 】>>>>
高速铁路无砟轨道路肩桩板墙离心模型试验

3.1 路肩桩板墙离心模型试验目的

1. 研究基于位移控制的桩板墙受力特性

（1）通过基于位移控制的离心模型试验，研究桩板墙侧向位移与墙背土压力的变化规律；

（2）研究基于位移控制的桩前地基土抗力的变化规律；

（3）研究桩身弯矩的分布规律。

2. 研究桩板墙桩顶侧向位移与路基面沉降变形的相关性

通过给定的锚固桩侧向位移，研究锚固桩侧向位移引起的路基面沉降的分布规律，掌握锚固桩侧向位移对路堤沉降的影响范围及其两者间的关系。

3. 研究锚固桩侧向位移的时间效应

锚固桩在自由位移状态下，研究不同地基条件下及不同悬臂段高度的情况下，桩前地基土的变形发展规律，掌握桩前地基土变形的快速稳定、缓慢稳定以及长期破坏三种状态。并以锚固桩发生不具有时间效应的侧向位移为控制目标，确定快速稳定与缓慢稳定状态所对应的锚固桩侧向位移阈值。

3.2 路肩桩板墙离心模型试验设计

3.2.1 模型率确定及相似比

模型试验原型桩板墙为某无砟轨道高速铁路，地基覆盖层为粉质黏土，层厚约 10 m，下伏基岩为页岩，桩体嵌固段长度为 16 m，埋入基岩内约 6 m，悬臂段设计长度 8 m，锚固桩截面为矩形，截面尺寸为 2 m×3 m，采用 C35 钢筋混凝土浇筑，换算截面惯性矩 $I_0 \approx 5.22 \text{ m}^4$，桩中间距 5 m；挡土板尺寸为 4 m×0.5 m，厚度 0.35 m，采用 C35 钢筋混凝土预制，搭接于桩体上，每边搭接长度为 0.5 m；地基采用无桩帽的 CFG 桩处理，桩径 $\phi = 0.5$ m，桩间距 1.6 m；路堤填土采用 A、B 组填料，基床表层采用级配碎石填料。原型桩板墙断面如图 3-1 所示。

由于桩板墙原型尺寸较大，试验模型箱选用大模型箱，尺寸为 800 mm×600 mm×600 mm（长×宽×高），同时模型箱顶预留 100 mm 的空余，以便安装传感器，则最大模型率为 25 100/500 = 50.2，取模型率 $n = 50$。模型箱右侧需预留 100 mm 的净空间，便于位移控制装置的安装。根据选定的模型率，换算得到离心试验模型初步尺寸，如图 3-2 所示。其中，原型桩顶与路基面间 1.1 m 的填土按模型率换算为 22 mm，为便于模型制作及路基面沉降测试（对土压力测试无较大影响），将路基面处理为平直面，同时将桩悬臂段高度增加了 22 mm，处理后的路基面宽度由 268 mm 增加到 340 mm。

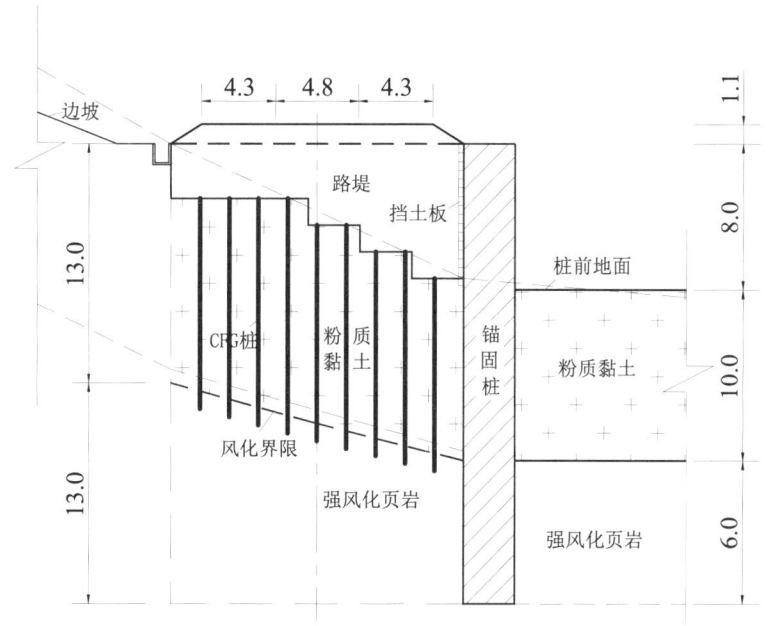

图 3-1 原型桩板墙断面（单位：m）

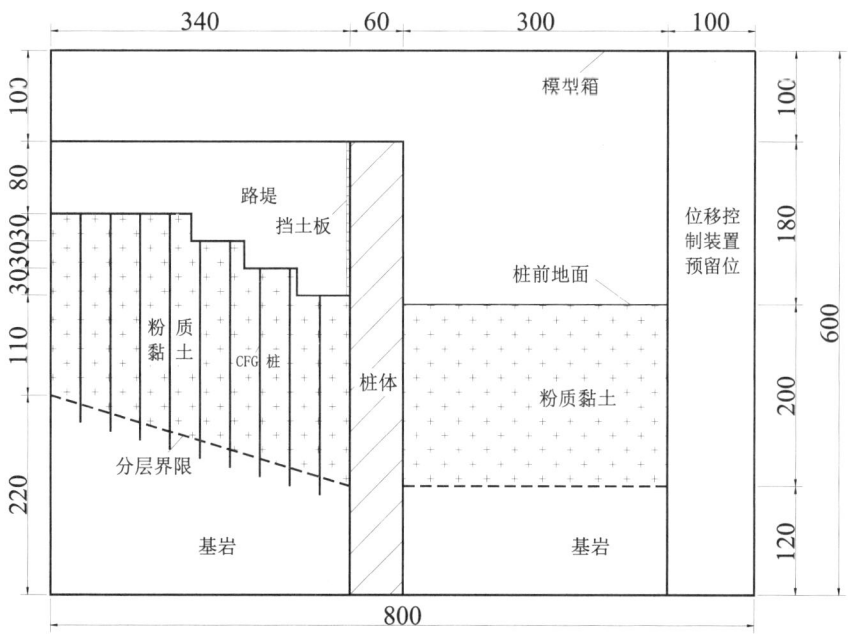

图 3-2 桩板墙模型初步尺寸（单位：mm）

在模型设计中，模型相似比以墙后填土中的应力应变比尺为 1∶1 的原则，根据量纲确定其他物理、力学参数的相似比尺，如表 3-1 所列。

表 3-1 模型中的相似比尺

物理、力学参数	单位	量纲	相似比尺（模型∶原型）
应力	kPa	FL^{-2}	1∶1
应变	-	-	1∶1
长度	m	L	1∶n
抗弯刚度	kN·m²	FL^2	1∶n^4
轴向刚度	kN	F	1∶n^2
密度	g/cm³	FT^2L^{-4}	1∶1
黏聚力	kPa	FL^{-2}	1∶1
内摩擦角	(°)	-	1∶1
力矩	kN·m	FL	1∶n^3
力	kN	F	1∶n^2
土压力	kPa	FL^{-2}	1∶1

3.2.2 离心模型试验材料

1. 模型锚固桩

模型锚固桩的选择从尺寸相似及与原型桩的力学相似两个方面进行考虑，选择步骤为：

1）原型桩与模型桩尺寸相似

根据原型桩和确定的模型率换算得到模型桩的尺寸，原型桩截面尺寸为 2 m×3 m（2 m 为受压面），模型率 n = 50，换算得到模型桩尺寸为：40 mm×60 mm。

2）原型桩与模型桩力学相似

由于桩板墙桩体是横向受荷的受力模式，因此在力学相似上需要满足抗弯刚度的相似性，原型锚固桩桩体采用 C35 混凝土浇筑，根据 GB 50010《混凝土结构设计规范》，C35 混凝土弹性模型 E_c = 3.15×10⁷ kPa，根据 JGJ 94《建筑桩基技术规范》，原型桩刚度 $E_p I_p$ = 0.85$E_c I_0$ = 0.85×3.15×10⁷×5.22 ≈ 1.4×10⁸（kN·m²），按抗弯刚度的相似比尺 n^4 = 50⁴，换算得到模型桩的刚度 $E_m I_m$ = 1.4×10⁸/50⁴ = 22.4（kN·m²）。考虑到金属材料力学性质一般较为稳定，优先选用不锈钢或铝合金管材，同时尽量使管材截面尺寸接近于原型桩换算后的尺寸，最终根据市售的管材，选择截面尺寸为 44 mm×76 mm，厚 3 mm 的铝合金管材，如图 3-3 所示，其 44 mm 作为受压面时的截面惯性矩 I ≈ 5.2×10⁻⁷ m⁴。根据抗弯刚度的公式，得到该管材抗弯刚度 EI = 7×10⁷×5.2×10⁻⁷ =

36.4 (kN·m²)，较模型桩换算刚度提高了约 63%。由于现场锚固桩为刚性桩，因此模型桩刚度提高后，对锚固桩的受力、变形特征无实质影响。

图 3-3 模型桩

2. 模型挡土板

模型挡土板的选择从三个方面进行考虑，尺寸相似、与原型桩抗弯刚度相似以及挡土板本身做为测试元件使用时的应变量级。具体选择步骤为：

1）原型与模型桩尺寸相似

根据原型挡土板和确定的模型率换算得到模型挡土板的尺寸，原型挡土板截面尺寸为 500 mm×350 mm（宽×厚），板长 4000 mm，截面惯性矩 $I_p \approx 1.8 \times 10^{-3}$ m⁴，每边搭接 500 mm，模型率 $n = 50$，换算得到模型挡土板截面尺寸为 10 mm×7 mm，板长为 80 mm，每边搭接 10 mm，考虑到挡土板贴应变片用于测土压力的需要，10 mm 的宽度过小，因此将模型挡土板的宽度提高 1 倍，为 20 mm。

2）原型挡土板与模型挡土板力学相似

由于桩板墙挡土板同样是横向受荷的受力模式，因此在力学相似上需要满足抗弯刚度的相似性，原型挡土板抗弯刚度 $E_p I_p = 3.15 \times 10^7 \times 1.8 \times 10^{-3} \approx 5.7 \times 10^4$（kN·m²），按抗弯刚度的相似比尺 $n^4 = 50^4$，换算得到模型挡土板的抗弯刚度 $E_m I_m = 5.7 \times 10^4 / 50^4 = 9.12 \times 10^{-3}$（kN·m²）。一般碳钢弹性模量为 200 GPa，则所需钢板截面高度 h 约为 3.01 mm。

3）钢板作为土压力测试板的应变量级估算

以钢板作为土压力测试板，通常需要应变量达到 500～1000 με，以减小温度等传感器本身引起的试验误差，根据挡土板上作用的土压力来计算挡土板的截面高度 h，挡土板按简支梁估算，计算简图如图 3-4 所示，路堤填土 $\gamma = 20$ kN/m³，$\varphi = 37°$，不考虑墙-土摩擦，计算过程如下：

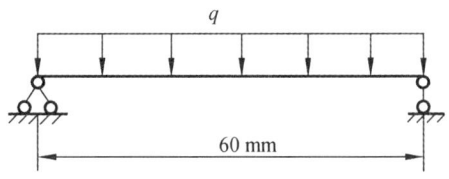

图 3-4 挡土板估算简图

① 距桩顶 $z = 30$ mm 处静止土压力 p_0：

$$k_0 = 1 - \sin\varphi$$

$$p_0 = \gamma z n k_0 = 20 \times 30 \times 50 \times 10^{-3} \times (1 - \sin 38°) = 11.5 \text{ (kPa)};$$

② 荷载集度 q：

$$q = p_0 b n = 11.5 \times 20 \times 50 \times 10^{-3} = 11.5 \text{ (kN/m)};$$

③ 跨中弯矩 M：

$$M = q(nl)^2/8 = 11.5 \times (60 \times 50 \times 10^{-3})^2/8 = 12.9 \text{ (kN·m)};$$

④ 挡土板受拉面应力 σ：

$$\sigma = E\varepsilon = 2 \times 10^8 \times 500 \times 10^{-6} = 1 \times 10^5 \text{ (kPa)};$$

⑤ 挡土板截面高度 h：

$$\sigma = Mny/I;\quad I = nb(nh)^3/12;\quad y = nh/2;$$

得到：

$$h = 0.6 \text{ mm}，取 h = 1 \text{ mm}$$

⑥ 朗金主动土压力下验算：

$$k_a = \tan^2(45 - \varphi/2) = 0.24;\quad \varepsilon = 173 \text{ με};$$

⑦ 悬臂段距桩顶一半长度处（$z = 90$ mm），静止土压力状态下的应变：$\varepsilon = 830$ με。
⑧ 悬臂段距桩顶一半长度处（$z = 90$ mm），改变挡土板厚度，取 $h = 1.5$ mm，静止土压力应变：$\varepsilon = 369$ με。
⑨ 地面处（$z = 180$ mm），挡土板应变（挡板厚 1.5 mm）：$\varepsilon = 736$ με。

根据挡土板作为土压力测试板时的应变量级，确定挡土板厚度为：距桩顶 0~90 mm，板厚 1 mm，相应的挡土板截面尺寸为 20 mm×1 mm，长 80 mm；距桩顶 90~180 mm，板厚 1.5 mm，相应的挡土板截面尺寸为 20 mm×1.5 mm，长 80 mm。

4）模型挡土板尺寸

由于根据挡土板尺寸相似、抗弯刚度相似以及挡土板作为土压力测试板所需量级所得出的挡土板厚度不一致，而挡土板作为主要受力部件同时作为测力板使用，因此从测力准确性方面考虑，确定挡土板截面尺寸为 20 mm×1 mm 和 20 mm×1.5 mm，板长 80 mm，所对应的抗弯刚度分别为 3.3×10^{-4} kN·m²、6.6×10^{-4} kN·m²，较原型挡土板分别降低了约 30 倍和 60 倍。

3. 模型 CFG 桩

现场 CFG 桩桩径为 $\phi 500$ mm，采用 C30 混凝土浇筑，根据截面轴向刚度相似的原则，即 $E_p A_p = E_m A_m$，原型桩 $E_p A_p = 3.15 \times 10^7 \times 3.14 \times 0.25^2 \approx 6.2 \times 10^6$（kN），根据模型比尺 $n = 50$，换算模型桩轴向刚度 $E_m A_m = 6.2 \times 10^6/(50^2) \approx 2.5 \times 10^3$ kN，模型桩拟选用 6061 铝合金管材，弹性模量 $E_m = 7 \times 10^7$ kPa，模型桩截面面积 $A_m = 2.5 \times 10^3/(7 \times 10^7) = 36$（mm²），根据 CFG 桩桩径等效，铝合金管外径为 $\phi 10$ mm，换算得铝合金管壁厚约为 1.8 mm，而市场上 $\phi 10$ mm 的 6061 铝合金管壁厚为 3 mm，其截面面积约为 40 mm²，换算的轴向刚度约为 2.8×10^3 kN，较原型 CFG 桩轴向刚度提高了约 12%，模型 CFG 桩如图 3-5 所示，在实际使用时模型桩灌满砂封闭。

图 3-5 模型 CFG 桩

4. 模型填料

1）路堤填料

原型桩板墙现场基床以下路堤、基床底层为 A、B 组填料，压实系数分别为不小于 0.92、0.95，基床表层填料采用级配碎石掺入 3% 水泥粉拌合而成，压实系数 ≥ 0.97，现场 A、B 组填料的粒径分布情况如表 3-2 所列，级配曲线如图 3-6 所示。

表 3-2 原型桩板墙现场 A、B 组填料粒径分布

筛孔尺寸/mm	60	40	20	10	5	2	1	0.5	0.25	0.075
第一组	100.00	97.50	86.80	68.90	49.20	32.20	22.00	13.50	7.40	3.00
第二组	100.00	100.00	75.20	53.30	33.60	19.70	12.80	8.10	3.20	1.40
第三组	100.00	96.90	89.10	70.80	51.10	31.60	20.90	13.10	6.50	1.70
第四组	100.00	97.00	77.30	58.30	40.10	23.80	17.10	10.90	5.40	1.60
均值	100.00	97.85	82.10	62.83	43.75	27.08	18.20	11.65	5.88	1.93

离心模型试验中以 A、B 组填料为主要模拟对象，按压实系数 0.95 制备，由于 A、B 组填料为粗颗粒材料，在离心试验中会产生显著粒径效应，需对其粒径处理。徐光明等的离心模型试验研究结果表明，与土直接接触的结构物尺寸与模型填料的平均粒径的比值大于等于 23 时，填料的粒径效应所产生的试验偏差可忽略。由于路堤填料的压实特性与填料的粒径级配有很大关联，因此可用相似级配法对填料进行初步处理，并辅以其他处理方法，从而获得与现场 A、B 组填料接近的物理力学性质。填料的处理过程如下：

① 由表 3-2 可知，40～60 mm 的颗粒质量百分比约为 3%，含量较少，可以直接予以剔除。

② 模型结构物中，尺寸较小的是挡土板，其与土直接接触的最小尺寸 $B_m = 20$ mm，

按 $B_m/d_{50}^m = 23$，得到模型填料的平均粒径 $d_{50}^m = 20/23 = 0.87$ mm，原型填料的 $d_{50}^p = 6.6$ mm，得到填料的缩尺比例至少为：$6.6/0.87 \approx 8$，为便于配土，适当增大缩尺比例，取缩尺比例为10，将 1~40 mm 的填料按 1:10 的比例进行缩尺，初步得到模型填料的级配，如表3-3所列。

表3-3　模型填料初步级配

粒径/mm	4	2	1	0.5	0.2	0.1	0.05	0.025
小于某粒径/%	97.85	82.1	62.83	43.75	27.08	18.2	11.65	5.88

③ 初步处理后的填料中小于 0.075 mm 的细粒土含量约 17.53%，高于原型桩板墙现场 A、B 组填料中的 1.6%，因此需适当降低细粒土含量。TB 10102《铁路工程土工试验规程》中对超径粒径的处理方法中对粒径不大于 5 mm 粒径含量的要求不宜大于 15%，当其含量超过 30% 后会显著增大填料的强度，这里 5 mm 可理解为"最小控制粒径"。本试验中需要控制的是缩尺后细粒土的含量，因此 0.075 mm 定为"最小控制粒径"，模型填料中小于 0.075 mm 的细粒土含量定为 10%。最终得到的模型路堤填料的级配如表3-4所列，级配曲线如图3-6所示。

表3-4　离心模型路堤填料级配

粒径/mm	4	2	1	0.5	0.25	0.075
小于某粒径质量百分比/%	97.85	82.1	62.83	43.75	27.08	10

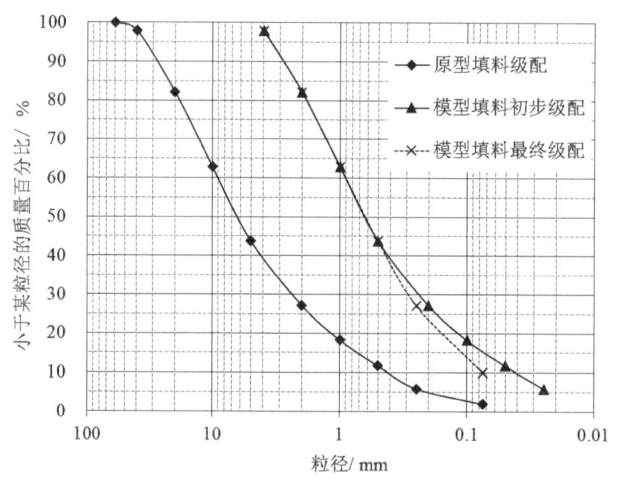

图3-6　原型与模型级配曲线

由表3-4和图3-6得到的模型路堤填料的级配参数如表3-5所列。

表3-5　模型路堤填料级配参数

级配参数	d_{10}/mm	d_{30}/mm	d_{50}/mm	d_{60}/mm	C_u	C_c
值	0.075	0.3	0.65	0.9	12	1.3

由表3-5可知，模型填料的不均匀系数 C_u 与曲率系数 C_c 与原型填料比较接近，均属级配良好。模型路堤填料击实试验曲线如图3-7所示。

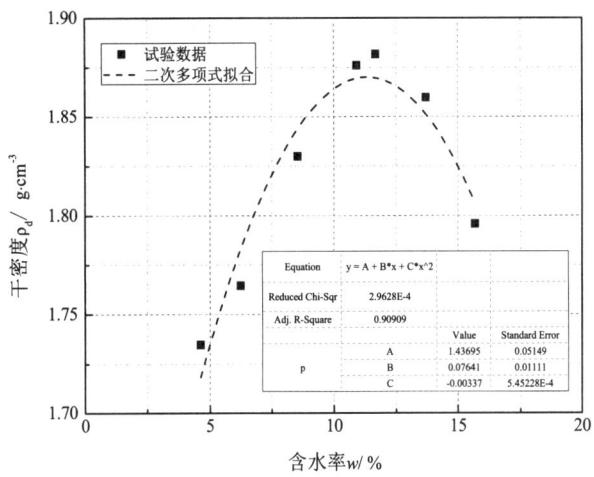

图 3-7 模型路堤填料击实试验曲线

由图 3-7 得到的模型路堤填料最大干密度 $\rho_{dmax} \approx 1.87$ g/cm³,最优含水率 $w_{op} \approx 11.3\%$。直剪及压缩试验曲线如图 3-8 所示,试验数据如表 3-6 和表 3-7 所列。

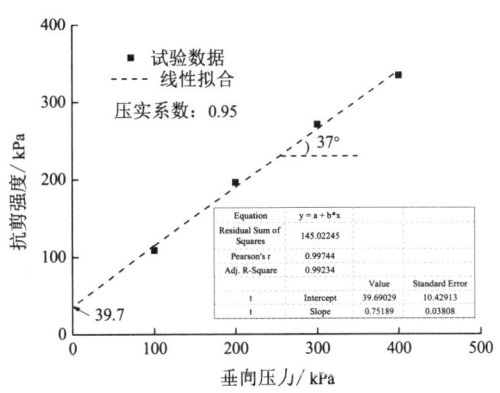

(a) 抗剪强度曲线

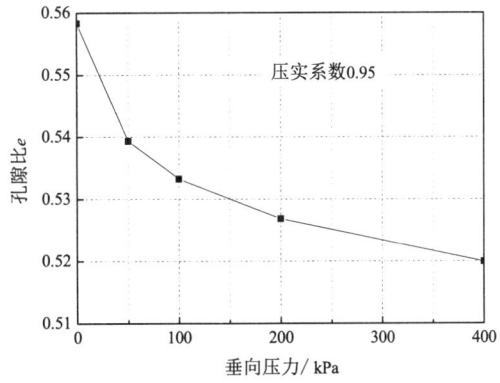

(b) 压缩试验曲线

图 3-8 模型路堤砂土抗剪强度及压缩试验曲线

表 3-6 路堤模型填料直剪试验数据

垂向应力/kPa	量力环读数/0.01 mm	抗剪强度/kPa
100	61	108.81
200	110	196.22
300	152	271.14
400	187.5	333.47

说明：量力环标定系数 5.351 5 N/mm，剪切面积 30 mm2。

表 3-7 地基模型填料压缩试验数据

垂向应力/kPa	孔隙比 e	压缩模量/MPa
0	0.558 3	—
50	0.539 4	3.15
100	0.533 3	13.42
200	0.526 8	23.71
400	0.519 9	45.06

2）模型地基覆盖层

原型桩板墙地基土为含角砾的粉质黏土，其级配如图 3-6 所示，最大粒径约 10 mm，0.075~10 mm 粒径含量约 27%，在模型试验中，将大于 0.25 mm 粒径的土体用粉碎机粉碎后筛选，作为模型地基覆盖层土使用，根据现场取回的重塑土样及现场原位土样的物理性质，可得到现场原位土样相当于重塑土体压实系数为 0.9，因此离心模型试验时地基土压实系数按 0.90 制备。处理后的地基土 c = 53.7 kPa，φ = 28.6°，$E_{s1\text{-}2}$ = 11.5 MPa，直剪试验及压缩试验曲线如图 3-9 所示，试验数据如表 3-8 和 3-9 所列。

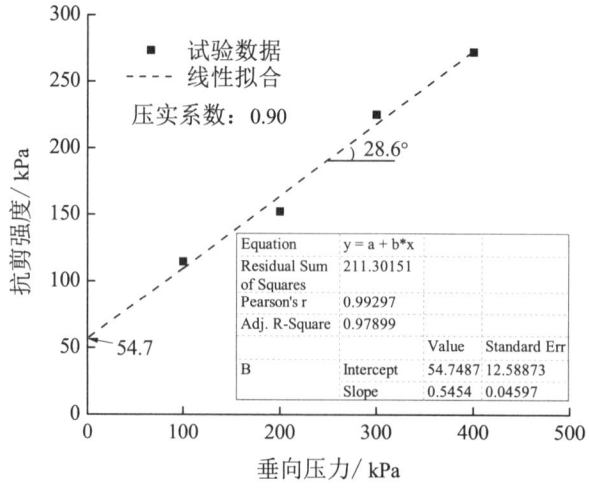

（a）抗剪强度曲线

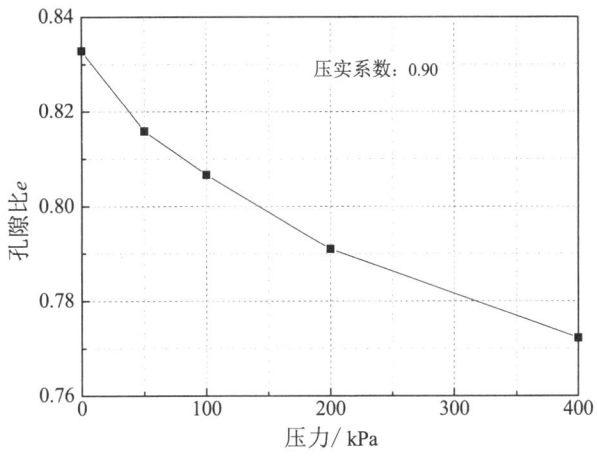

（b）压缩试验曲线

图 3-9 模型地基土抗剪强度及压缩试验曲线

表 3-8 地基模型填料直剪试验数据

垂向应力/kPa	量力环读数/0.01 mm	抗剪强度/kPa
100	11	113.71
200	13.6	152.25
300	21.6	225.25
400	26.1	272.18

说明：量力环标定系数 31.285 N/mm，剪切面积 30 mm2。

表 3-9 地基模型填料压缩试验数据

垂向应力/kPa	孔隙比 e	压缩模量/MPa
0	0.832 9	—
50	0.815 9	5.39
100	0.806 7	9.91
200	0.791 0	11.53
400	0.772 3	19.11

3）基岩模拟

原型桩板墙试验现场基岩为强风化页岩，其压缩模量 $E_{s1-2}=30$ MPa，内摩擦角 $\varphi=35°$。在离心模型试验中，基岩的模拟比较困难，通常用其他材料代替，在力学性质上尽量与基岩保持一致，本试验中在地基的粉质黏土中掺入 5%的水泥粉来模拟基岩，压实系数控制为 0.90，其力学性质为 $c=126.7$ kPa，$\varphi=31.8°$，$E_{s1-2}=17.9$ MPa，直剪试验及压缩试验曲线如图 3-10 所示，试验数据如表 3-10 表 3-11 所列。

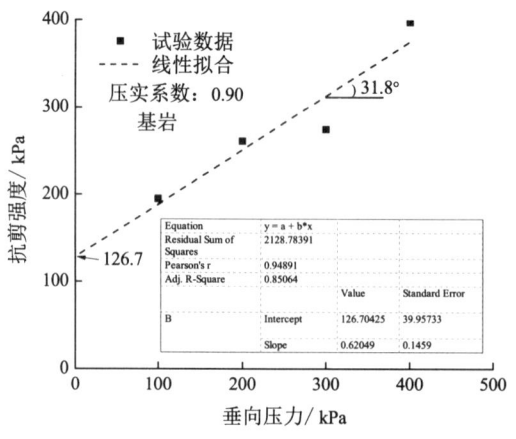

（a）抗剪强度曲线

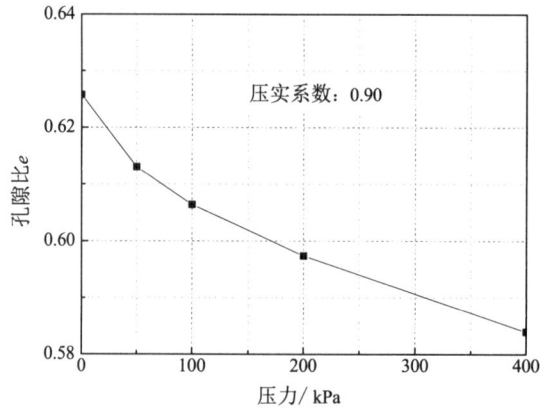

（b）压缩试验曲线

图 3-10　模型基岩抗剪强度及压缩试验曲线

表 3-10　模型基岩填料直剪试验数据

垂向应力/kPa	量力环读数/0.01 mm	抗剪强度/kPa
100	18.7	195.01
200	25	260.71
300	26.3	273.27
400	38.1	397.32

说明：量力环标定系数 31.285 N/mm，剪切面积 30 mm2。

表 3-11　模型基岩填料压缩试验数据

垂向应力/kPa	孔隙比 e	压缩模量/MPa
0	0.625 7	—
50	0.613 1	6.41
100	0.606 3	12.03
200	0.597 4	17.88
400	0.584 0	23.82

3.2.3 试验测试系统

1. 位移量测

桩板墙水平位移及路堤沉降测试采用一维点激光位移计和二维线激光位移计量测,如图 3-11 所示,位移计主要参数如表 3-12 所列。

（a）一维点激光位移计　　　　　　　（b）二维线式激光位移计

图 3-11　位移测试激光位移计

表 3-12　激光位移计主要性能参数

传感器型号	量程/mm	起始距离/mm	分辨率	线性度	接线方法
ZLDS100（点式）	5	15	0.01%FS	0.1%FS	4 线制差分模拟信号
ZLDS200（线式）	X 轴：180 Z 轴：250	X 轴：75 Z 轴：100	7 μm	—	4 线网线传输

2. 土压力量测

墙背土压力量测采用在挡土板上贴应变片的方式量测,应变片电阻值为 120 Ω,采用半桥测量方式,工作片贴于挡土板的背上面,补偿片贴于与挡土板材质相同的板上,并放置于模型箱顶部;锚固桩前、桩后地基内土压力同样采用这种量测方法,如图 3-12 所示。

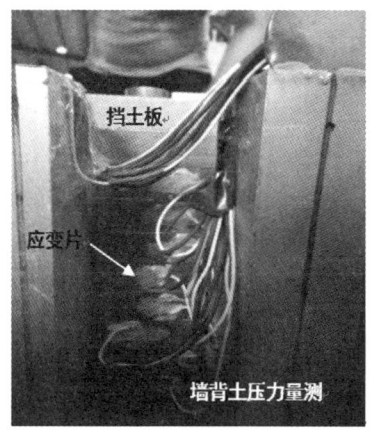 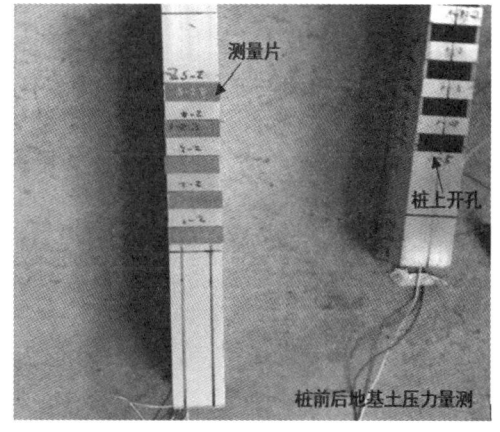

（a）墙背土压力量测　　　　　　　（b）桩前后地基抗力量测

图 3-12　土压力量测

由于试验中土压力量测采用在测力板上贴应变片的方式实现,在试验前需对测力板进行标定,标定采用挂标准质量的砝码以集中力的形式作用在测力板中部,其中用于量测墙后土压力的测力板两边搭接长度按原型挡土板搭接长度进行换算而得,即:500/50 = 10(mm),桩前后地基抗力量测所用的测力板按模型锚固桩的壁厚搭接,每边搭接长度 3 mm,测力板标定照片如图 3-13 所示。

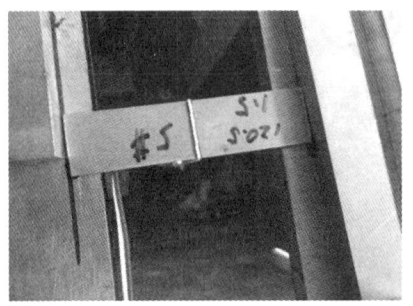
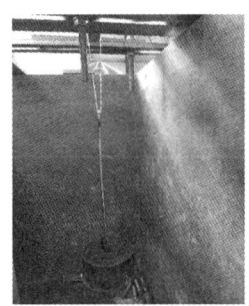

图 3-13 测力板标定

测力板是用集中力标定,而实际挡土板上作用的是面力,因此必须以合理的方法将集中力转换为线荷载。转换的基本假设为:

(1)挡土板为简支梁受力模式;
(2)土压力在挡土板上为均布荷载 q;
(3)应变片贴在挡土板跨中位置处,因此可假设挡土板跨中在集中力 F 作用下产生的挠度 Y 与均布荷载 q 作用下相同,在小变形情况下可以认为相等。

基于以上三点主要假设,可推导出均布荷载 q 与集中荷载 F 的转换关系,如式(3-1)~式(3-4)所列:

简支梁在集中荷载 F 下挡土板中部产生的挠度 Y_F 为

$$Y_F = \frac{Fl_0^3}{48EI} \tag{3-1}$$

式中:l_0——挡土板净跨长度;
　　　EI——挡土板抗弯刚度。

简支梁在均布荷载 q 下挡土板中部产生的挠度 Y_q 为

$$Y_q = \frac{5ql_0^4}{384EI} \tag{3-2}$$

两者挠度相等,即 $Y_F = Y_q$,由此可得

$$q = \frac{8F}{5l_0} \tag{3-3}$$

由于均布荷载 q 在挡土板宽度方向上处处相同,因此挡土板上的土压力强度 p 为

$$p = q/b = \frac{8F}{5l_0 b} = \frac{8\alpha\varepsilon}{5l_0 b} \tag{3-4}$$

式中：$α$——应变片标定系数；
$ε$——应变片读数；
l_0——挡土板净跨长度；
b——挡土板宽度。

3.2.4 锚固桩位移控制装置

桩板墙离心模型试验目的之一是研究锚固桩在位移受控情况下墙背土压力的变化规律，以及锚固桩水平位移与路堤沉降之间的关系，因而需要对锚固桩水平位移进行控制。锚固桩水平位移控制装置由步进电机、丝杠、导轨组成，利用步进电机高精度、实时受控的优势，可对锚固桩水平位移实现亚微米级的控制，锚固桩位移控制装置如图 3-14 所示。

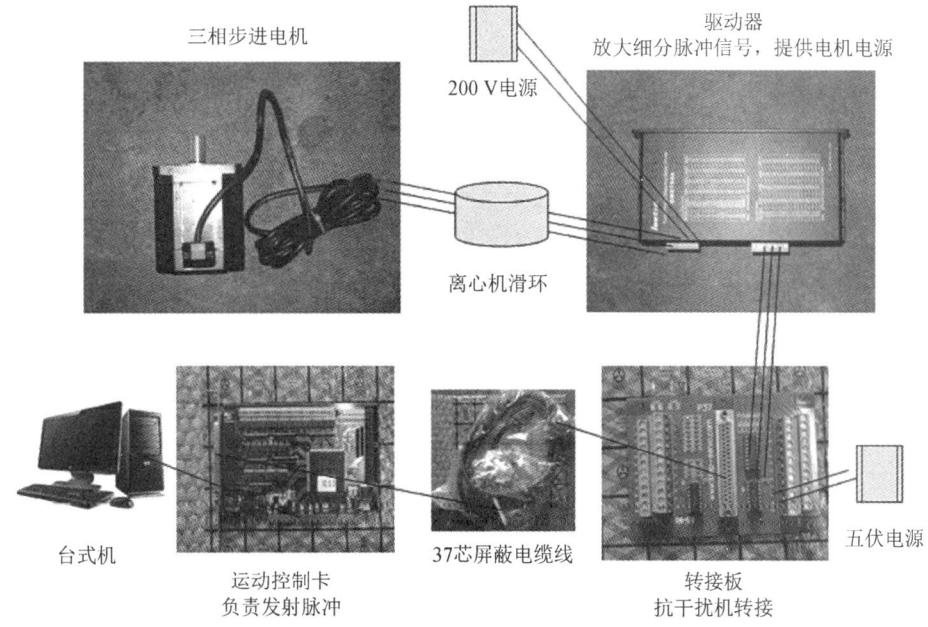

（a）一套完整的步进电机控制系统

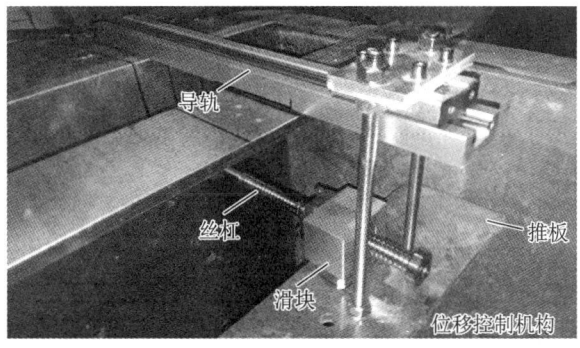

（b）试验所用位移控制装置

图 3-14 锚固桩位移控制装置

3.2.5 离心模型试验方案

本次离心模型试验主要研究桩前地基条件的改变、桩板墙悬臂段高度的变化对桩体位移以及墙后土压力的影响,试验拟设计 9 组方案,具体方案如表 3-13 所列,其中路堤压实系数均为 0.95,桩后地基压实系数为 0.90,并均采用 CFG 桩处理。

表 3-13 桩板墙离心模型试验方案

试验条件变量	试验编号	桩前地基覆盖层	桩前地基基岩	模拟悬臂段高度/m
桩前地基条件的改变	M1	压实系数 0.90	粉质黏土+5%水泥粉,压实系数 0.90	9
	M2	与基岩条件相同	粉质黏土+5%水泥粉,压实系数 0.90	9
	M3	压实系数 0.85,地面水平	粉质黏土+5%水泥粉,压实系数 0.90	9
	M4	压实系数 0.85,坡度 1:5	粉质黏土+5%水泥粉,压实系数 0.90	9
	M5	压实系数 0.85,坡度 1:2.5	粉质黏土+5%水泥粉,压实系数 0.90	9
	M6	压实系数 0.85,坡度 1:1.5	粉质黏土+5%水泥粉,压实系数 0.90	9
	M7	压实系数 0.90	与桩前地基覆盖层相同	9
悬臂段高度改变	M8	压实系数 0.90	粉质黏土+5%水泥粉,压实系数 0.90	10
	M9	压实系数 0.90	粉质黏土+5%水泥粉,压实系数 0.90	12

各组试验模型及其传感器布置如图 3-15 所示。

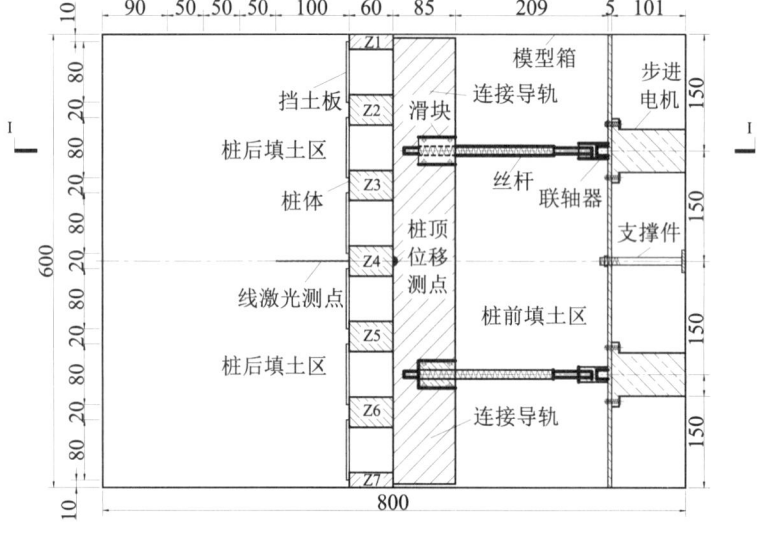

(a)模型平面图

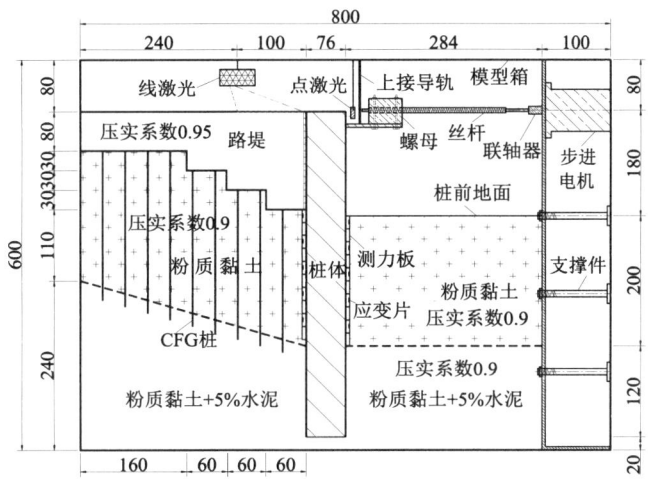

(b) M1

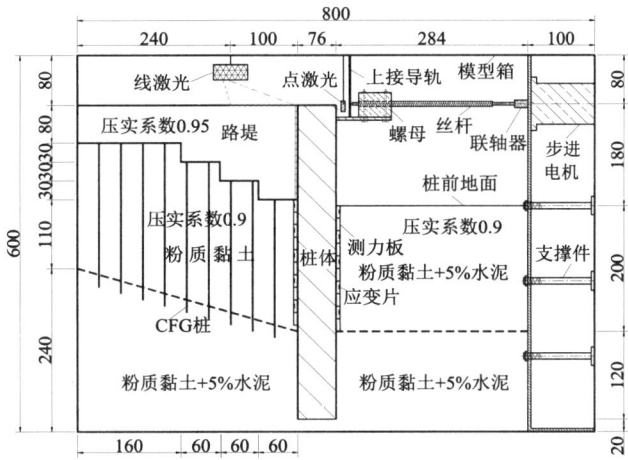

(c) M2

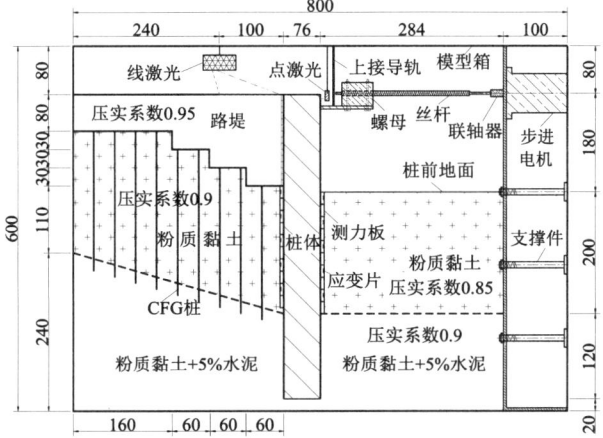

(d) M3

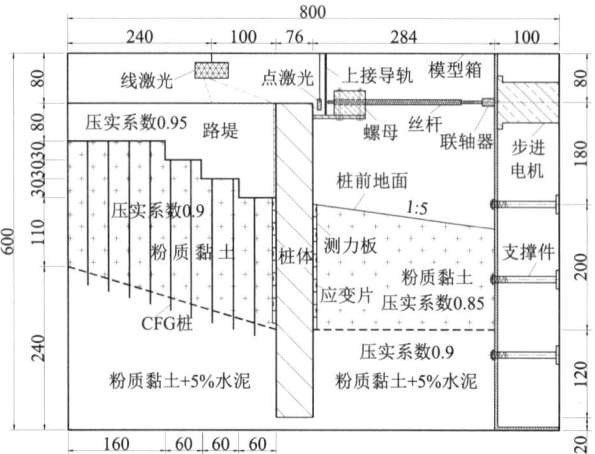

(e) M4

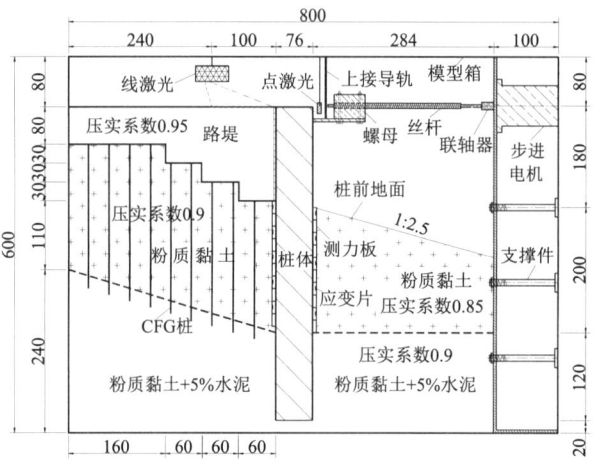

(f) M5

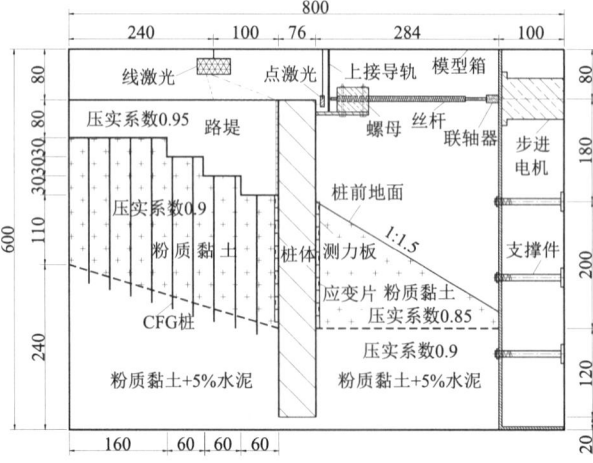

(g) M6

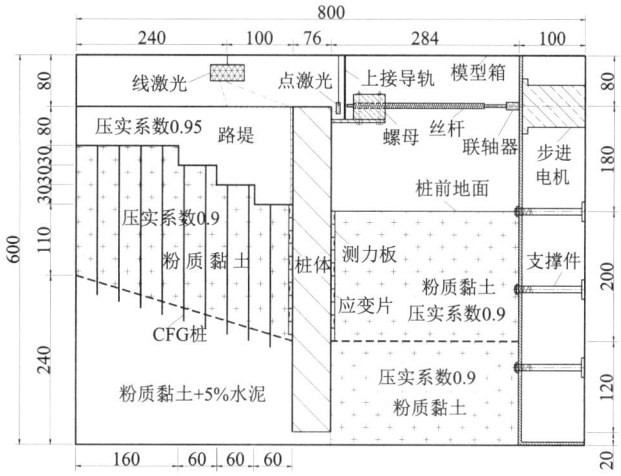

（h）M7

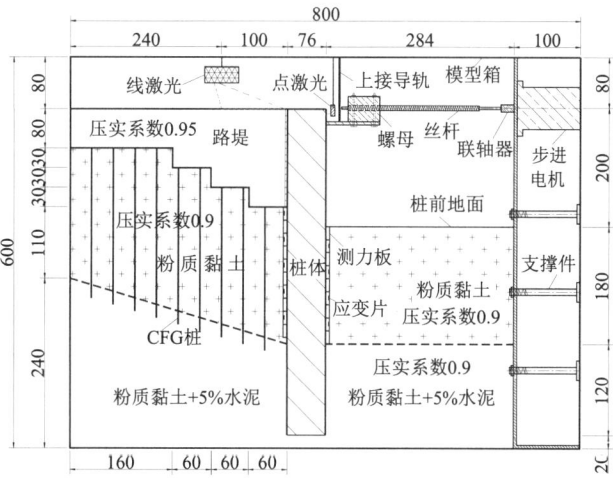

（i）M8

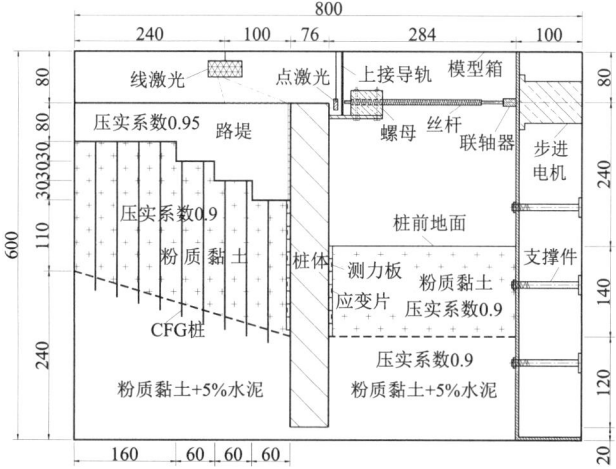

（j）M9

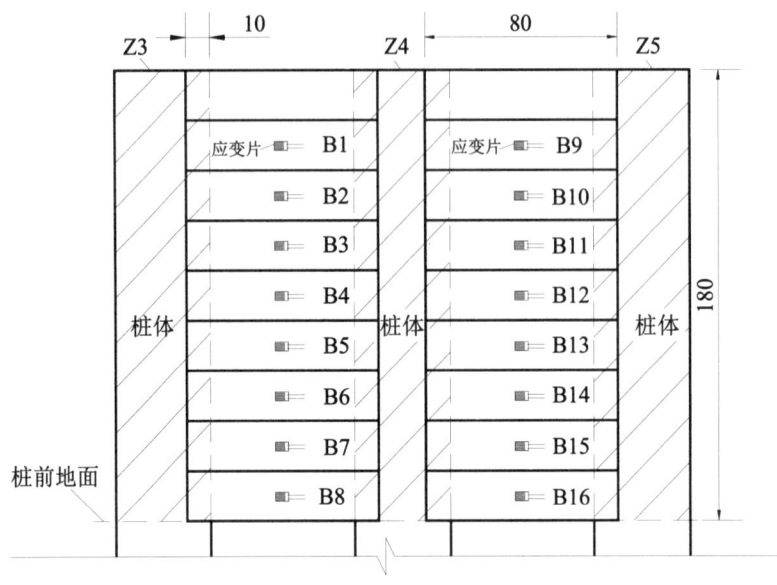

(k) 挡土板应变片

图 3-15　各组试验离心模型及传感器布置（单位：mm）

锚固桩顶位移设置如表 3-14 所列，假定的锚固桩位移形态如图 3-16 所示。位移控制方法为在每施加一级位移，稳定 2~5 min，待应变片及位移计读数稳定后，再施加下一级位移。

表 3-14　锚固桩顶位移设置

状　态	0	1	2	3	4	5	6	7	8	9	10
位移量/mm	0	0.05	0.1	0.15	0.2	0.4	0.6	0.8	1.0	1.5	2.0

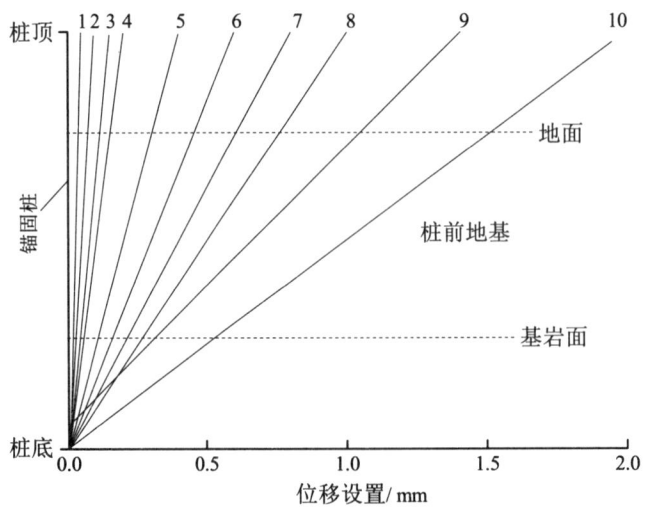

图 3-16　锚固桩位移形态

3.3 模型制备过程

离心模型在制备过程中需要解决的突出问题是，在填土过程中因压实而在测力板中产生较大的初始应力，使测出的土压力容易产生偏差，在试验中需要消除或降低因压实而产生的初始应力。本试验中在填土前用厚度为 1 mm 厚的钢板将测力板与填土隔开，每压实两层将隔板向上提起一个测力板高度，以此来降低或消除初始应力，其原理如图 3-17 所示。离心模型制备过程如图 3-18 所示。

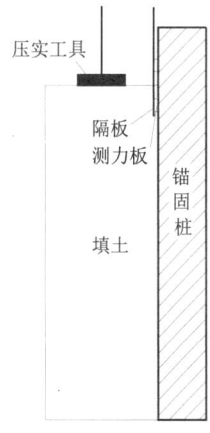
（a）放置隔板

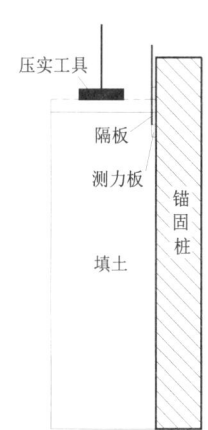
（b）填一层土并提升隔板

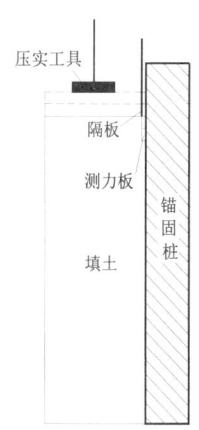
（c）填两层土并提升隔板

图 3-17　测力板初始应力消除原理图

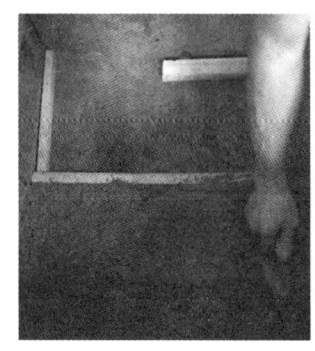
（a）地基填筑

（b）挖桩孔

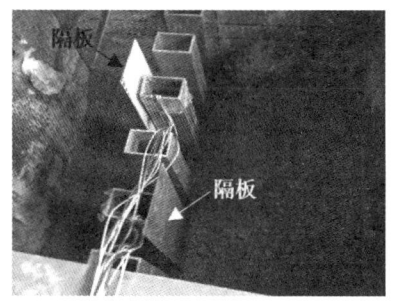
（c）初始应力消除

（d）桩后地基开挖台阶

 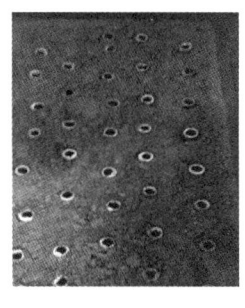 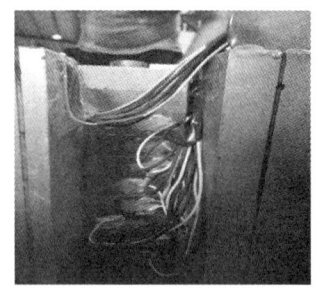

（e）CFG 桩钻孔　　　　（f）CFG 桩完成　　　　（g）桩间挡土板安装

（h）模型填筑完成　　　　　　　　（i）模型填筑完成

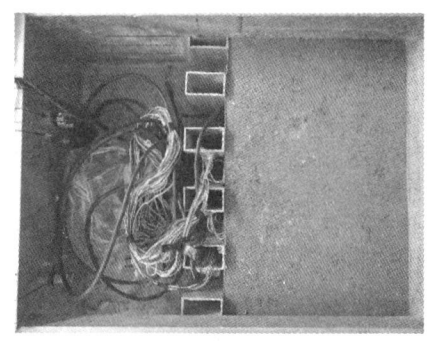 

（j）模型填筑完成　　　　　　　　（k）桩前地基削坡

（m）测试系统　　　　　　　　（n）测试系统

图 3-18　离心模型制备过程

3.4 试验数据分析

试验数据分析包括锚固桩顶位移的变化规律和趋势、墙背土压力以及锚固桩前桩后地基土压力随桩顶位移的变化规律。其中 M3~M6 是连续进行的试验，M3 在试验前期对桩顶侧向位移进行控制，而后将位移控制的推板与锚固桩脱开，使锚固桩处于自由位移状态，因而 M4~M6 试验中锚固桩均处于自由位移状态。

3.4.1 锚固桩顶侧向位移

M1~M9 锚固桩顶侧向位移变化曲线如图 3-19 所示。

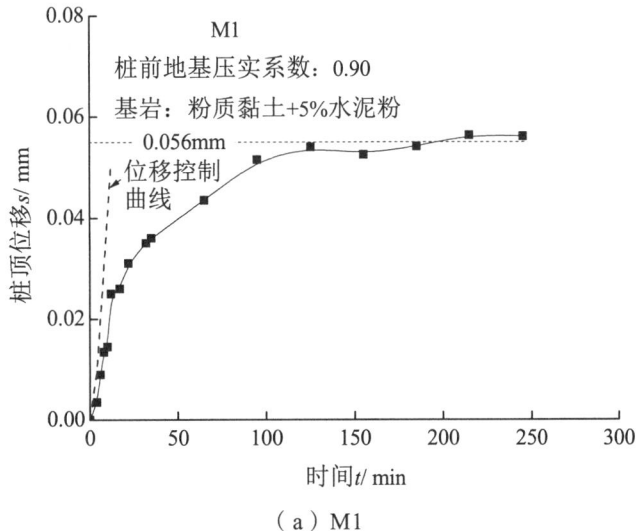

（a）M1

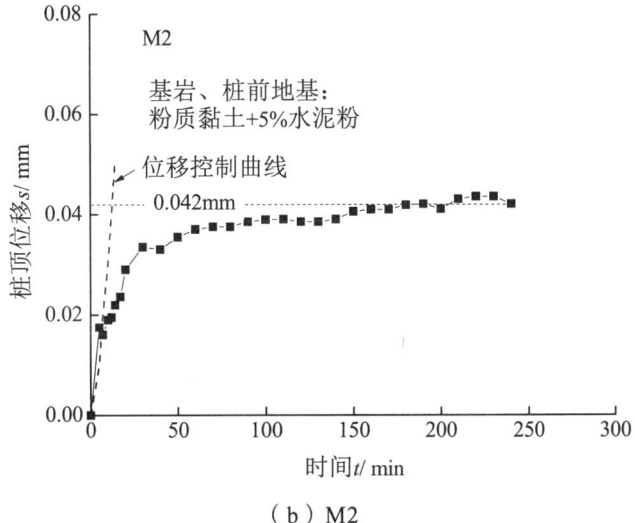

（b）M2

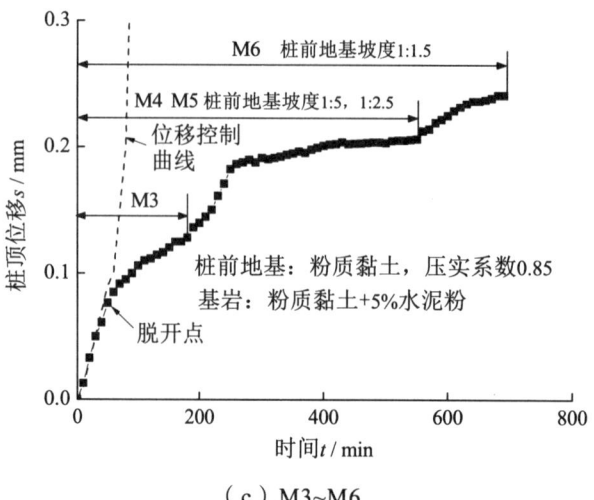

（c）M3~M6

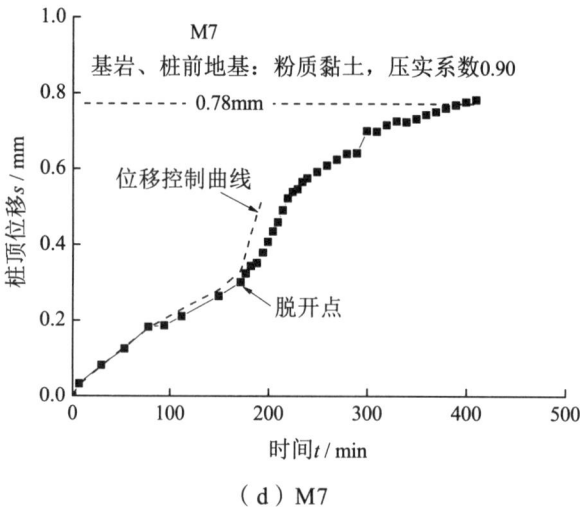

（d）M7

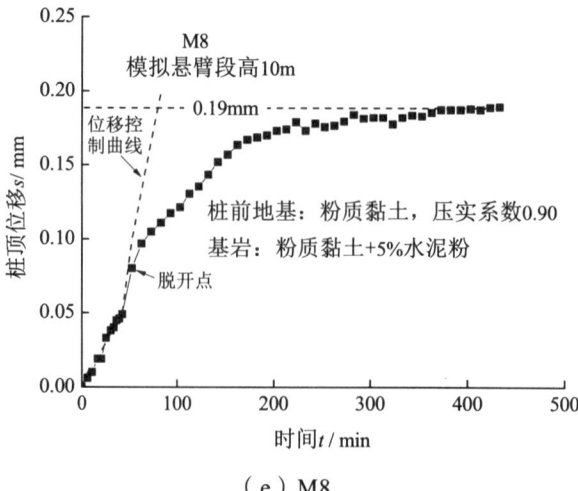

（e）M8

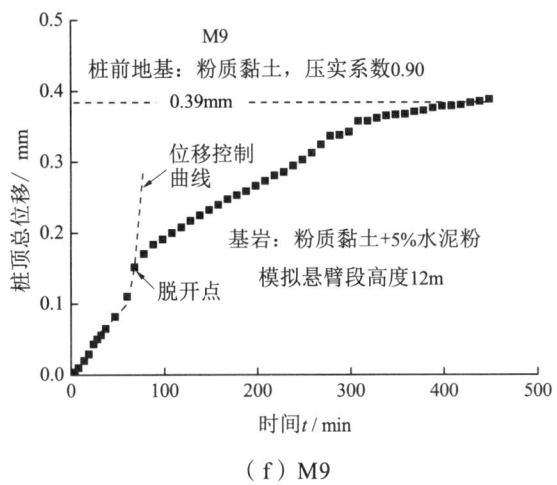

（f）M9

图 3-19　M1~M9 桩顶位移与时间关系曲线

由图 3-19 可知，在基岩条件不变的情况下，随桩前覆盖层地基土强度的提高，桩顶位移量呈减小的趋势，如 M1~M6。其中，桩前地基土为粉质黏土，压实系数为 0.85 时（M3），桩顶位移量约 0.15 mm；压实系数由 0.85 提高至 0.90 时（M1），桩顶位移量减小至 0.056 mm，减小了约 63%；而当桩前地基土为粉质黏土渗 5%的水泥粉后，且压实系数为 0.90（M2）时，桩顶位移量进一步降低至 0.044 mm，较 M3 减小了约 71%，较 M1 减小了约 21%，反映出桩前地基土强度的提高，能大幅度减小桩顶位移量，并且从图像中明显反映出，随桩前地基土强度的提高，桩顶位移随时间发展呈现更快的收敛。

在基岩条件及桩前地基土压实系数为 0.85 的情况下（M3~M6），随桩前地基坡度的增加，相当于减小了竖向应力、降低了桩前地基的竖向约束，使桩顶位移呈增长趋势。其中：坡度由 0 增加到 1∶5（M4）时，桩顶位移由 0.15 mm 增加至约 0.2 mm，增加了约 33%；坡度由 1∶5 增加至 1∶2.5 时（M5），桩顶位移由 0.2 mm 增加至约 0.21 mm，并且桩顶侧向位移的收敛性变差；而当坡度由 1∶2.5 增加至 1∶1.5 时（M6），桩顶位移由 0.21 mm 增加至 0.24 mm，增幅约 14%。

在桩前覆盖层地基条件不变的情况下，降低基岩强度（M7），相当于降低了桩前地基土的应力水平，使桩顶位移量大幅增大，达到 0.78 mm，较 M1 增加了约 13 倍，且桩顶位移的收敛性变差，反映了锚固桩嵌固条件的改变，对桩顶位移及其发展趋势亦有显著影响。

锚固桩悬臂段高度的增加，相当于提高了墙背荷载水平，导致锚固桩转角增加，从而使桩顶侧向位移呈增长趋势。锚固桩悬臂段由 9 m 分别增加至 10 m、12 m 时，桩顶侧向位移由 0.056 mm 分别增大 0.19 mm、0.39 mm，增幅分别约为 2 倍和 6 倍。

3.4.2　墙背土压力

M1~M9 墙背土压力数据主要从土压力沿桩长的分布、总土压力的大小及其合力作用点随桩顶位移的变化三个方面进行分析。

1. 墙背土压力沿桩长分布

M1~M9 墙背土压力沿锚固桩悬臂段长度的分布如图 3-20 所示。根据模型路堤填料室内直剪试验结果，按 TB 10025—2006《铁路路基支挡结构设计规范》，由式（3-5）得到的综合内摩擦角 $\varphi_0 \approx 43.3°$，朗金主动土压力系数为 0.178，库仑主动土压力系数为 0.165（墙土摩擦角 δ 取 22.2°）。由于应变片测得的土压力为测量片的法向，需将库仑土压力换算至与应变片同法向的土压力，换算方法为：$e_a' = e_a\cos\delta$，其中，e_a 为库仑土压力值。

$$\varphi_0 = \tan^{-1}\left(\tan\varphi + \frac{c}{\gamma h}\right) \tag{3-5}$$

式中：φ——土的内摩擦角（°）；

c——土的黏聚力（kPa）；

γ——土的容重（kN/m³）；

h——挡墙高度（m）。

由图 3-20 可知，M1~M9 墙背土压力基本呈非线性分布形式，土压力最大值基本出现在锚固桩悬臂段的中下部分，距桩顶约 90~150 mm 位置处，与悬臂段长度的比值约 0.5~0.8。在悬臂段接近地面（墙趾）附近，土压力值减小，这种现象在很多挡墙模型试验以及现场试验中均有反映[98, 103-104, 106-107, 113, 123~129]，并且大多学者认为是由墙后土体小主应力轨迹线的偏转而引起的土拱效应。另一方面，可能是由于基底摩擦作用，导致了墙趾附近土压力值的减小。

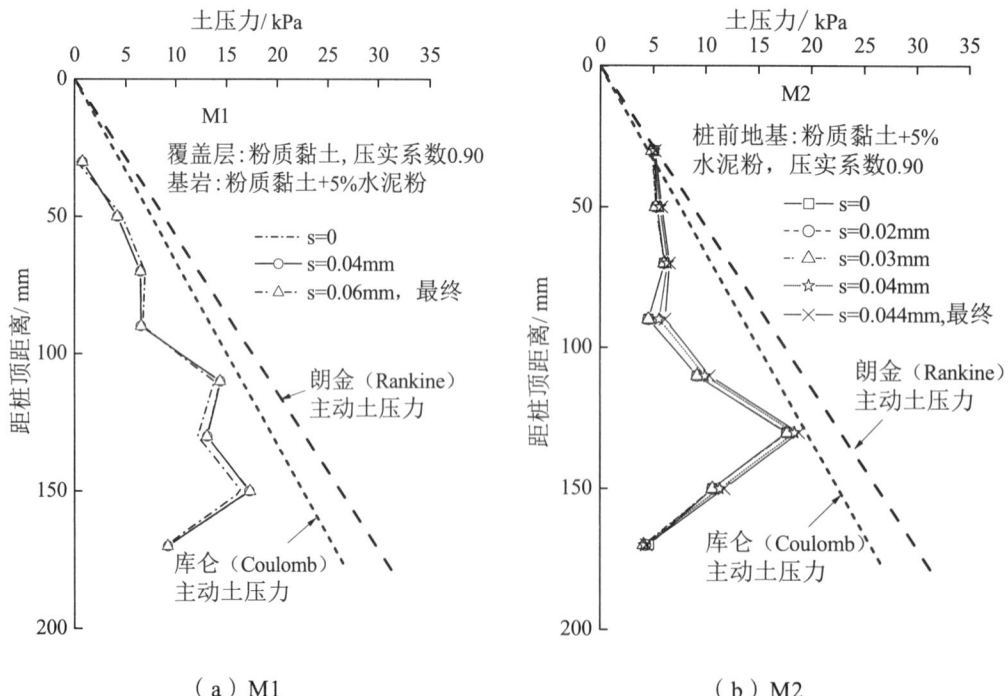

（a）M1　　　　　　　　　（b）M2

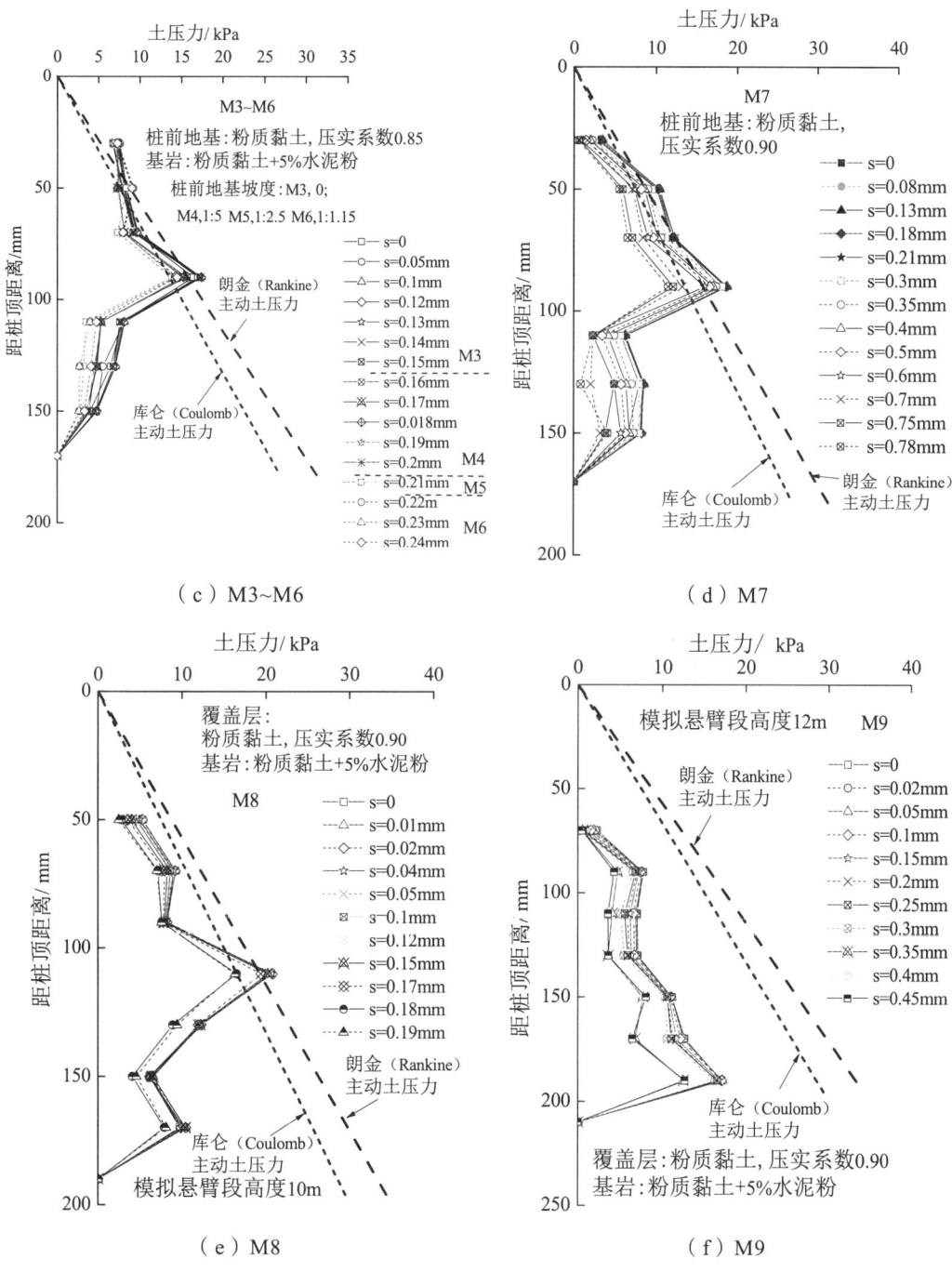

图 3-20 M1~M9 墙背土压力分布曲线

图 3-20 中，在锚固桩没有给定位移时，相应的墙背土压力应当为静止状态，然而墙背土压力依然呈非线性的分布形式，其原因有可能是在制备模型的过程中，由于压实作用，在墙后土体中产生的初始应力，另一方面在压实的过程中，锚固桩已经发生了一定的侧向位移，导致测得的起始状态已经偏离了静止土压力。

2. 土压力系数 K_h

为反映不同深度土体达到主动土压力状态的进程，定义水平土压力系数 $K_h = \sigma_h/(\gamma Z)$，其中 σ_h 为土压力值（kPa），γ 为墙后土体容重（kN/m³），Z 为路基面以下深度（m），得到水平土压力系数 K_h 与挡墙位移的关系曲线，如图 3-21 所示。

由图 3-21 可知，M1~M9 墙背土压力系数 K_h 随桩顶位移的变化具有一定共同之处，即当桩顶位移不大于 0.1~0.18 mm 时，对应的锚固桩转角约（1~3）×10⁻⁴rad（假定锚固桩绕桩底转动），沿桩长不同深度处的土压力系数基本保持不变或减小不明显，之后随桩顶位移的增大，不同深度处的土压力系数 K_h 基本同时出现急剧减小并且较快地趋于稳定，达到主动土压力状态，比如 M3~M9。而 M1、M2 由于桩顶总位移偏小，土压力系数 K_h 基本保持不变甚至仍处于增长阶段，如 M2。土压力系数 K_h 出现增大的原因，Fang[123, 124]、Bang[103]和 Handy[104]认为是由墙-土摩擦效应引起的拱现象，土压力系数 K_h 减小不明显与墙-土摩擦作用有关，同时这一过程也反映了墙-土摩擦角发挥的程度，当 K_h 开始减小时，说明墙-土摩擦角达到极限状态，Fang[105, 106]在墙后为砂土情况下的刚性挡墙模型试验中得到的 K_h 达到最大时所对应的挡墙转角约（1~5）×10⁻⁴rad，本试验所得到的结果与之基本吻合。

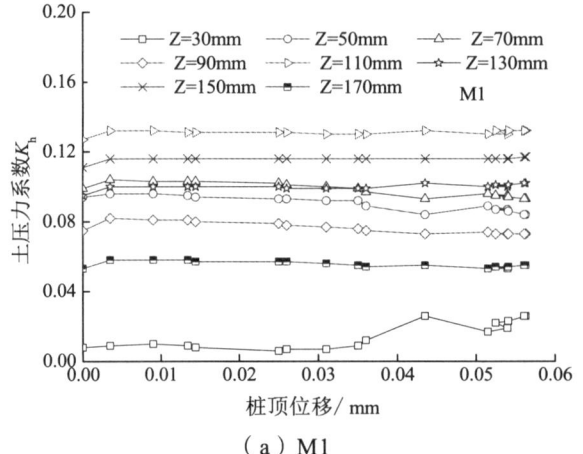

（a）M1

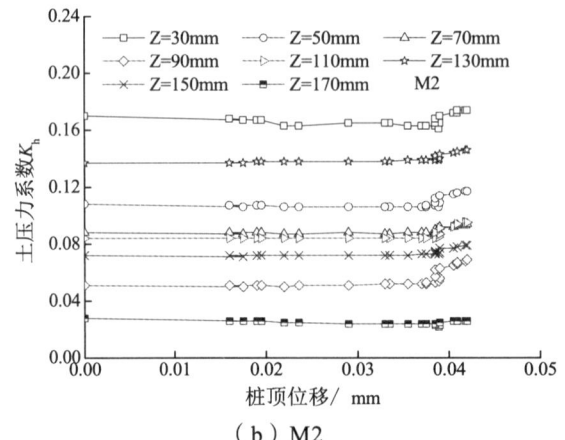

（b）M2

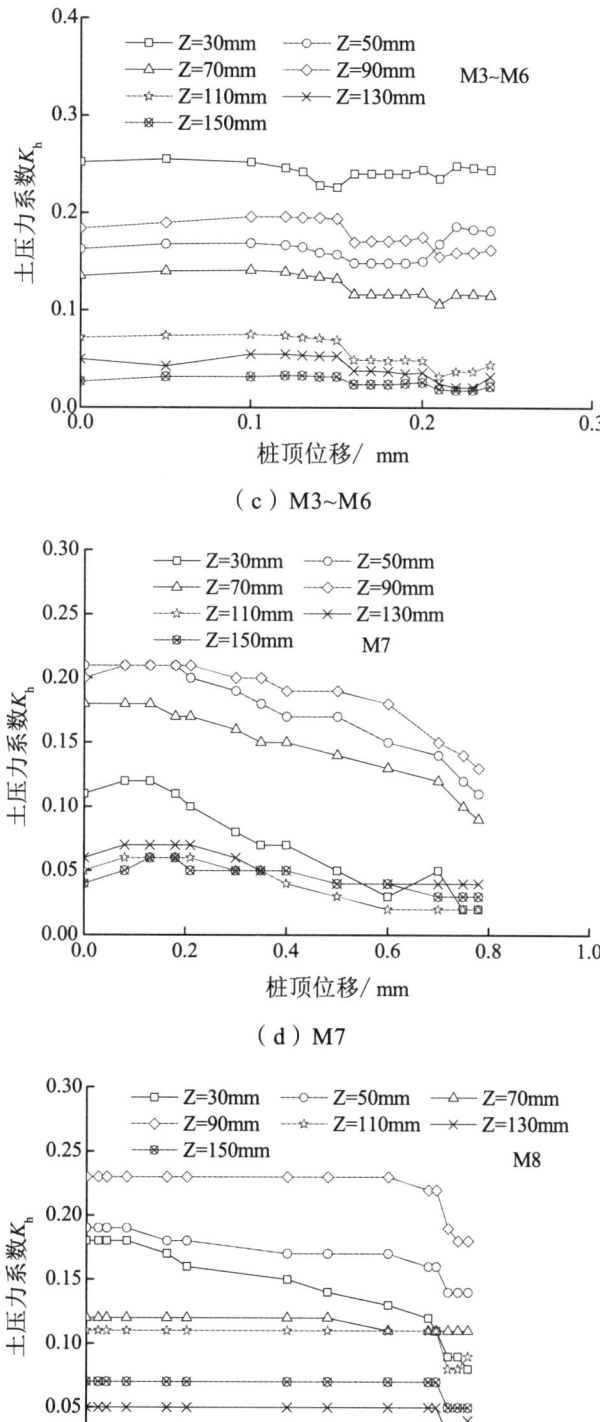

(c) M3~M6

(d) M7

(e) M8

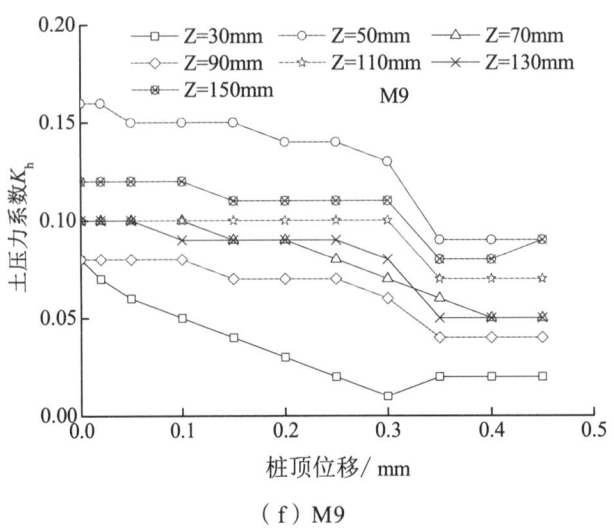

（f）M9

图 3-21 M1~M9 土压力系数分布曲线

若将 $s=0$ 时的 K_h 作为基准，则当 K_h 减小至较稳定值与 $s=0$ 时的 K_h 进行比较，可以反映土压力系数的衰减比例 δ 或整体衰减比例 λ，土压力系数的整体衰减比例 λ 计算式如式 3-6 所列，其中 M1、M2 由于土压力系数为持续增长趋势，故衰减系数可定为 0。

$$\begin{cases} \lambda = \sum\left(\dfrac{K_{h0} - K_{hi}}{K_{h0}}\right)/n \\ \delta = \dfrac{K_{h0} - K_{hi}}{K_{h0}} \end{cases} \tag{3-6}$$

式中：K_{h0}——$s=0$ 时的土压力系数；

K_{hi}——土压力系数减小至稳定时的值；

n——沿深度方向测力板数量。

得到的结果如表 3-15 所列。

表 3-15 土压力系数 K_h 整体衰减比例 λ

试验组	M1	M2	M3~M6	M7	M8	M9
λ	0	0	33%	44%	24%	41%

由表 3-15 可知，土压力系数整体衰减比例 λ 与桩前地基条件及基岩条件有较大的相关性，具体表现为：随桩前地基强度的降低、悬臂段高度的增加，其结果是增加了锚固桩侧向位移，使墙背土压力向主动状态发展，因而土压力系数的衰减比例提高，当土压力达到主动状态时，其土压力平均衰减比例约 36%，与模型试验路堤填料的库仑主动土压力系数（约 0.24）与静止土压力系数（约 0.398）的理论衰减比例（约 40%）

接近。

根据图 3-21 及式（3-6）还可得到土压力系数的衰减比例沿桩长的分布规律，如图 3-22 所示。

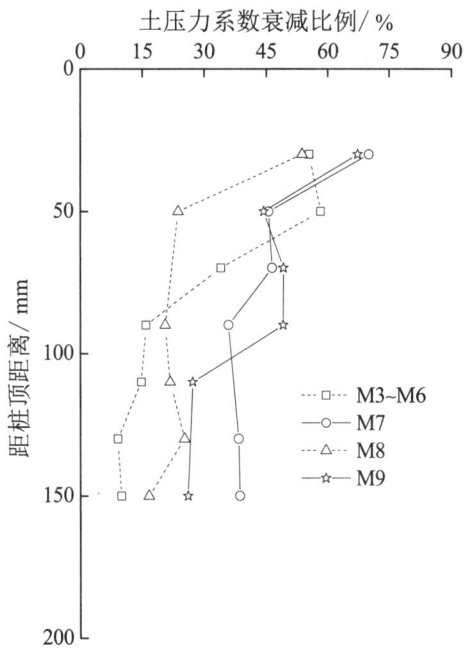

图 3-22　M1~M9 土压力系数衰减比例沿深度分布

由图 3-22 可知，土压力系数衰减比例沿深度基本呈减小的分布规律，由于锚固桩位移模式一般为绕桩底转动，在墙体上半部分，距桩顶约 90 mm 范围，由于墙体位移较充分，土压力系数衰减比例较高，而在墙体下半部，因墙体位移受限，土压力系数衰减比例较低，并且衰减比例沿深度基本上趋近于相同。

3. 墙后土体主动土压力进程

根据主动土压力的定义，墙后某一深度处土体处于主动状态时，水平土压力系数 K_h 达到最小值并趋于稳定，根据主动土压力的定义结合图 3-21，墙后不同深度土体的 K_h 达到最小值时与其所对应的墙体位移之间的关系就可以反映墙后土体达到主动土压力状态的进程，如图 3-23 所示，由于 M1、M2 并未达到主动土压力状态，故图 3-23 中不予以反映。

由图 3-23 可知，M3~M9 墙后不同深度土体达到主动土压力状态的进程具有基本相同的变化规律，具体表现为：墙后上部土体先于下部达到主动土压力状态，反映出应力水平对墙后土体进入主动土压力状态所需墙体位移量有一定影响，应力水平低（墙后上部土体），所需墙体位移量较小，应力水平高（墙后下部土体），要求的墙体位移量大。

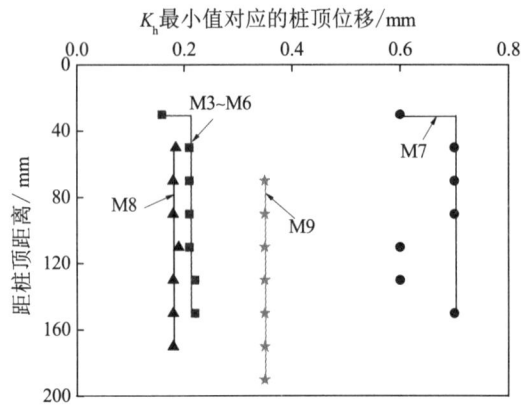

图 3-23　墙后不同深度土体达到主动土压力状态的进程

4. 墙背总土压力

根据图 3-20 的土压力分布曲线，通过积分可得到墙背土压力随桩顶位移的变化，如图 3-24 所示。

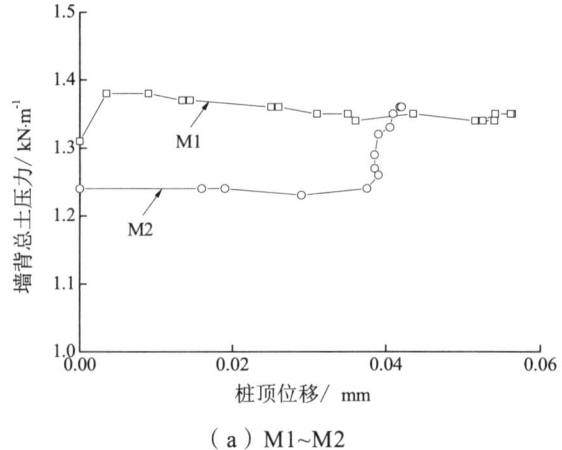

（a）M1~M2

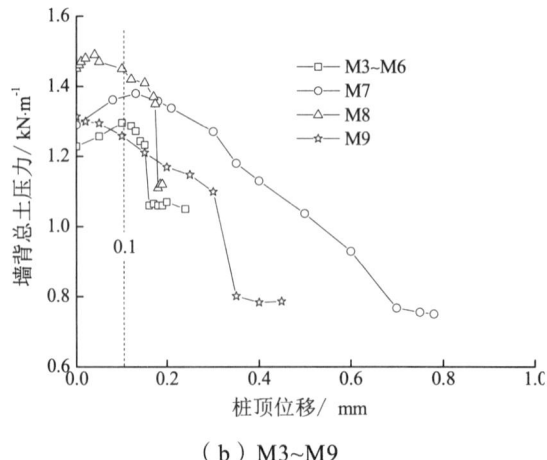

（b）M3~M9

图 3-24　M1~M9 墙背总土压力

由图 3-24 可知，M1~M9 在桩顶位移较小时，因墙-土摩擦效应，均出现了明显的增大趋势，并且桩前地基或基岩强度较高时，这种增大趋势越明显。其中，M1、M2 由于桩顶总位移均小于 0.06 mm，墙背总土压力随桩顶位移呈持续增大的趋势，而 M3~M9 在桩顶位移约为 0.1 mm 时，墙背总土压力增大至最大，反映出墙-土摩擦达到极限状态，之后总土压力开始减小并最终趋于主动土压力状态，此时对应的锚固桩转角约 2×10^{-4} rad。由此，可将墙后土体从静止土压力状态至主动土压力状态的过程分为三个阶段，即：第一阶段是墙-土摩擦角的逐渐发挥，其结果是增大墙背土压力；第二阶段是墙-土摩擦角达到极限状态后，墙后土体强度逐渐发挥，其结果是减小墙背土压力；第三阶段是墙后土体强度达到极限状态并进入主动土压力状态，其结果是墙背土压力趋于稳定。

M3~M9 达到主动土压力状态所对应的桩顶位移不尽相同，其中 M3~M6、M8 达到主动土压力状态对应的桩顶位移约 0.2 mm，而 M7、M9 达到主动土压力对应的桩顶位移分别约 0.75 mm、0.35 mm，虽然各组试验达到主动土压力状态所需的桩顶位移不同，但相应的桩顶位移与锚固桩悬臂段高度的比值介于 1‰~4‰，与墙后为密实砂土时刚性挡墙达到主动土压力状态所需的墙体位移为 1‰~5‰一致。同时，可以得到墙-土内摩擦作用保持不变时（墙背处破裂面出现）所需的桩顶位移约为达到主动土压力状态的 17%~25%。

5. 墙-土摩擦作用

路堤填筑是超固结的过程，在压实作用下，墙-土间存在较大摩擦作用，而桩体侧向位移逐渐增大后，墙-土间摩擦作用减弱，造成墙背土压力减小不明显。而后随桩体侧向位移继续增大，土体抗剪强度逐渐发挥，使墙背土压力明显减小，直至主动状态。土压力随桩体侧向位移的变化可用库仑（Coulomb）主动土压力理论加以说明，如图 3-25 所示及式（3-7）所列。

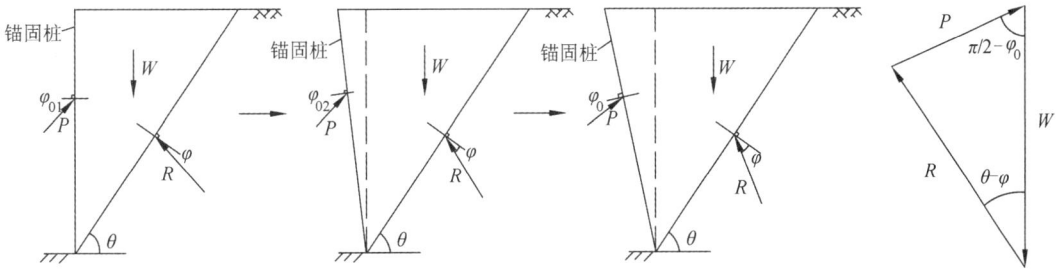

图 3-25　库仑土压力示意图

$$P = \frac{W\sin(\theta-\varphi)}{\sin\left(\frac{\pi}{2}+\varphi+\varphi_0-\theta\right)} \tag{3-7}$$

图 3-25 中，当锚固桩转角较小时（$1\sim3\times10^{-4}$ rad），由于桩体的侧向位移，使墙-土摩擦作用减弱，相当于式（3-7）中 φ_0 减小，而墙后土体抗剪强度发挥程度较小，当

φ 的增长幅度小于 φ_0 的减小幅度时,式(3-7)中的土压力 P 减小不明显,直到墙背处破裂面出现。随桩体位移的逐渐增大,墙-土摩擦作用趋于不变,相当于 φ_0 不变,而墙后土体抗剪强度发挥程度逐步提高,φ 增大,使墙背土压力 P 明显减小;当 φ 增长至极限状态时,墙后土体抗剪强度发挥至最大,墙背土压力保持稳定,即达到主动土压力状态,此时墙后土体中出现破裂面。

6. 土压力合力作用点

根据图 3-20 墙背土压力分布曲线的面域质心,可以得到土压力合力作用点位置及其随桩顶位移的变化规律,如图 3-26 所示,图中土压力合力作用点位置为土压力分布曲线面域质心距墙趾(地面)距离与锚固桩悬臂段的比值。

可知,M1~M9 土压力合力作用点距墙趾约 $0.35h_1$~0.55(h_1 为悬臂段高度),均普遍高于三角形分布模式合力作用点的理论值,较其提高了约 6%~67%,平均值约 52%,与现场测试结果基本一致。同样是因为桩顶位移增大,墙趾附近基底摩擦以及土体中产生的土拱效应,减小了挡墙下部土压力,使土压力合力作用点位置上移。

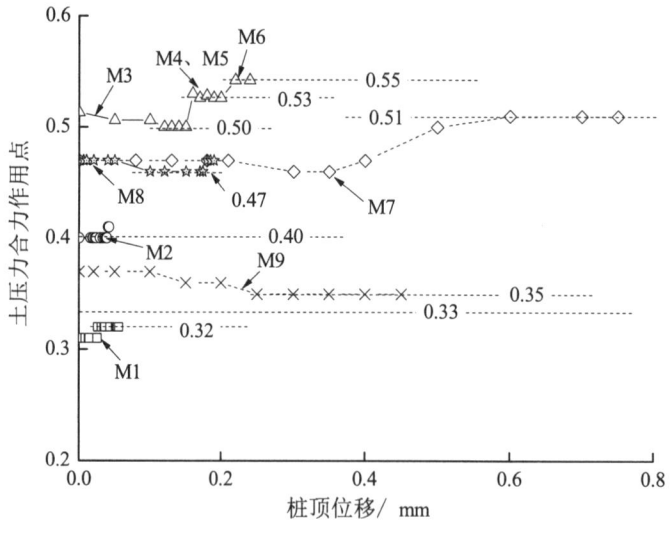

图 3-26 M1~M9 土压力合力作用点

3.4.3 桩前后地基抗力及锚固桩内力

M1~M9 桩前后地基抗力分布如图 3-27 所示。测量方法与墙背土压力相同,均采用在测力板上贴应变片的方式,数据换算方法与墙背土压力相同。

由图 3-27 可知,桩前地基土抗力沿锚固桩深度呈非线性分布,土抗力的最大值位于距地面以下约 60~100 mm。随桩前地基条件的减弱以及荷载水平的提高(悬臂段高度的增加),桩前地基塑性区范围加大,使最大土抗力作用位置由地面以下锚固段长度 h_2 的 0.16 倍位置处降低至 0.33 倍。同时接近《铁路路基支挡结构设计规范》(TB 10025—2006)中对桩侧土应力的检算点深度,即检算点深度为地面以下锚固段长度的 1/3 处。

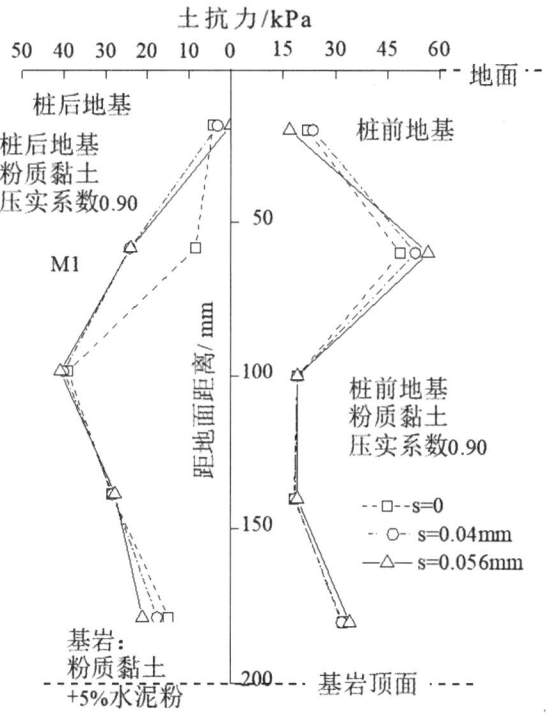

（a）M1

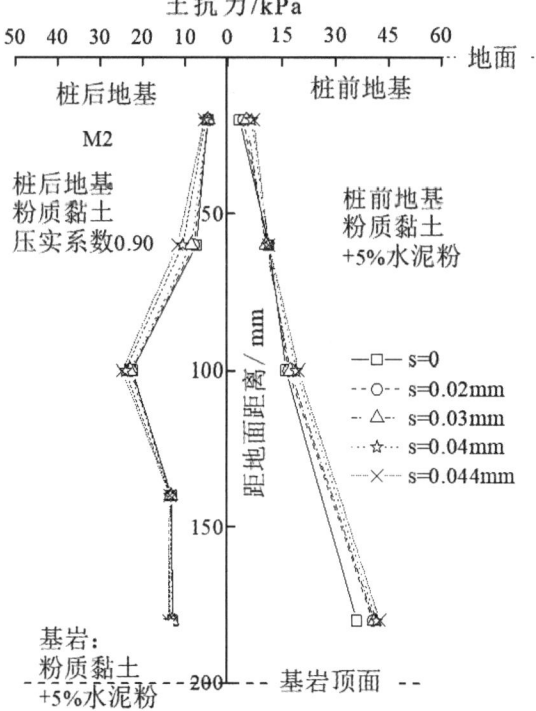

（b）M2

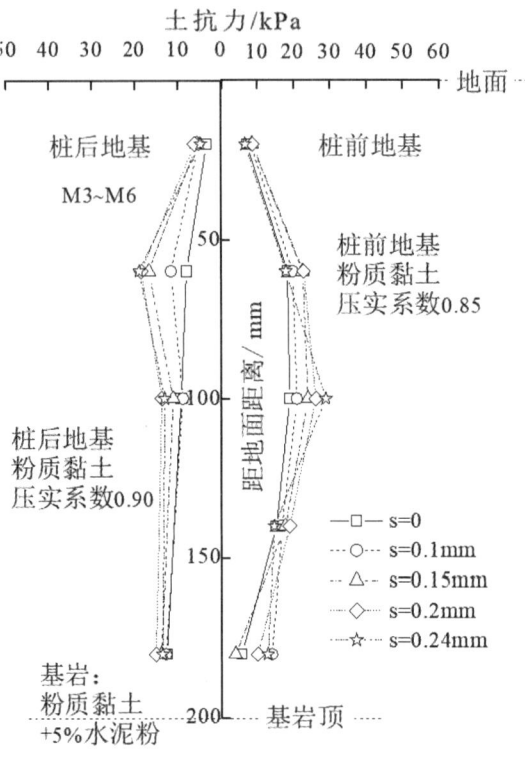

（c）M3~M6

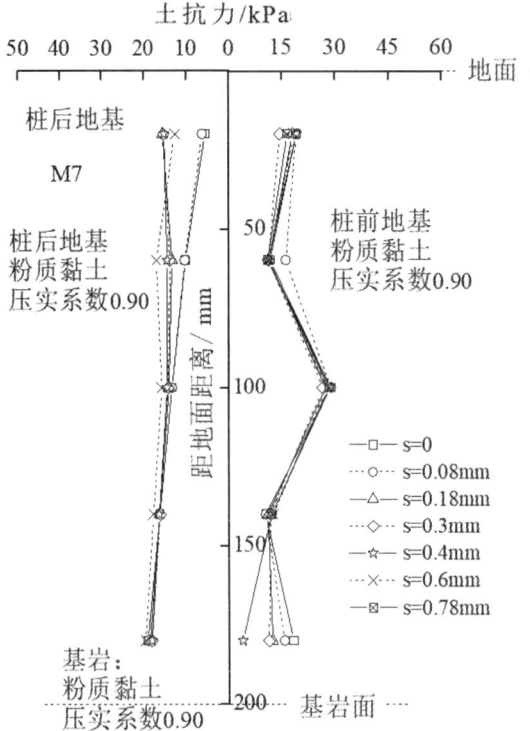

（d）M7

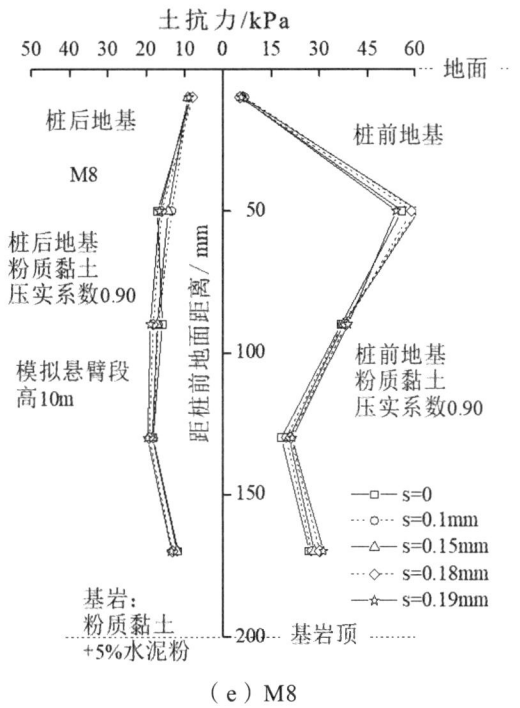

（e）M8

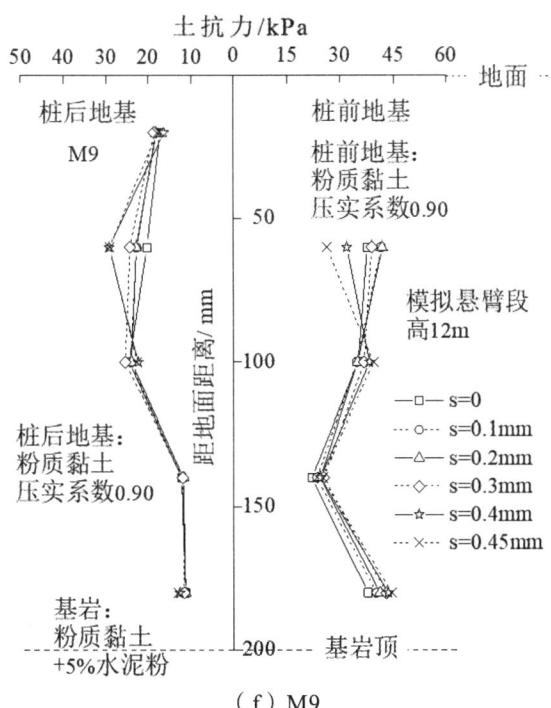

（f）M9

图 3-27　M1~M9 桩前后地基土抗力分布曲线

根据图 3-20 及图 3-27，可得到土压力测试范围内锚固桩剪力及弯矩分布图式（由于基岩内没有进行土压力测试），锚固桩剪力及弯矩的基本计算方法为截面法，并假定

锚固桩绕桩底转动,因而其弯矩 $M=0$,因此可将锚固桩看作类悬臂梁结构,具体计算方法及假定如下:

1. 锚固桩剪力

假定测力板上的土压力 e_i 沿桩宽及板长方向为均匀分布,所测土压力 e_i 与测力板面积 A_i 之积作为作用于每块测力板上的总力 p_i(集中力),p_i 的作用点为测力板的中心点,根据截面法求土压力测试范围内锚固桩各点处的剪力 Q_i。计算简略如图 3-28 所示,并规定土压力在锚固桩内产生向桩后地基方向的剪力时剪力为正(图 3-29 左侧),截面选取桩顶方向侧(图 3-28 上部)。

2. 锚固桩弯矩

根据每块测力板上的总力 p_i,按截面法求土压力测试范围内锚固桩各点处的弯矩 M_i。计算简略如图 3-28 所示,并规定土压力在锚固桩内产生的弯矩使锚固桩向桩前方向弯曲时为正,截面同样选取桩顶方向侧(图 3-28 上部)。

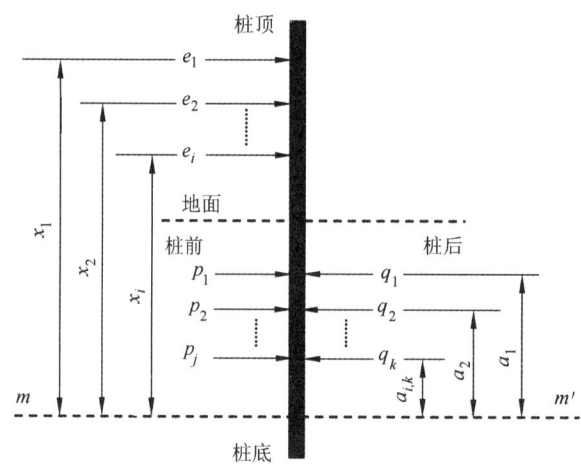

图 3-28 锚固桩剪力及弯矩计算简图

根据图 3-28,取 $m\text{-}m'$ 截面右段,则 $m\text{-}m'$ 截面处锚固桩剪力及弯矩计算方法如式(3-8)和式(3-9)所列。

(1)锚固桩剪力 Q 为

$$Q = e_1 + e_2 + \cdots + e_i + p_1 + p_2 + \cdots + p_j - q_1 - q_2 - q_k \quad (3\text{-}8)$$

(2)锚固桩弯矩 M 为

$$M = e_1 x_1 + e_2 x_2 + \cdots + e_i x_i + (p_1 - q_1)a_1 + (p_2 - q_2)a_2 + \cdots + (p_j - q_k)a_{i,k} \quad (3\text{-}9)$$

式中:e_i、p_j、q_k——测力板的总土压力,N;
x_i、a_i——测力板中心点至计算截面处的距离,m。

根据以上假定及计算方法得到的土压力测试范围内锚固桩剪力及弯矩图式如图 3-29 所示。

由图 3-29 可知，M1~M9 在土压力测试范围内锚固桩剪力均为正剪力（指向桩后地基侧），沿桩长基本呈先增后减的分布规律，与锚固桩受力模式比较符合；锚固桩弯矩均为负弯矩（锚固桩向桩后地基侧弯曲），沿桩长呈二次抛物线型分布，地面附近处弯矩值约 6~9N·m，换算为原型值约 750~1 125 kN·m，与现场测试结果无较大差异。

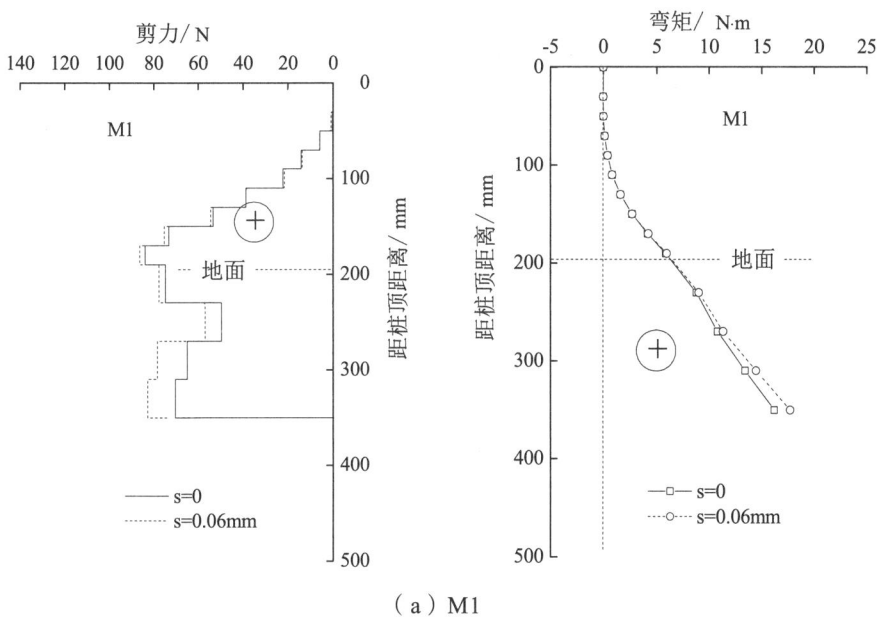

（a）M1

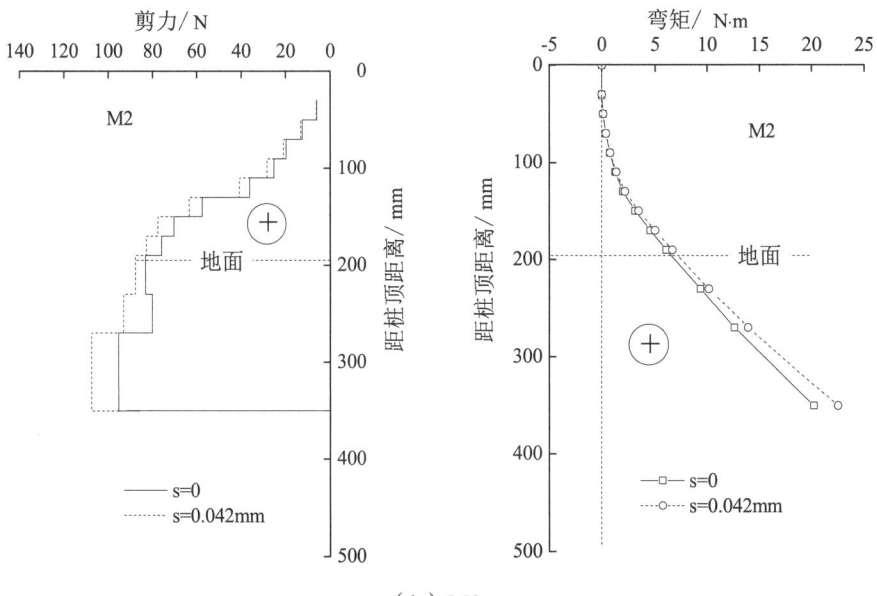

（b）M2

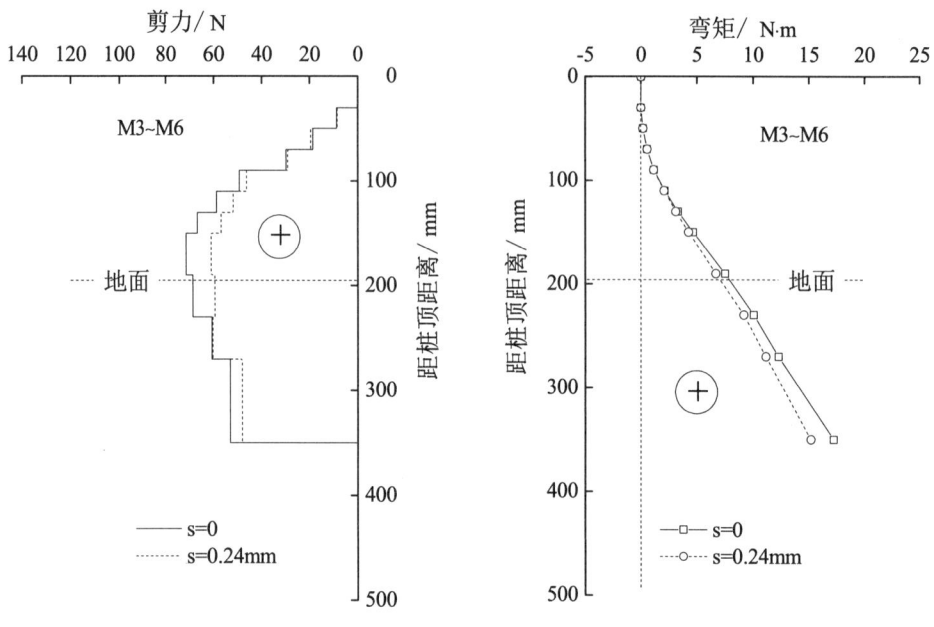

（c）M3~M6

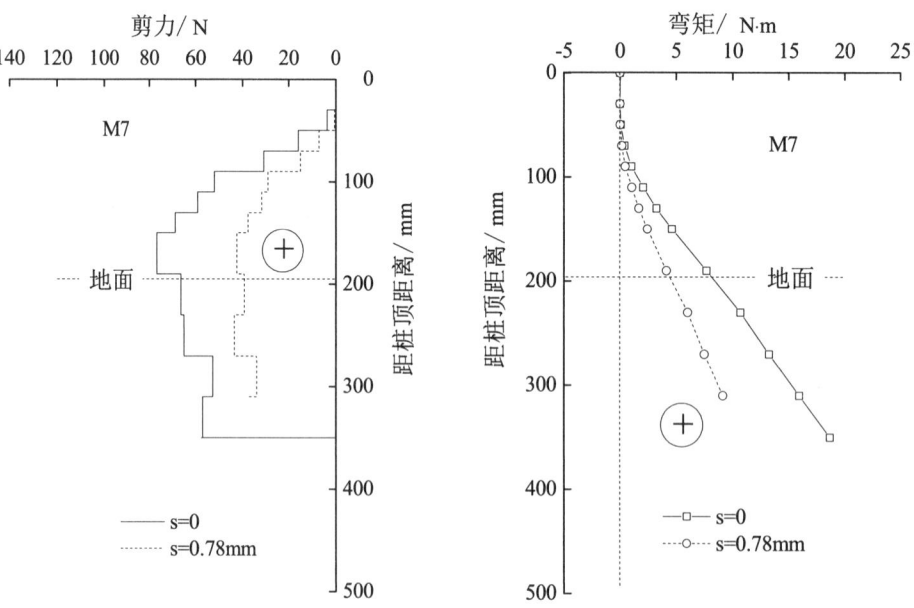

（d）M7

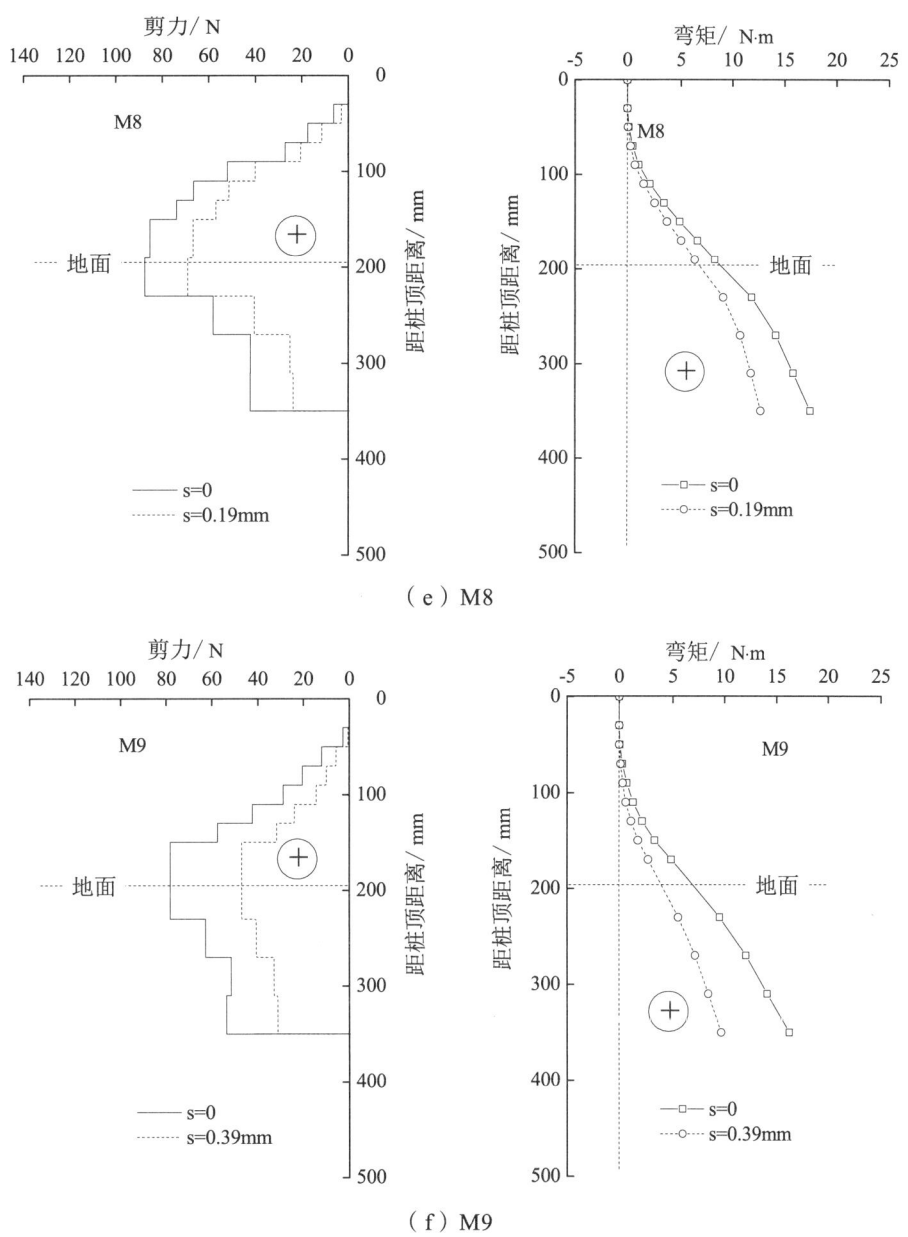

图 3-29 锚固桩剪力及弯矩图式

3.4.4 桩前地基抗力系数

桩前地基抗力的分析方法一般有以 Broms 为代表的极限地基反力法、以 E. Winkler 为代表的弹性地基梁法以及以 Reese 和 Matlock 为代表的"p-y"曲线法。极限地基反力法是根据力的平衡原理求取,无法考虑地基土变形,因而只适用于刚性短桩的分析。弹性地基梁法最根本的假设是地基土为弹性变形,即假定地基土抗力 p 为地基抗力系数 C、桩身侧向位移 x 以及土抗力的计算宽度 b_0(桩的计算宽度)的函数,即 $p=Cxb_0$,但该法可对地基土变形较小时有很好的适用性,既可用于刚性短桩,也可用于弹性长桩，得到了较好的应用，基于弹性地基梁的分析方法中主要在于地基抗力系数 C 的不同假设。"p-y" 曲线法是目前对桩前地基抗力分析中的非线性分析方法，该法依赖于现场的试桩试验，得到荷载与位移曲线，可以较真实地反映现场实际情况，在目前也是发展较快的方法。

M1~M9 试验中得到的桩顶位移普遍较小，锚固桩地面处最大位移约 0.5 mm，因此考虑用 E. Winkler 弹性地基梁的方法对桩前地基抗力系数进行分析。分析中的假设为：a. 假设锚固桩底处水平位移为 0；b. 假设桩的计算宽度与模型锚固桩宽度相同。桩前地基土抗力系数的计算如式（3-10）~式（3-12）所列。

（1）由实测土压力计算桩前地基土抗力 p，即

$$p = eb_0 \tag{3-10}$$

式中：e——桩前地基土压力，kPa；

b_0——测力板宽度，m。

（2）由桩前地基抗力系数计算地基土抗力 p，即

$$p = kBs \tag{3-11}$$

式中：k——桩前地基抗力系数，kPa/m；

B——锚固桩计算宽度，取模型桩宽度，m；

s——锚固桩侧向位移量，m。

（3）由式（3-10）和式（3-11）可得桩前地基抗力系数 k 为

$$k = \frac{eb_0}{Bs} \tag{3-12}$$

根据以上假设及计算方法，得到的 M1~M9 桩前地基抗力系数沿桩长分布规律如图 3-30 所示。

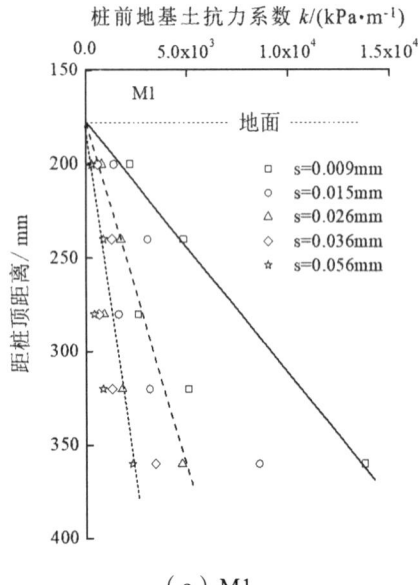

（a）M1

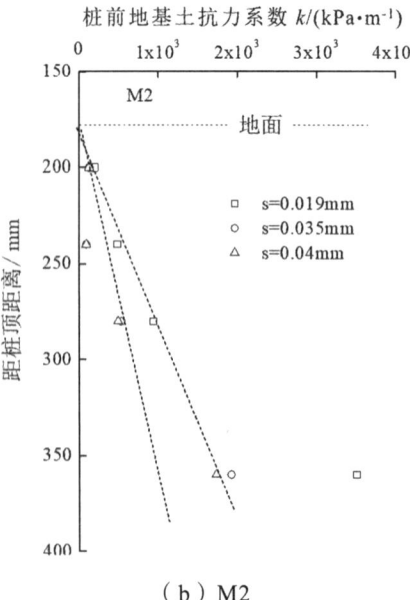

（b）M2

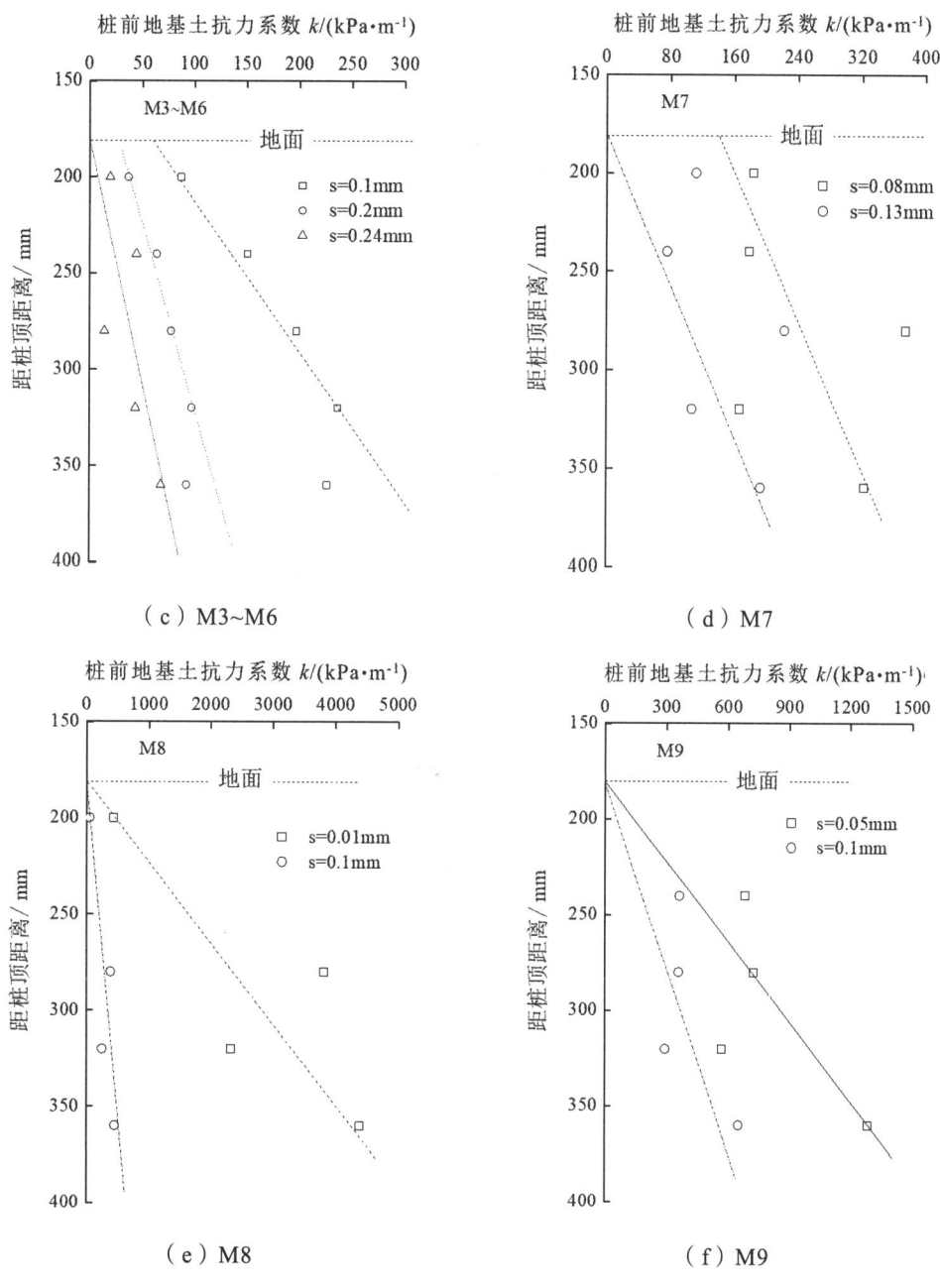

图 3-30 桩前地基抗力系数 k 分布

由图 3-30 可知，桩前地基抗力系数 k 随锚固深度基本呈线性增大的分布形式。对比 M1~M6 可以发现，在相同的桩顶位移情况下，比如 $s = 0.015$ mm 左右时，随桩前地基强度的降低，桩前地基土的变形增大，则桩前地基抗力系数 k 减小；由 M1 与 M7 的对比反映出，桩顶位移相同或接近的情况下，比如 $s = 0.06$ mm 左右时，随基岩强度的降低，桩前地基土的变形同样会增大，引起桩前地基抗力系数 k 减小；由 M1、M8 和 M9 的对比反映出，桩顶位移相同或接近的情况下，比如 $s = 0.01$ mm 左右时，随锚固桩悬臂段高度的增加，墙背土压力增加，使桩前地基土的变形增大，同样导致桩前地基抗力系数 k 减小。

3.5 小　结

通过 9 组不同桩前地基条件、基岩条件以及锚固桩悬臂段高度的路肩桩板墙离心模型试验数据的分析，可得到以下结论：

（1）9 组离心模型试验得到的墙背土压力沿墙高均呈非线性分布形式，土压力最大值出现在锚固桩悬臂段中下部分，距桩顶约 90~150 mm 位置处，与悬臂段长度的比值约 0.5~0.8。地面附近处（墙趾）的基底摩擦作用以及土拱效应的存在，使墙背土压力减小，也导致了土压力合力作用点平均值较三角形分布模式的理论值提高了约 52%，与现场测试结果基本一致。

（2）由 M1~M9 墙后不同深度处土压力系数 K_h 随桩顶位移的变化具有相同特点，即当桩顶位移不大于 0.05~0.13 mm，对应的与锚固桩转角为（1~3）×10^{-4} rad 时，由于墙-土摩擦作用，使墙背土压力系数减小不明显，之后随桩顶位移的增大，土体强度逐渐发挥，土压力系数 K_h 减小并趋于稳定，最终使墙背土压力达到主动状态，相应的桩顶位移与锚固桩悬臂段长度的比值介于 1‰~4‰，与一般认为的墙后填土为密实砂土时的刚性挡墙达到主动土压力状态所需的墙体位移与墙高的比值介于 1‰~5‰比较吻合。同时，墙后土体由静止状态达到主动土压力状态所需墙体位移量与应力水平有关，应力水平低的部位（墙后上部土体），所需墙体位移量较小，应力水平高的部位（墙后下部土体），要求的墙体位移量大，导致墙后上部土体先于下部达到主动土压力状态。

（3）根据墙背土压力随桩顶位移的变化规律，可将墙后土体从静止土压力状态至主动土压力状态的过程分为三个阶段，即：第一阶段是墙-土摩擦作用的逐渐发挥，其结果是墙背土压力减小不明显；第二阶段是墙-土摩擦作用保持不变，此时墙背处破裂面出现，而墙后土体抗剪强度发挥程度提高，其结果是大幅减小墙背土压力；第三阶段是墙后土体强度达到极限状态，并进入主动土压力状态，其结果是墙背土压力趋于稳定，墙后土体中破裂面出现。可见，墙-土摩擦作用先于墙后土体强度达到极限状态，且墙-土摩擦作用达到极限状态所对应的锚固桩转角平均值约为墙后土体强度达到极限状态时的 13%。

（4）桩前地基土抗力沿锚固段深度大致呈线性增大的分布规律，并随桩前地基条件的减弱以及荷载水平的提高（悬臂段高度的增加），桩前地基塑性区范围加大，使最大土抗力作用位置由地面以下锚固段长度 h_2 的 0.16 倍位置处降低至 0.33 倍。

【第4章】>>>>
高速铁路无砟轨道路肩桩板墙现场试验

4.1 工点概况

4.1.1 现场试验工点简介

在贵州某高铁和四川某高铁各选取一处路肩桩板墙典型工点进行现场试验。

工点一为贵州某高铁,地基自然坡度为 5°~45°,地基覆盖层为粉质黏土,层厚约 10 m,天然容重 $\gamma = 20.1 \text{ kN/m}^3$,天然含水率 $w = 24.8\%$,饱和度 $S_r = 100\%$,天然孔隙比 $e = 0.702$,$I_L = 0.1$,直剪快剪试验得到的 $C = 52.4 \text{ kPa}$,$\varphi = 13.2°$,压缩模量 $E_{s1-2} \approx 8.0 \text{ MPa}$;下伏基岩为页岩。桩体嵌固段长度为 16 m,埋入基岩内约 6 m,悬臂段设计长度 8 m。锚固桩为矩形截面,截面尺寸为 2 m×3 m,采用 C35 钢筋混凝土浇筑,换算截面惯性矩 $I_0 = 4.22 \text{ m}^4$,桩中心间距 5 m;挡土板尺寸为 4 m×0.35 m,厚度 0.35 m,采用 C35 钢筋混凝土预制,搭接于桩体上,每边搭接长度为 0.5 m;地基采用无桩帽的 CFG 桩处理,桩径 $\varphi = 0.5 \text{ m}$,桩间距 1.6 m;路堤填土采用 A、B 组填料,基床表层采用级配碎石填料。

工点二为四川某高铁,地基自然坡度 30°,地基覆盖层为粉质黏土,层厚约 2 m(施工中已挖除)。桩体嵌固段长度约 13 m,埋入弱风化基岩内约 10 m,悬臂段设计长度 10 m,桩体截面为矩形,截面尺寸为 2 m×2.75 m,采用 C35 钢筋混凝土浇筑,桩中心间距 6 m;挡土板尺寸为 6 m(长)×0.5 m(高),厚度 0.3 m,采用 C35 钢筋混凝土预制,搭接于桩体上,每边搭接长度为 1.0 m;路堤填土采用 A、B 组填料,基床表层采用级配碎石填料。试验工点断面及现场照片分别如图 4-1 和图 4-2 所示。

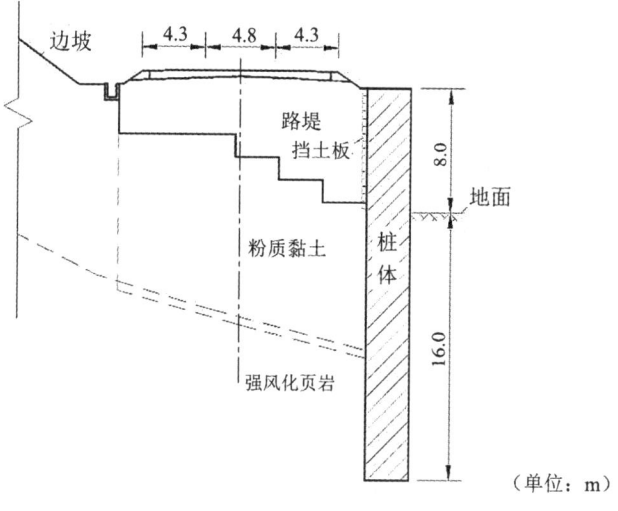

(a)工点一

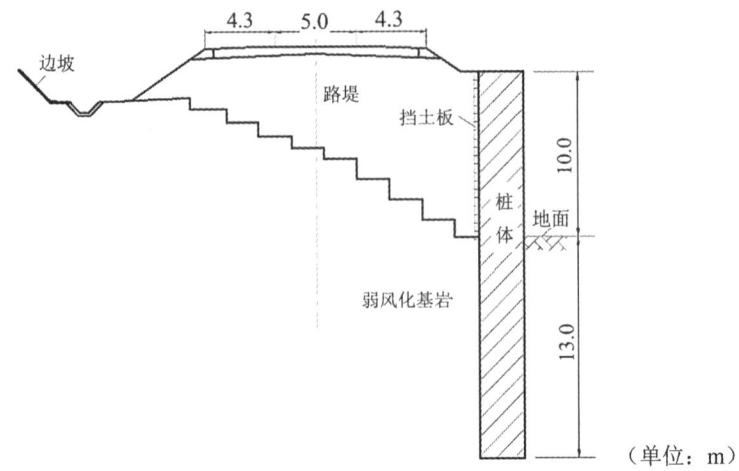

（b）工点二

图 4-1　试验工点桩板墙断面

（a）工点一

（b）工点二

图 4-2　试验工点现场照片

4.1.2　现场土样物理及力学性质

根据工点一取回的路堤 A、B 组填料及地基土样，按 TB10102《铁路工程土工试验规程》进行了室内物理及力学试验，其结果如下：

1. 路堤 A、B 组填料颗粒分析试验

A、B 组填料颗粒分析试验所用标准筛孔径分别为 60 mm、40 mm、20 mm、10 mm、2 mm、1 mm、0.5 mm、0.25 mm、0.075 mm，得到了该填料的粒径级配曲线及级配参数，如表 4-1 所列及图 4-3 所示。

表 4-1　路堤 A、B 组填料级配参数

级配参数	d_{10}/mm	d_{30}/mm	d_{50}/mm	d_{60}/mm	C_u	C_c
平均值	0.52	2.3	6.6	9.0	17.31	1.13

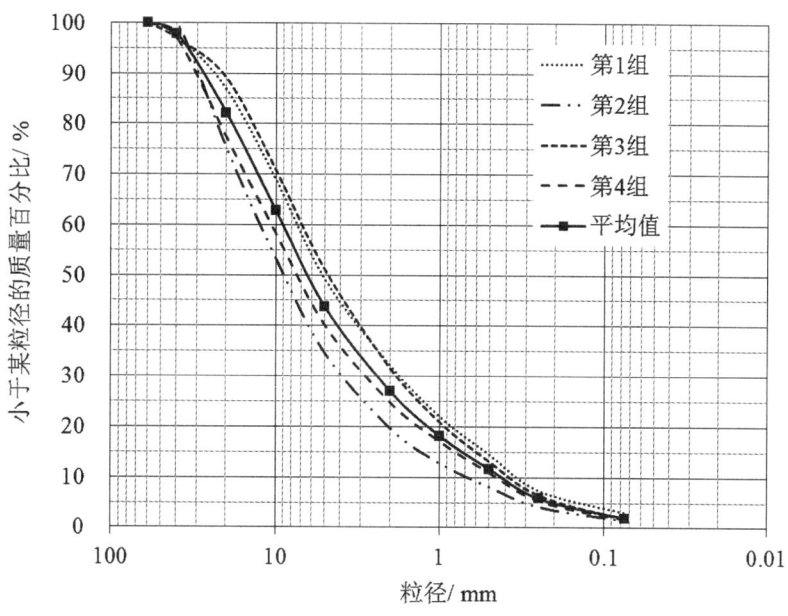

图 4-3 路堤 A、B 组填料级配曲线

2. 路堤 A、B 组填料击实试验

采用重型普氏击实法对 A、B 组填料进行击实试验，得到该填料最大干密度 $\rho_{dmax} = 2.37 \text{g/cm}^3$，最优含水率 $w_{op} = 4.3\%$，试验结果如图 4-4 所示。

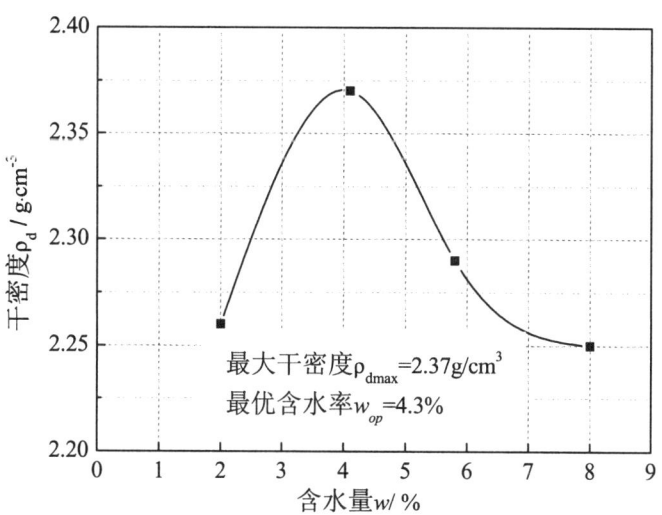

图 4-4 路堤 A、B 组填料击实曲线

3. 地基土物理性质

地基土物理性质试验包括地基土颗粒分析试验、颗粒密度试验以及液塑限试验，其试验结果如图 4-5 所示及表 4-2 所列。

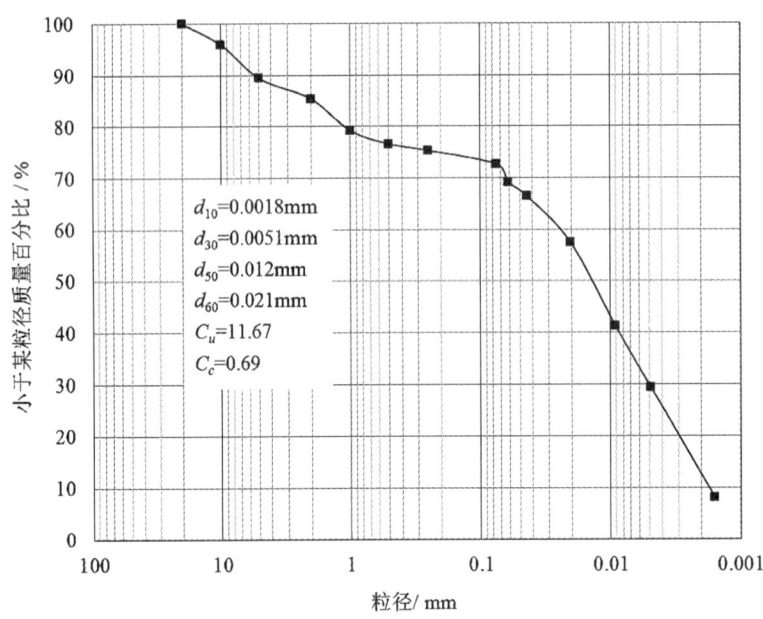

图 4-5 地基土粒径级配曲线及参数

表 4-2 地基重塑土物理性质及参数

参数	$\rho_{dmax}/(g·cm^3)$	w_{op}	G_s	I_{p10}	I_{p17}	w_p	w_{L17}
值	1.81	14.07%	2.73	13.71	19.82	23.06%	42.89%

4. 地基土力学性质

根据现场取回的重塑土样及现场原位土样的物理性质，可得到现场原位土样相当于重塑土体压实系数为 0.9，因此地基土力学性质试验包括压实系数为 0.9、0.95 的饱和与非饱和状态下的不排水直剪快剪试验以及压实系数为 0.9、0.95 饱和与非饱和状态下的无侧限压缩试验，得到重塑土样的力学指标如图 4-6、图 4-7 所示及表 4-3 所列。

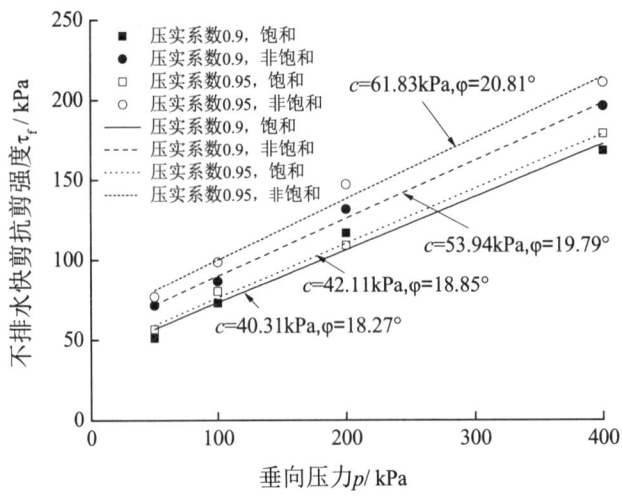

图 4-6 地基土不排水直剪快剪试验曲线

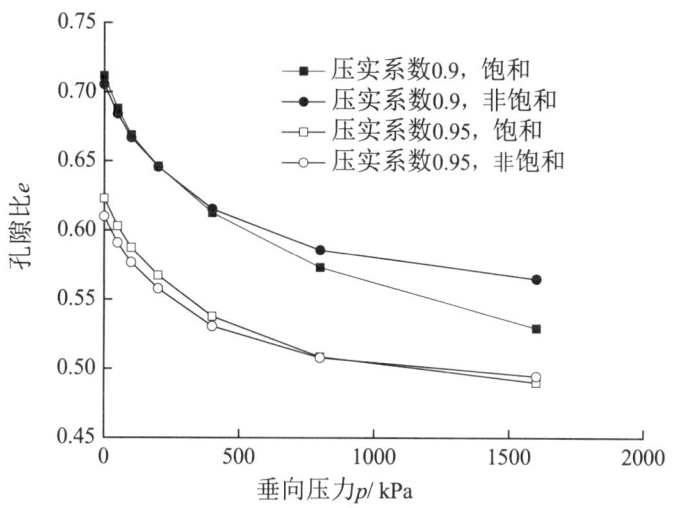

图 4-7 地基土无侧限压缩试验曲线

表 4-3 地基土力学指标汇总

压实系数	0.9		0.95	
	饱和	非饱和	饱和	非饱和
C/kPa	40.31	53.94	42.11	61.83
φ	18.27°	19.79°	18.85°	20.81°
$E_{s1\text{-}2}$/MPa	7.58	8.03	8.01	8.52

说明：表中 $E_{s1\text{-}2}$ 为 100~200 kPa 压力段的压缩模量。

4.1.3 试验过程

1. 工点一

该试验工点自 2011 年 4 月开始进场调查。2011 年 7 月下旬，正式进场埋设测试元件，至 2011 年 7 月 26 日，完成抗滑桩内所有测试元件的埋设。2012 年 7 月 22 日至 2012 年 7 月 30 日，完成地基中测试元件的埋设。2012 年 8 月 5 日，路堤填筑正式开始，至 2012 年 10 月 5 日，路堤填筑至设计标高，其间完成了挡土板上测试元件、路堤内部的测试元件。2013 年 1 月初，路基面钻孔埋设路堤压缩变形测试元件。

2014 年 9 月 1 日，铁路开始联调联试。2014 年 11 月 17 日完成太阳能智能采集无线传输系统的安装，2015 年 5 月该系统异常，但由于工点已封闭，无法进入维修。

2. 工点二

该试验工点自 2011 年 12 月开始进场调查。2011 年 12 月下旬，在浇筑过程中完成了桩内两根 24 m 测斜管的埋设。2012 年 3 月 4 日进场埋设试验仪器。2012 年 3 月上旬,施工单位开始挂挡土板及填筑路堤。根据试验方案和施工进度依次埋入土压力盒、荷重计、垂向应变计及水平位移计。8月3日路基填筑至设计标高,至8月28日,全部测试仪器均已埋设完成。2014年4月后,测试采集系统出现故障。2015年9月16日,铁路开始联调联试。

4.2 现场试验研究目的

根据国内外已有试验研究成果,结合高速铁路路基支挡结构特点,开展了高速铁路无砟轨道路肩桩板墙的受力特性、锚固桩侧向位移状态以及桩前地基变形规律的现场试验,其研究目的主要有:(1)掌握路肩桩板墙受力特性;(2)掌握桩前后地基抗力的分布特征;(3)掌握桩前地基土变形特性;(4)掌握锚固桩侧向位移对墙后路堤沉降变形的影响规律。

4.3 现场试验方案

根据现场试验研究目的,对桩板墙墙背土压力、锚固桩内力、锚固桩侧向位移、桩前地基土变形以及路堤变形进行长期监测,现场试验测试元件汇总如表4-4所列。

表4-4 现场试验测试元件汇总

测试项	传感器	安装位置	工点一	工点二
锚固桩内力	钢筋计	桩体迎土面受拉区主筋	√	×
	砼应变计	桩体背土面受压区主筋		
桩身侧向位移	测斜管	桩体通长	√	√
	位移计	桩顶处	√	√
墙背土压力	土压力盒	挡土板	√	√
桩前地基土变形	位移计	桩孔内	√	×
		桩前地面以下地基内		
路堤变形	位移计	路堤内	√	√

注:"√"表示有此试验项,"×"表示没有此试验项。

4.3.1 桩板墙墙背土压力测试

两处工点均在两根锚固桩间的挡土板上布置钢弦式双膜大土压力盒,测试桩板墙墙背土压力大小及其沿墙高的分布规律,同时测试了锚固桩悬臂段中间位置处挡土板上土压力沿板长方向的分布规律。土压力盒的具体布置如图4-8所示,现场试验照片如图4-9所示。

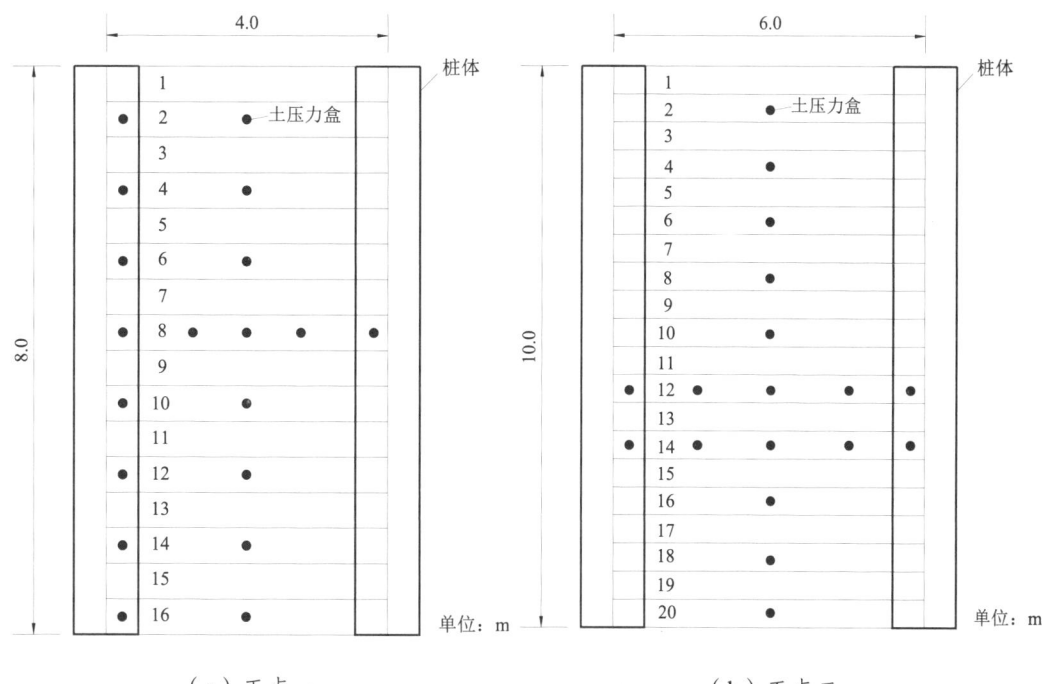

(a)工点一　　　　　　　　　　　(b)工点二

图 4-8　现场试验土压力盒布置

(a)工点一　　　　　　　　　　　(b)工点二

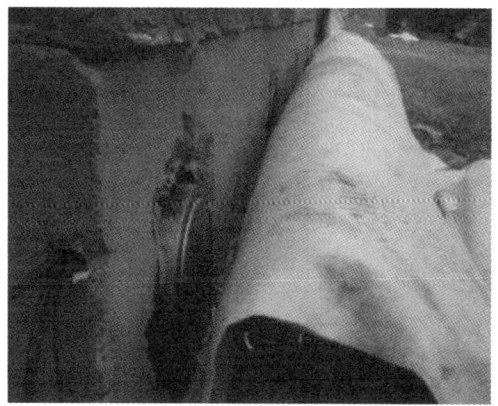

图 4-9　现场土压力盒安装照片

4.3.2　锚固桩内力测试

在试验断面中部的锚固桩内迎土侧的主筋上（受拉区）沿桩长均布钢筋计，同时在背土侧主筋上（受压区）与钢筋计相对的位置安装混凝土应变计，测试桩体的弯矩沿桩长的分布规律，同时对挡土板上的土压力盒所测得的土压力进行验证。钢筋计上的钢筋与锚固桩迎土侧主筋型号及尺寸相同，钢筋计及混凝土应变计的具体布置如图 4-10 所示，现场试验照片如图 4-11 所示。

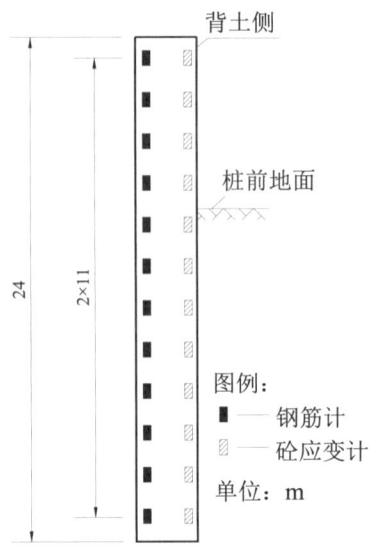

图 4-10 锚固桩内力测试元件布置

（a）钢筋计安装　　　　　　　　（b）混凝土应变计安装

图 4-11 锚固桩内力测试元件安装照片

4.3.3 锚固桩侧向位移测试

两处工点均对锚固桩侧向位移进行测试。锚固桩侧向位移采用两种方法进行测试：一是在锚固桩浇筑前的桩孔内通长安装测斜管，测试锚固桩在路堤荷载作用下，其侧向变形的发展变化规律；二是在锚固桩迎土侧安装位移计，对锚固桩侧向变形进行长期持续的监测，反映桩体侧向变形长期发展趋势，其中工点一位移计布置在桩顶以下 1.5 m 处，工点二位移计沿锚固桩悬臂段均布。锚固桩侧向位移测试元件布置如图 4-12 所示，现场试验照片如图 4-13 所示。

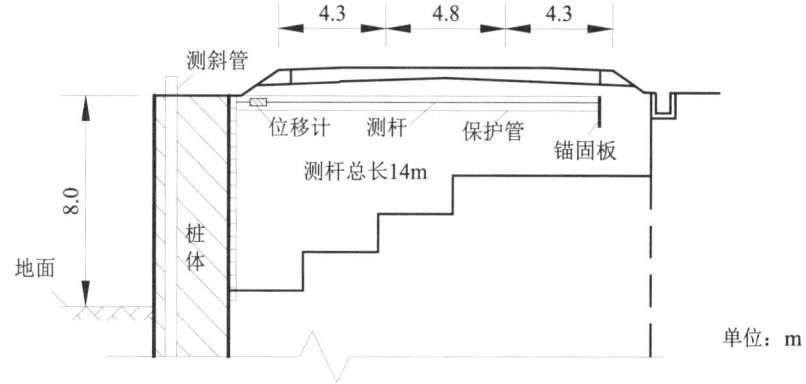

（a）工点一测斜管及桩顶处位移计布置

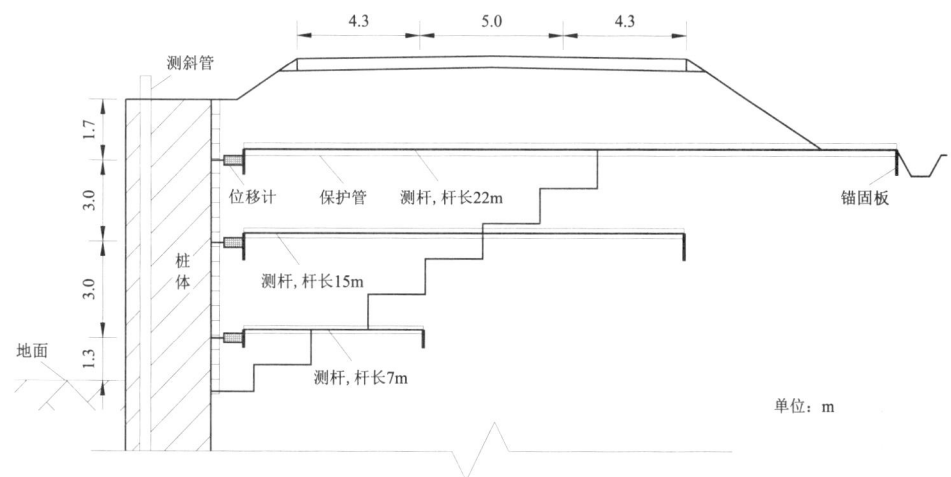

（b）工点二测斜管及桩顶处位移计布置

图 4-12 锚固桩侧向变形测试元件布置

图 4-13 锚固桩迎土面位移计安装照片

4.3.4 桩前地基土变形测试

在工点一试验断面中部的锚固桩桩前地基土中布置位移计，测试桩前地基土的变形。位移计的安装分两阶段进行：第一阶段在锚固桩浇筑前的桩孔内，地面以下锚固桩背土侧沿地基水平方向 0.5 m 的区域内，利用自制锚具安装位移计，测试地基土 500 mm 范围内的变形及其沿桩长的分布规律；第二阶段在锚固桩浇筑完成后，在地面以下 1.5 m 处的桩前地基中通过开槽的方式安装位移计，测试桩前地基土变形在水平方向的影响范围。桩前地基土变形测试元件布置如图 4-14 所示，现场试验照片如图 4-15 所示。

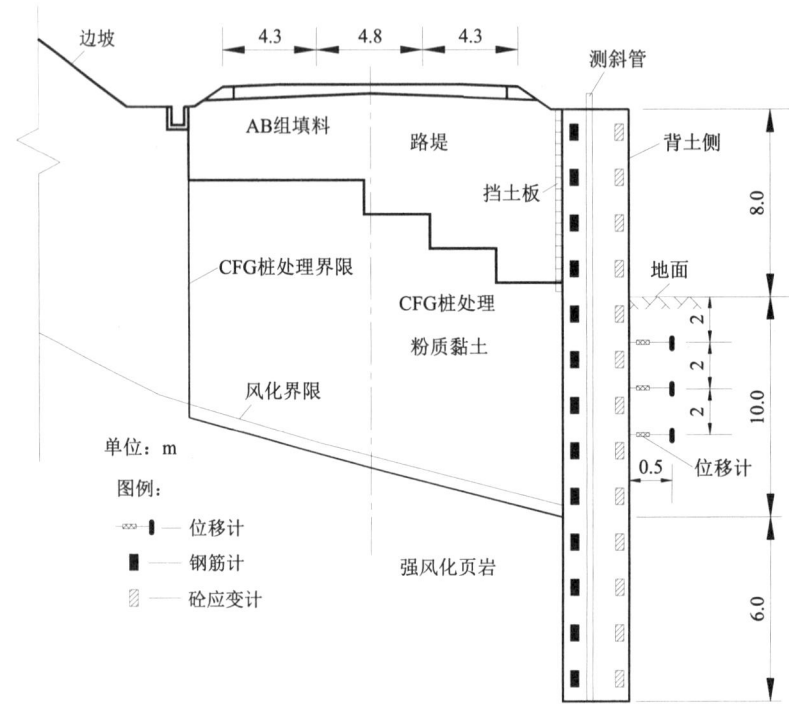

（a）桩孔内位移计布置（第一阶段）

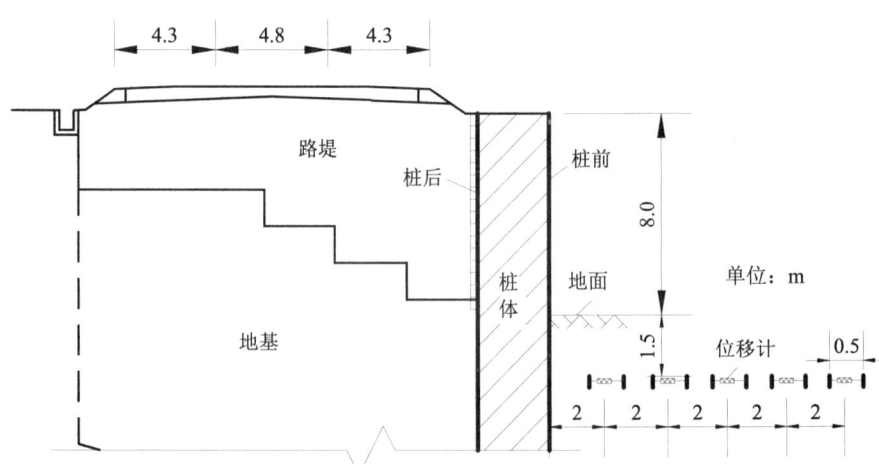

（b）桩外地基土变形位移计布置（第二阶段）

图 4-14　桩前地基土变形测试元件布置

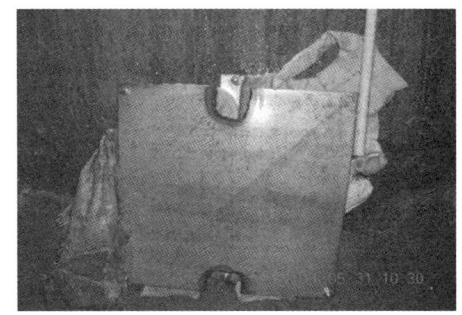

（a）桩孔内位移计安装照片

（b）桩外桩前地基内位移计安装照片

图 4-15　桩前地基土变形测试元件安装照片

4.3.5　路堤变形测试

路堤变形测试包括路堤侧向变形及路堤垂向变形，两处工点均在试验断面的路堤内距桩顶以下 1.5 m 处沿路堤水平方向以及沿路堤深度方向布置位移计，测试路堤侧向变形沿路堤水平向的影响范围及路堤垂向变形的分布规律。路堤变形测试元件布置如图 4-16 和图 4-17 所示，现场试验照片如图 4-18 所示。

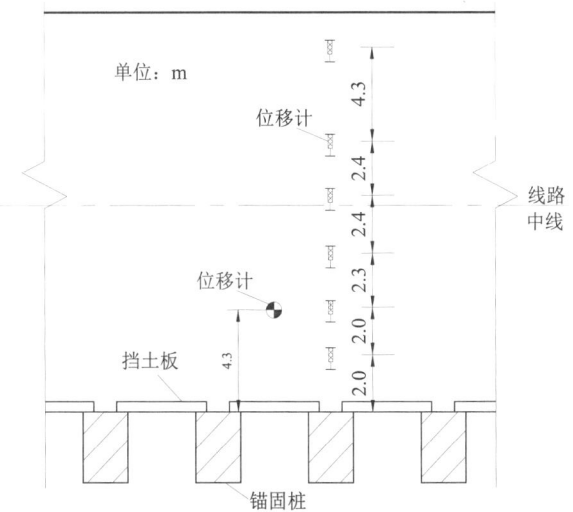

（a）路堤变形测试元件布置平面图（工点一）

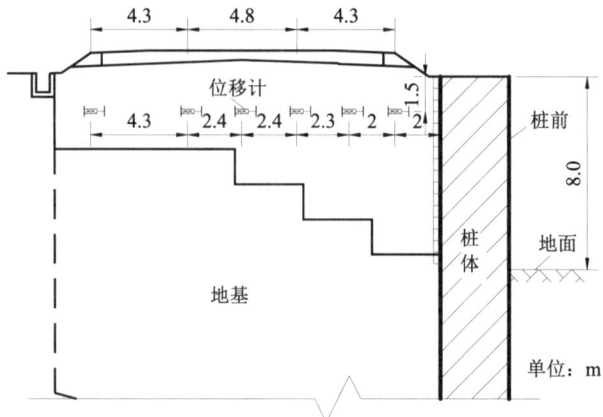

(b)路堤侧向变形测试元件布置剖面图(工点一)

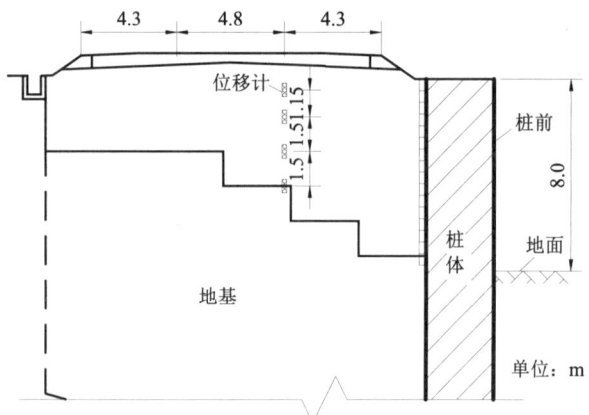

(c)路堤垂向变形测试元件布置剖面图(工点一)

图 4-16　工点一路堤变形测试元件布置

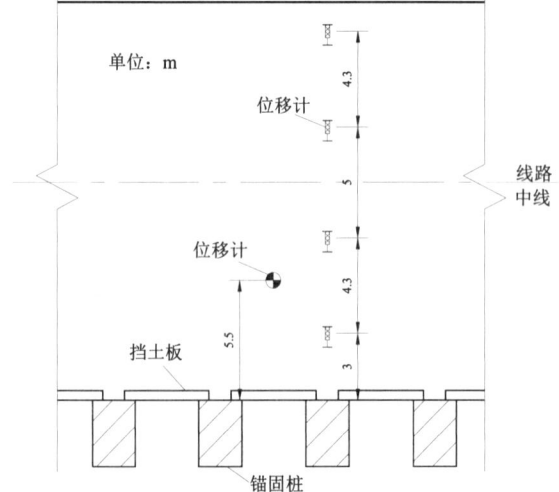

(a)路堤变形测试元件布置平面图(工点二)

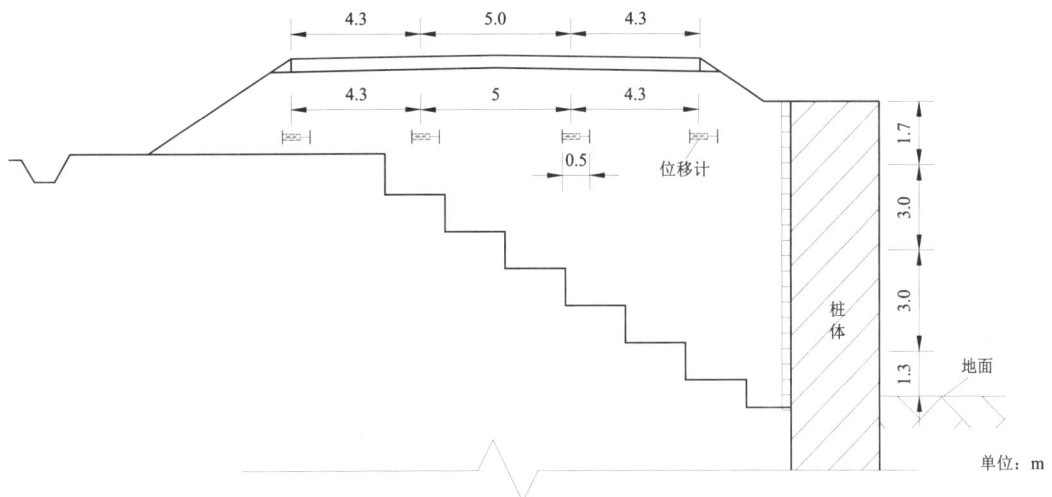

（b）路堤侧向变形测试元件布置剖面图（工点二）

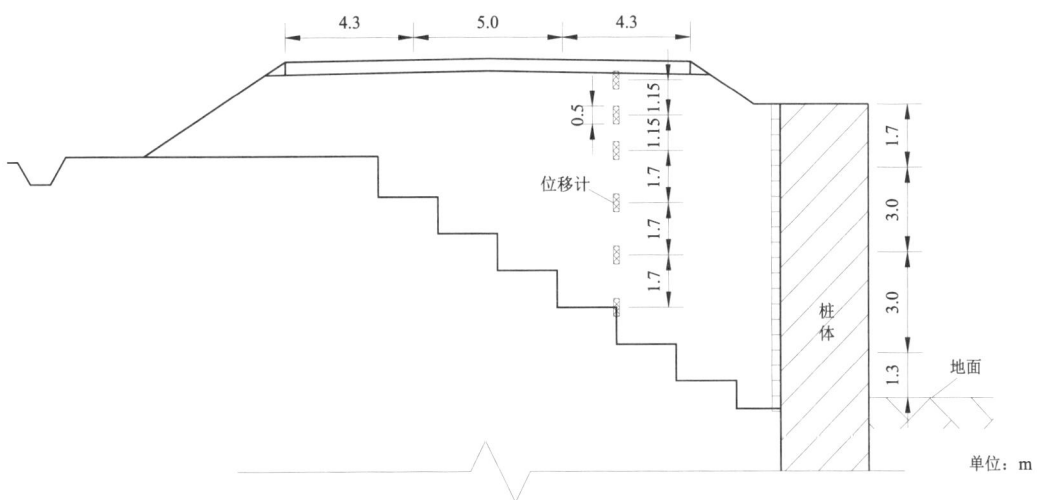

（c）路堤垂向变形测试元件布置剖面图（工点二）

图 4-17　工点二路堤变形测试元件布置

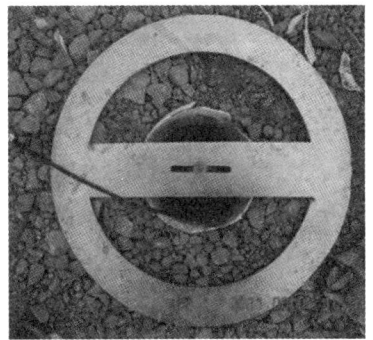

（a）路堤垂向变形测试元件安装照片

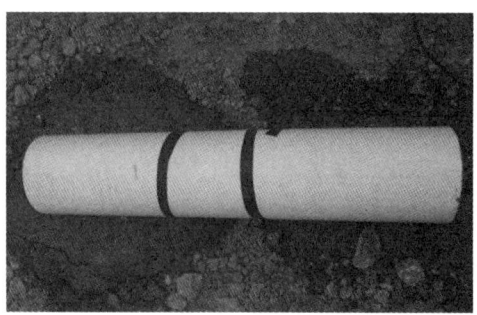

（b）路堤水平变形测试元件安装照片

图 4-18　路堤变形测试元件安装照片

4.4　现场试验数据分析

4.4.1　墙背土压力

对两处试验工点的桩板墙墙背土压力进行了长期观测，得到了墙背土压力沿墙高以及沿挡土板长方向分布规律，如图 4-19 和图 4-20 所示。其中，工点一的墙背土压力为路堤填筑完成后的数据（数据起点为土压力盒埋设完成后的初值）；土压力沿板长分布曲线给出了距桩顶 4.75 m 处的挡土测试值。工点二包括填筑过程中及填筑后的数据。图中 E_0 状态代表静止土压力的理论值（静止土压力系数 $K_0 = 1-\sin\varphi$），E_a 状态代表库仑（Coulomb）主动土压力的理论值（墙土摩擦角取 0.5φ），工点一路堤 A、B 组填料容重 $\gamma = 22.9$ kN/m³（按压实系数 0.92 计算所得），综合内摩擦角 $\varphi \approx 40°$[131]，工点二未取路堤填料样品，其填料容重和综合内摩擦角按工点一数据取值。

图 4-19（a）中的墙背土压力是挡土板跨中与板端土压力盒测试值的均值，由于板端土压力盒与路堤填料存在接触不良的问题，大部分测试值偏低（如图 4-21 所示），不能反映真实土压力状况，故墙背土压力使用挡土板跨中土压力盒的测试值。

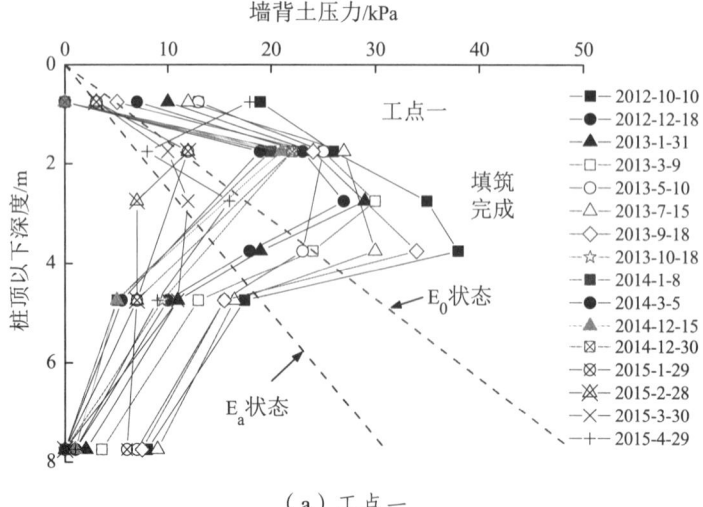

（a）工点一

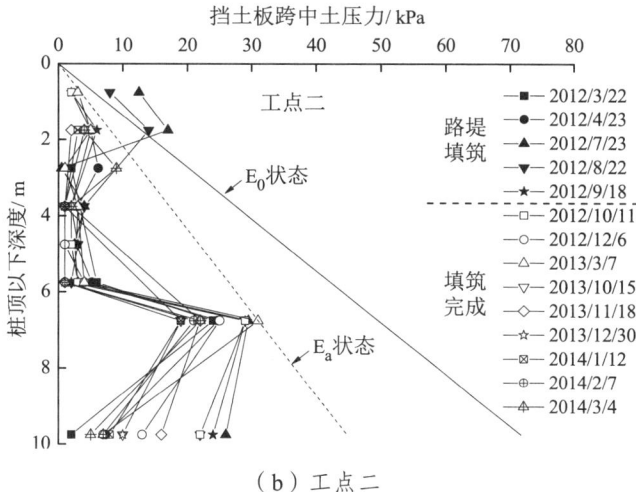

（b）工点二

图 4-19 墙背土压力沿墙高分布曲线

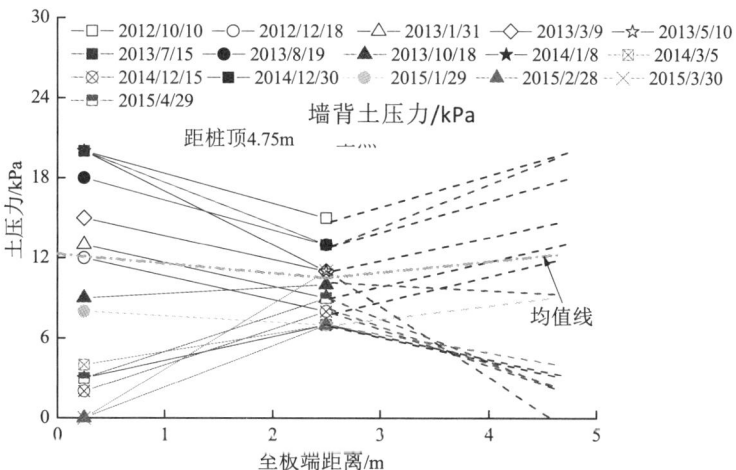

图 4-20 土压力沿挡土板长方向分布曲线（工点一）

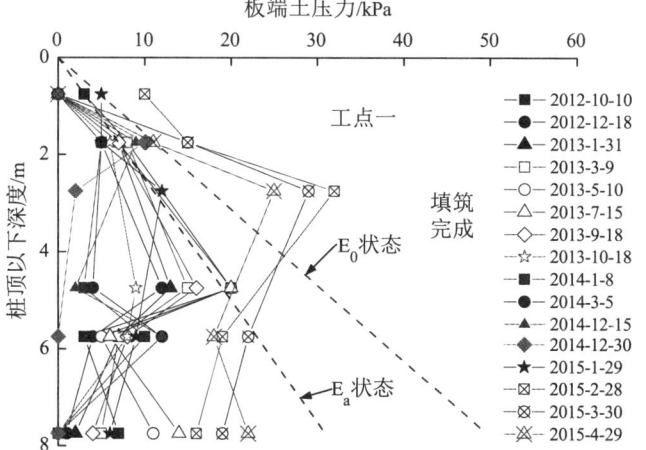

图 4-21 工点一挡土板边土压力分布曲线

对于两处工点，由图4-19可知，墙背土压力沿墙高呈非线性分布，并且地面附近，由于基底对填料的摩擦作用，使得土压力值明显减小。距桩顶0～4 m范围内，在填筑完成初期，由于机械碾压作用，在墙后上部土体中形成较大初始应力，使土压力测试值明显大于静止土压力，但随时间的增长，桩顶位移逐渐增大，初始应力得以释放，使墙后上部土压力逐渐减小。同时，由图4-20可知，桩顶以下4.75 m处挡土板在测试前期板端土压力大于跨中土压力，而后期板端土压力出现明显波动，但从整个测试期来看，板端土压力均值与跨中均值基本一致，可认为土压力沿板长方向大致为均匀分布。

为进一步分析桩板墙墙背土压力的变化规律，选择工点一进行详细分析。根据图4-19（a）墙背土压力分布图形的面域质心，可以得到土压力合力作用点位置的变化趋势，如图4-22所示，图中纵坐标表示土压力合力作用点距地面高度与悬臂段长度h的比值。

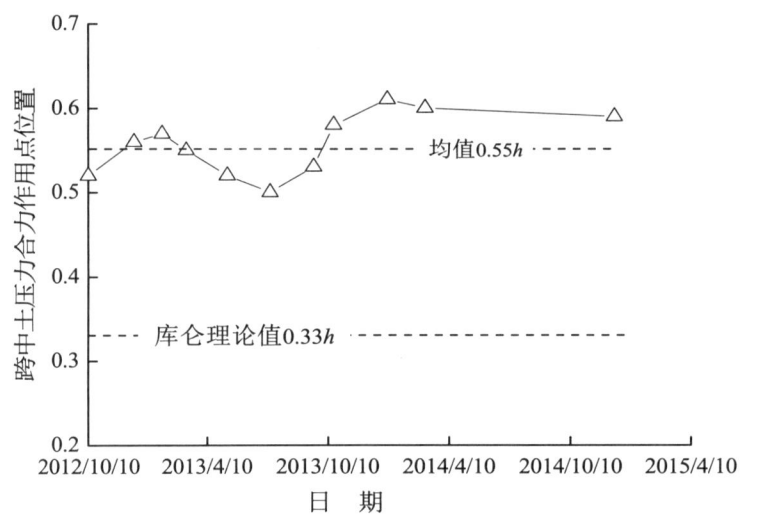

图4-22 墙背土压力合力作用点位置

由图4-22可知，土压力合力作用点位置随路堤放置期的增长总体呈提升的趋势，由$0.52h$提升至$0.60h$，平均值约$0.55h$，明显高于$0.33h$的库仑理论值，较库仑理论值提高了45%～82%，但在观测末期合力作用点位置逐渐趋于稳定。

通过对图4-19（a）土压力分布曲线的积分，可得到工点一墙背总土压力，如图4-23所示，由于2013-10-18以后，距桩顶2.75～3.75 m土压力盒损坏，故计算总土压力时，将该深度范围内土压力值用1.75 m处的测试值代替。

由图4-23可知，随时间的增长，墙背总土压力逐渐减小，在2012-12-28至2014-1-8期间，土压力均值约167 kN/m，约为库仑（Coulomb）主动土压力的1.2倍，在观测后期，即2014-1-8至2014-12-15期间，总土压力逐渐趋于稳定，平均值约为119 kN/m，略低于库仑主动土压力。但从整个测试期的数据来看，墙背总土压力平均值约143 kN/m，与库仑主动土压力一致。

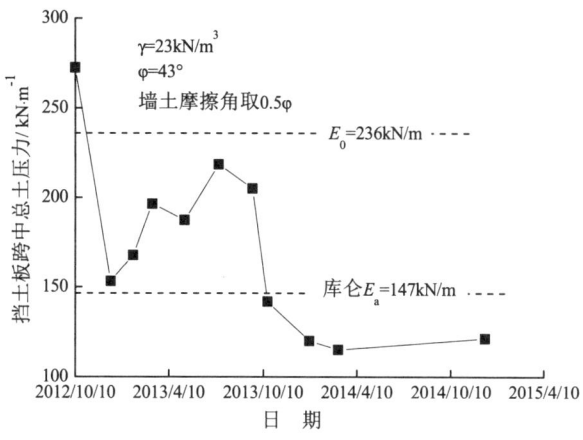

图 4-23 墙背总土压力

4.4.2 锚固桩内力

工点一，利用锚固桩内受拉区布置的钢筋计和受压区混凝土应变计，对锚固桩内力进行了长期观测，根据式（4-1）得到了锚固桩弯矩 M 沿桩长的分布情况，如图 4-24 所示。

$$M = \frac{E_c I_0 (\sigma_1 - \sigma_2)}{E_s d} \tag{4-1}$$

式中：E_c、E_s——分别为混凝土、钢筋计的弹性模量，MPa；

I_0——锚固桩换算截面惯性矩，m^4；

d——相同高度处钢筋计和混凝土应变计的距离，m；

σ_1、σ_2——受拉区钢筋计应力、受压区砼应变计应力，受拉取"拉区"，受压取"受压"，kPa。

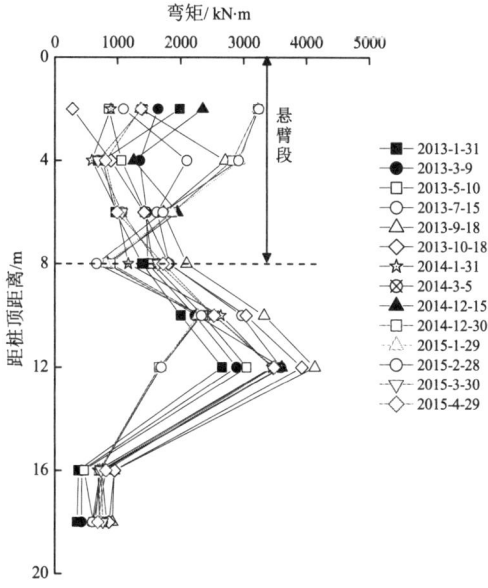

图 4-24 锚固桩弯矩分布

由于受压区采用的是混凝土应变计,需假定受压区混凝土应变计与受压区主筋具有相同的应变。钢筋计是根据锚固桩受拉区主筋设计尺寸而定制的,与受拉区主筋型号及尺寸相同,桩体受拉区、受压区主筋型号及直径分别为 HRB400(Ø25 mm)、HRB335(Ø16 mm),桩体混凝土标号为 C35,由《混凝土结构设计规范》(GB 50010—2010)表 4.1.5 和表 4.2.5 查得,受拉区和受压区主筋弹性模量 E_s 均为 200 GPa,C35 混凝土弹性模量 E_c 为 31.5 GPa,一对钢筋计与混凝土应变计的距离 $d = 2\,770$ mm,锚固桩换算截面惯性矩 $I_0 \approx 4.22$ m^4。

由图 4-24 可知,锚固桩弯矩沿桩长呈类似于抛物线型的分布规律,其最大弯矩位于地面以下 4 m 处,为锚固段长度的 1/4。测试期内地面处弯矩介于 900~2 100 kN·m,基本接近由库仑(Coulomb)主动土压力反算得到的地面处弯矩 1 940 kN·m。

4.4.3 锚固桩侧向位移

两处工点锚固桩侧向位移由两种方法进行监测:一是锚固桩内通长布置的测斜管进行测试;二是锚固桩迎土侧布置的位移计,便于线路通车后进行持续监测。

1. 锚固桩桩长方向侧向位移

锚固桩侧向位移沿桩长的分布情况如图 4-25 所示,图中数据计算起点均为路堤填筑前。

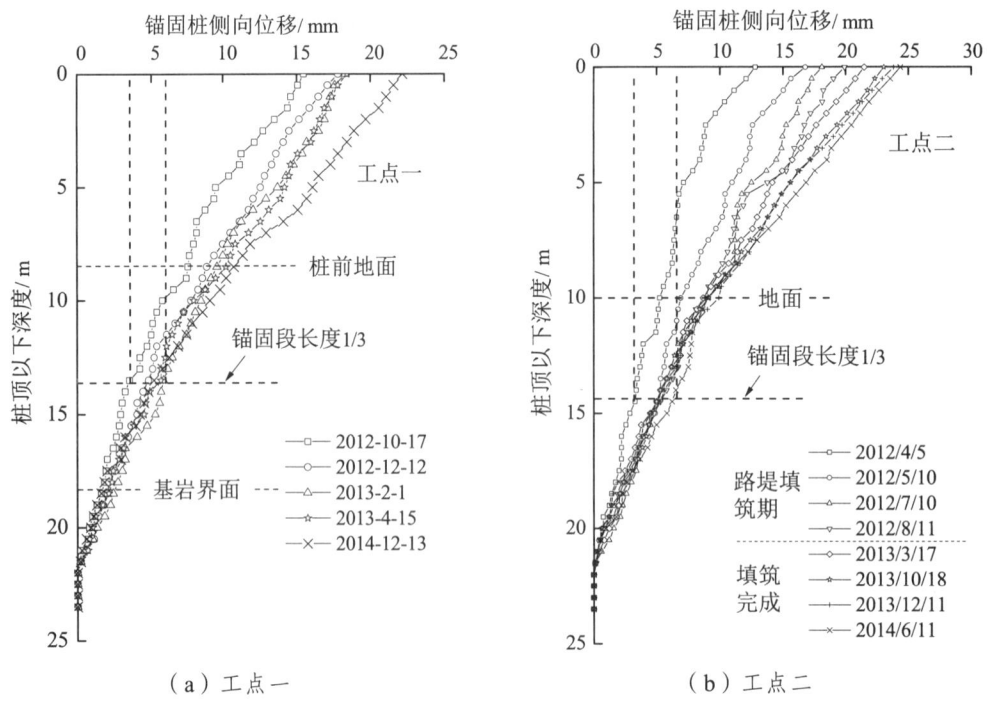

图 4-25 锚固桩侧向位移沿桩长分布

由图 4-25 可知,两处工点锚固桩均沿桩底向临空面方向发生转动,观测末期工点一桩顶最大侧向位移量约 22.2 mm,与锚固桩悬臂段长度(8 m)的比值约 2.8‰,相应的锚固桩转角约 9.2×10⁻⁴ rad（假定锚固桩绕桩底转动）；工点二桩顶最大侧向位移量约 24.35 mm，与锚固桩悬臂段长度（10 m）的比值约 2.2‰，相应的锚固桩转角约 1.06×10⁻³rad（假定锚固桩绕桩底转动）。

从锚固桩侧向位移沿桩长的分布形态来看，符合刚性桩的变形特征。刚性桩或弹性桩判断方法如式（4-2）所列。

$$\left.\begin{array}{l} \alpha h \leqslant 2.5,\text{属刚性桩} \\ \alpha h > 2.5,\text{属弹性桩} \end{array}\right\} \quad (4\text{-}2)$$

式中：α——桩的变形系数，m⁻¹；$\alpha = \sqrt[5]{\dfrac{mb_0}{EI}}$；

h——桩的锚固深度，m；

m——地基土水平抗力的比例系数，kPa/m²；

b_0——桩的计算宽度，m；$b_0 = b+1$；

b——桩的宽度，m；

E——桩的弹性模量，kPa；

I——桩的截面惯性矩，m⁴。

地基土比例系数 m 按《铁路路基支挡结构设计规范》（TB 10025—2006）中附表 B.2 取值，如表 4-5 所列。

表 4-5 地基土水平抗力系数的比例系数 m 值

序号	地基土名称	水平方向 m / (10³ kPa/m²)	地面处桩水平位移/mm
1	软塑（0.75<I_L<1）状黏性土及粉质黏土；淤泥	0.5～1.4	6～10
2	软塑（0.5<I_L<0.75）状粉质黏土及黏土	1.0～2.8	
3	硬塑粉质黏土及黏土；细砂和中砂	2.0～4.2	
4	坚硬的粉质黏土及黏土；粗砂	3.0～7.0	
5	砾砂；碎石土、卵石土	4.0～14	
6	密实的大漂石	40～84	

注：I_L 为土的液性指数。

由于桩板墙在地面处土体无上覆土层的约束，在墙背土压力的作用下，很容易达到塑性状态，导致桩在该处的水平位移量较大，用 6~10 mm 的水平位移衡量锚固段地基的 m 值不够合理。而《铁路路基支挡结构设计规范》（TB 10025—2006）对锚固段桩前地基土侧应力需要校核点的深度为地面以下锚固段长度的 1/3 处，用该处桩的水平位移衡量锚固段地基的 m 值比较合适。

从图 4-25 中可以得到，工点一在该处桩的水平位移量约 3~6 mm。地基原状土 $I_L = 0.1$，为硬塑状粉质黏土，根据表 4-5，对应的 m 值为 2 000～4 200 kPa/m²，平均地基水平抗力系数的比例系数 $m = 3 100$ kPa/m²，锚固桩锚固深度 $h = 16$ m，桩的宽度 $b = 2$ m，其计算宽度 $b_0 = b+1 = 3$ m，锚固桩混凝土为 C35，其弹性模量 $E = 3.15 \times 10^7$ kPa，则 $\alpha h = 2.26 < 2.5$，可判断锚固桩为刚性桩，同时从图 4-25（a）锚固桩实际侧

向位移形态来看，锚固桩侧向位移也符合刚性桩的侧向位移特征。

由于工点一锚固桩为刚性桩，刚性桩的转动中心表达式如式（4-3）所示。

$$y_0 = \frac{h_2(9h_2+4h_1)}{6(h_1+2h_2)} \quad (4-3)$$

式中：h_1——悬臂段长度，m；

h_2——锚固段长度，m。

由式（4-3）可得到工点一锚固桩转动中心与地面距离 $y_{01} \approx 11.7$ m，工点二转动中心与地面的距离 $y_{02} \approx 9.4$ m，则工点一在观测末期得到的锚固桩转角约 1.1×10^{-3} rad，工点二在观测末期得到的锚固桩转角约 1.25×10^{-3} rad。

2. 锚固桩迎土侧位移计数据

自 2012 年 5 月起对锚固桩特定位置处的侧向位移进行了长期观测，得到了锚固桩侧向位移的变化规律，如图 4-26 所示。

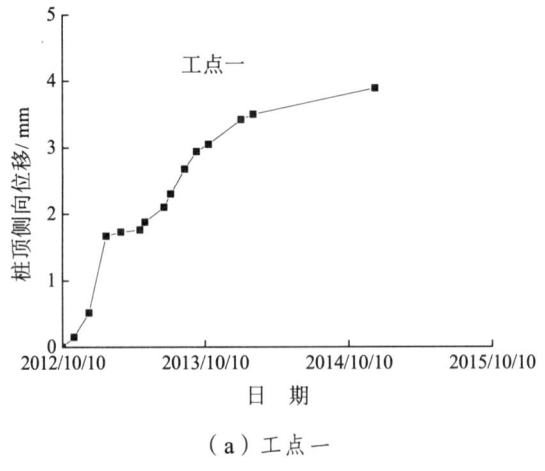

（a）工点一

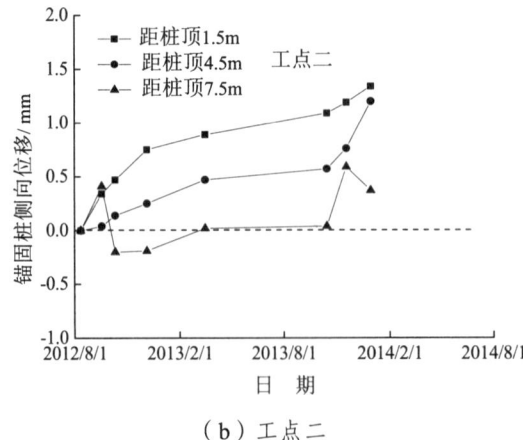

（b）工点二

图 4-26 锚固桩特定位置处侧向位移

由图 4-26 可知，桩顶侧向位移随时间逐渐趋于稳定。其中，工点一距桩顶 1.5 m 处工后侧向位移约 3.80 mm，工点二距桩顶 1.5 m、4.5 m、7.5 m 处的工后侧向位移分别约为 1.34 mm、1.20 mm 和 0.37 mm。为反映测试结果的合理性，将桩顶附近测斜管数据与位移计测试数据进行比较，如表 4-6 所列。

表 4-6　锚固桩桩顶附近测斜管与位移计测试数据对比（单位：mm）

日期	工点一 距桩顶 1.5 m			工点二 距桩顶 1.5 m		
	测斜管测试数据	位移计数据	相对误差（%）	测斜管测试数据	位移计数据	相对误差（%）
2012/8/11	—	—	—	3.85	3.47	11.0
2012/12/12	2.00	2.80	28.6	—	—	—
2013/2/1	2.50	2.83	11.7	—	—	—
2013/3/17	—	—	—	4.97	4.36	14.0
2013/4/15	2.70	2.89	6.6	—	—	—
2013/10/18	—	—	—	4.10	4.56	11.8
2013/12/11	—	—	—	4.17	4.81	7.5

说明：由于测斜管数据起点与位移计数据起点不同，故将测斜管数据数据起点调整与位移计起点相近或相同。

由表 4-6 可知，两种测试方法所测得的数据比较接近，最大差值约 0.8 mm，反映了锚固桩侧向位移测试系统比较合理，所测得的数据能较好也反映锚固桩侧向位移的变化规律。

3. 工后锚固桩体侧向位移的预测

工后锚固桩体侧向位移的最终值是判断桩板墙结构能否满足长期服役性能要求的关键指标，但由于测试时间及测试传感器生命周期的限制，无法获得最终测试值。但可以根据现有测试数据，借鉴沉降评估的方法，采用合理的预测模型如双曲线模型，对锚固桩最终侧向位移进行预测。

两种测试方法比较而言，位移计的测试精度要高于测斜管，因此本次预测选择位移计的工后锚固桩桩顶以下 1.5 m 处的测试数据进行预测。

预测模型选用双曲线模型，即从填土开始到任意时间 t 的侧向变形量 S_t 可用式（4-4）求得：

$$S_t = S_0 + \frac{t}{\alpha + \beta t} \tag{4-4}$$

S_t——t 时的侧向位移量（cm）。

S_0——$t = 0$ 时的初始侧向位移量（cm），应从铺轨之日起计算，但不掌握具体日期，因此以路基填至设计标高之日为起算点。

t —— 经过的时间（天）。

α、β —— 用侧向位移观测-时间实测值经过回归求得的两个常数。

根据式（4-4）可得：

$$t/(S_t-S_0) = \alpha+\beta t \tag{4-5}$$

用侧向位移观测时间数据，通过对 $t/(S_t-S_0)$ 和 t 的数据进行线性回归分析，求出 α 和 β，即可求出任意时间的侧向位移。当 $t=\infty$ 时，锚固桩最终侧向位移为：

$$S_\infty = S_0+1/\beta \tag{4-6}$$

工点一的计算数据如表 4-7 所列。图 4-27 为对应的预测回归。

由图 4-27 可知，β 为 0.20，由于 $S_0=0$，故工后侧向位移最终预测值为 $S_\infty = 1/\beta$，即 4.0 mm。锚固桩桩顶以下 1.5 m 处的未完成的侧向位移为 1.03 mm，可以认为桩侧移已基本完成。测斜管的测试结果表明，锚固桩的位移近似为绕桩底向外（远离路基方向）转动。测试工点桩长为 26 m，由此反算得到桩顶最终侧向位移为 4.31 mm。

工点二的测试系统故障，工后有效数据的采集时间不足。

表 4-7 工点一锚桩桩体侧向位移（桩顶以下 1.5 m）预测计算数据

日期	位移量/mm	时间增量 t/d	位移增量 S_t-S_0/mm	$t/(S_t-S_0)$
2012-10-10	1.13	0	0.00	0.00
2013-1-31	2.8	113	1.67	67.66
2013-3-9	2.86	150	1.73	86.71
2013-4-27	2.89	199	1.76	113.07
2013-5-10	3.01	212	1.88	112.77
2013-6-28	3.23	261	2.10	124.29
2013-7-15	3.43	278	2.30	120.87
2013-8-19	3.81	313	2.68	116.79
2013-9-18	4.07	343	2.94	116.67
2013-10-18	4.18	373	3.05	122.30
2014-1-8	4.55	455	3.42	133.04
2014-2-8	4.63	486	3.50	138.86
2014-12-15	4.02	796	3.89	204.63
2014-12-30	4.04	811	3.91	207.42
2015-1-29	4.05	841	3.92	214.54
2015-2-28	4.13	871	4.00	217.75
2015-3-30	4.07	901	3.94	228.68
2015-4-29	4.1	931	3.97	234.51

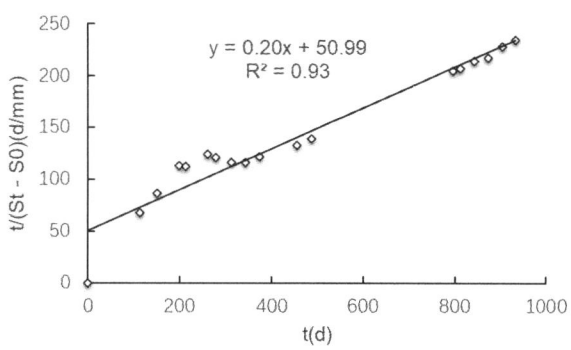

图 4-27 工点一锚固桩侧移双曲线预测线性回归

4. 工后与施工期间锚固桩体侧向位移的比例

测斜管测得的施工期间(截止 2012 年 10 月 17 日)锚固桩桩顶侧向位移为 14.5 mm，根据前述位移计与测斜管的测试误差分析，工点一的两种测试误差结果相对值为 6.6%，相当于位移计测得的施工期间桩顶侧向位移为 16.60 mm。

由此可以得到桩顶的最终侧向位移为 21.91 mm。施工期间占比为 74.8%，工后占比为 24.2%，介于八二比例与七三比例之间。

4.4.4 桩前地基土变形

桩前地基土变形仅在工点一进行了测试，测试分两部分进行：一是通过在锚固桩背土侧桩前地面以下 1.5 m 处的地基内沿水平方向布置的位移计，测试桩前地基土变形沿水平向的分布规律；二是通过锚固桩浇筑前，在锚固桩孔内布置的位移计测试桩前地基土变形沿锚固段深度方向的分布规律。

1. 桩前地基土局部变形沿水平方向的分布

自 2012 年 10 月至 2015 年 4 月，对桩前地基土变形进行了约 30 个月的监测，得到了桩前地基土局部变形应变沿水平方向的分布规律，如图 4-28 所示。

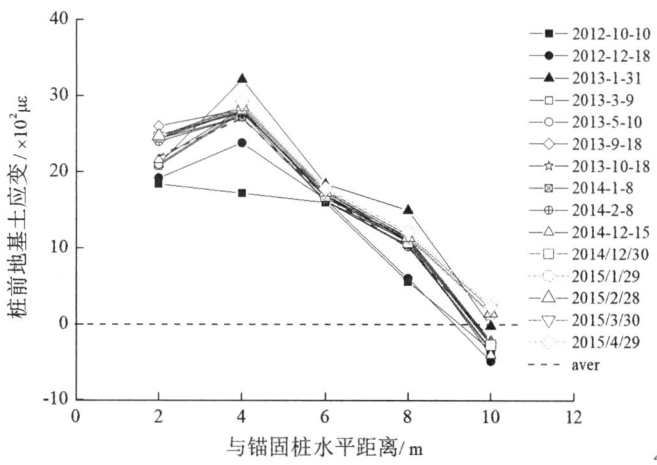

图 4-28 桩前地基土应变沿水平方向分布曲线

由图 4-28 可知，在地面以下 1.5 m 处，随与锚固桩水平距离的增大，锚固桩上作用的荷载在地基中逐渐衰减，使桩前地基土变形减小，其水平方向影响范围距桩体 8~10 m，为锚固桩宽度（2 m）的 4~5 倍。

由于桩前地基在外荷载作用下为被动受力模式，其水平方向影响范围可用朗金被动土压力破裂角予以表达，如式（4-7）所列；而路基填土受锚固桩侧向位移影响，处于主动受力模式，其水平方向影响范围可用朗金主动土压力破裂角予以表达，如式（4-8）所列。影响范围示意图如图 4-29 所示。

桩前地基土侧向变形影响范围 x_p：

$$x_p = y_0 \tan + \left(45° + \frac{\varphi_2}{2}\right) \tag{4-7}$$

式中：y_0——刚性锚固桩转动中心，m；
　　　φ_2——桩前地基土内摩擦角，°。

路堤填土侧向变形影响范围 x_a：

$$x_a = h_1 \tan + \left(45° - \frac{\varphi_1}{2}\right) \tag{4-8}$$

式中：h_1——锚固桩悬臂段长度，m；
　　　φ_1——路堤填土内摩擦角，°。

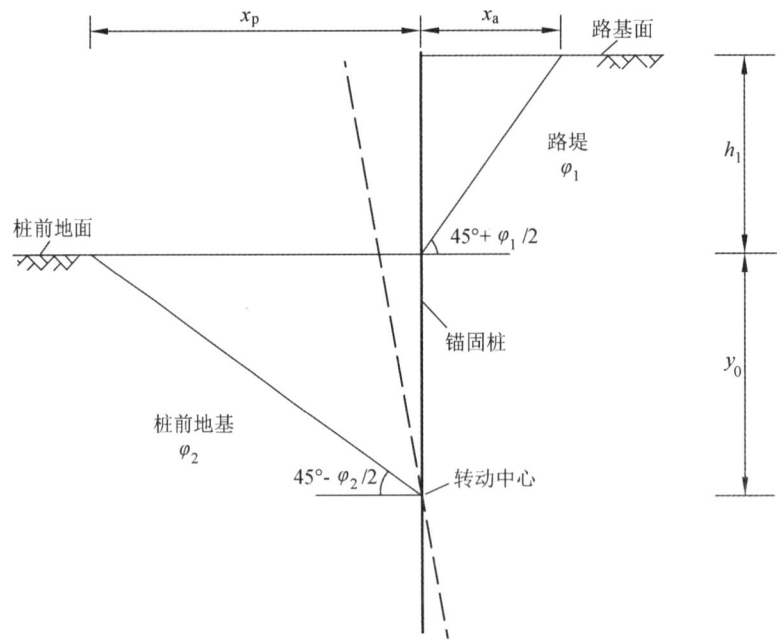

图 4-29 桩前地基及路堤侧向变形影响范围示意图

根据式（4-3）得到的锚固桩转动中心所处深度 $y_0 = 11.7$ m，桩前地基土内摩擦角 $\varphi_2 = 13.2°$，可得桩前地面处土体侧向变形影响范围 $x_p \approx 14.7$ m，换算至位移计测试深度处（地面以下 1.5 m）的土体侧向变形影响范围 $x_{p(1.5)} \approx 12.8$ m，与位移计测试结果比较接近。

根据水平应变分布图（图 4-28）可计算应变面积，得到桩前地基水平变形，由于桩前紧挨锚固桩处未埋设传感器，将该处地基土变形取 2 m 和 4 m 两处的平均值，根据测试结果认为距锚固桩 9 m 处土的应变为零，反算出 2014-12-15 该深度处锚固桩的侧向位移约为 18.1 mm，扣除 2012-10-10 路堤填筑完成时的桩前地基土的应变积分面积（桩侧向位移）约 12.9 mm，得到锚固桩在该深度处的工后侧向位移 4.2 mm。由测斜管得到的 2012-10-17 时锚固桩在该深度处的侧向位移约 6.2 mm，2014-12-13 测得的侧向位移约 9.9 mm，得到的锚固桩在该深度处工后侧向位移约 3.7 mm。在大致相同的工后时间段内，两种测试方法得到的结果比较接近，说明测试系统具有较好的可靠性。

2. 桩前地基土变形沿深度方向的分布

自 2012 年 10 月至 2014 年 12 月，通过埋设于锚固桩孔内的位移计，对桩板墙桩前地基水平方向 500 mm 范围内的土体变形进行了约 26 个月的观测，得到了地基水平变形沿锚固段深度的分布规律，如图 4-30 所示。

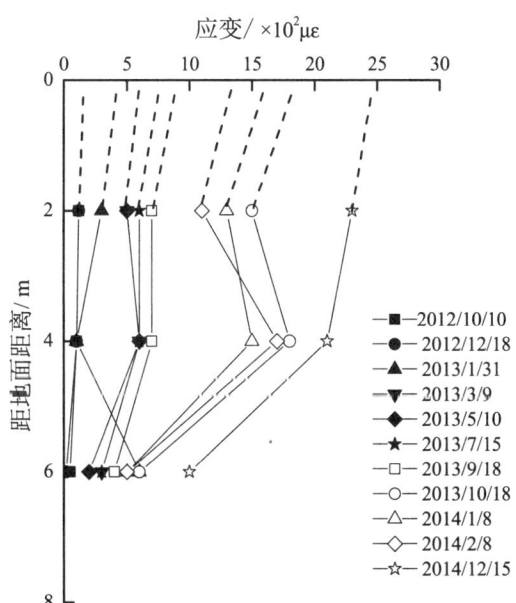

图 4-30 桩前地基土水平应变沿深度方向分布曲线

由图 4-30 可知，随地基埋深的增加，土体竖向应力增大，桩前地基土压缩模量提高，导致土体侧向变形减小。通过利用测斜管测得的锚固桩侧向位移，根据式（4-9）得到桩前土抗力沿深度的分布规律，并假定地面处地基土抗力为零。地基系数的比例系数 m 按表 4-5 取值，取 $m = 3100$ kPa/m²。

$$p = myx \tag{4-9}$$

式中：m——地基系数的比例系数，kPa/m²；

y——计算点深度，m；

x——计算深度处桩的水平位移量，m。

测斜管测得的距地面以下 2 m、4 m、6 m 处锚固桩的水平位移量，根据测得数据按式（4-9）计算得到地基水平抗力，分布如图 4-31 所示。

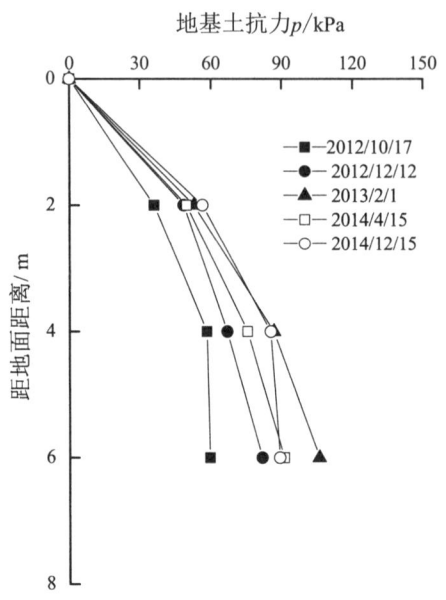

图 4-31 桩前地基水平抗力沿深度分布曲线

由图 4-31 可知，桩前地基土抗力沿深度呈非线性的分布规律，最大抗力位于距地面约 4~6 m 处，与锚固段深度（16 m）的比值约 0.25~0.38，与《铁路路基支挡结构设计规范》（TB 10025—2006）中对桩侧土应力需要校核点的深度基本一致，即距地面 $h_2/3$（h_2 为锚固段深度）。

4.4.5 路堤变形分析

路堤变形测试包括路堤分层沉降变形、路堤整体工后沉降变形以及路堤工后侧向变形三部分。自 2012 年 8 月至 2015 年 4 月，两处工点共进行了约 32 个月的监测，其中工点一路堤变形测试包括路堤分层压缩变形和路基面以下 1.5 m 处的路堤工后侧向变形，工点二对路堤分层压缩变形及路堤整体工后沉降变形进行了测试。

1. 路堤垂向应变

路堤分层沉降变形测试是通过埋设于路堤内不同深度处的位移计，每支位移计测试 500 mm 范围内路堤的沉降变形，以反映路堤应变沿深度的分布规律，由测试数据得到了两处工点路堤工后垂向应变沿深度的分布曲线，如图 4-32 所示，图中数据起点为路堤填筑完成时。

由图 4-32 可知，随路堤深度的增加，路堤填土的垂向应力相应增大，使路堤工后垂向应变随深度增加而基本呈线性增大。通过路堤垂向应变及其分布规律，可反算出路堤整体沉降量，与同一时间区间内实测路堤整体沉降量的对比如表 4-8 所列，计算方法如式（4-10）～（4-11）所列。

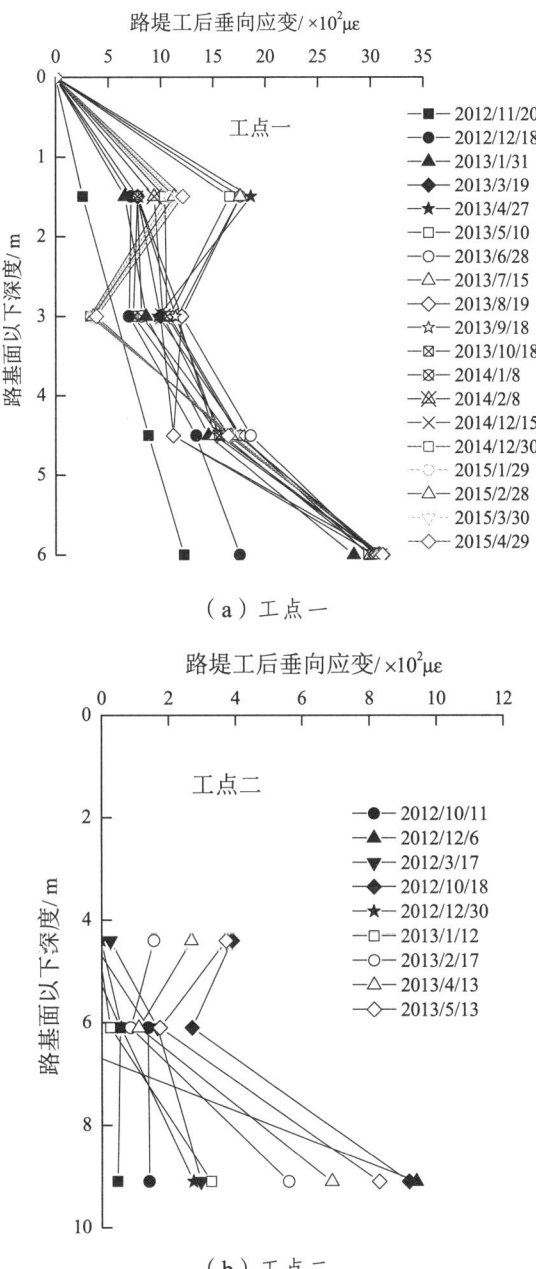

图 4-32 路堤工后垂向应变沿深度分布曲线

根据路堤垂向应变的线性分布特征，则路堤 h 深度范围平均应变 ε_h 为：

$$\varepsilon_h = \frac{0.5\varepsilon_i h}{h} = \frac{1}{2}\varepsilon_i \tag{4-10}$$

式中：ε_i——路堤 h 深度处的应变。

路堤 h 深度范围内总沉降量 s_h 为：

$$s_h = \varepsilon_h h \qquad (4\text{-}11)$$

表 4-8　路堤工后整体沉降实测与反算值对比（工点二）（单位：mm）

日期	8.7 m 范围内路堤总沉降		
	实测值	反算值	误差（%）
2014/1/12	1.34	0.54	−60
2014/2/17	1.33	0.71	−47
2014/3/14	1.41	1.14	−19
2014/4/13	1.72	1.65	−4
2014/5/13	1.81	2.94	62

说明：表中反算值 8.7 m 处的应变根据图 4-32 线性插值所得。

由表 4-8 可知，通过路堤垂向应变沿路堤深度的线性增长的分布规律反算出的路堤工后整体沉降与实测沉降基本吻合，剔除最大及最小误差后，反算值与实测值的平均误差约−23%。

2. 路堤侧向变形

路堤侧向变形测试是通过距锚固桩桩顶以下 1.5 m，沿路堤横断面方向埋设的位移计（如图 4-16～图 4-17 所示），每支位移计测试 500 mm 内水平方向侧向变形，以反映路堤侧向变形沿路堤横断面方向的分布规律，得到了两处工点路堤工后侧向变形沿横断面方向的分布曲线，如图 4-33 所示。

由图 4-33 可知，两处工点路堤侧向变形沿横断面方向的分布形式基本一致，即靠近锚固桩位置处的路堤侧向变形最大，随着与锚固桩距离的增大，侧向变形有所减小。工点一路堤侧向变形主要影响范围距锚固桩 4~6 m。而工点二得到的路堤侧向变形主要影响范围为距锚固桩 7.5 m，可能是由于测点布置的数量不够，使测试结果出现偏差。

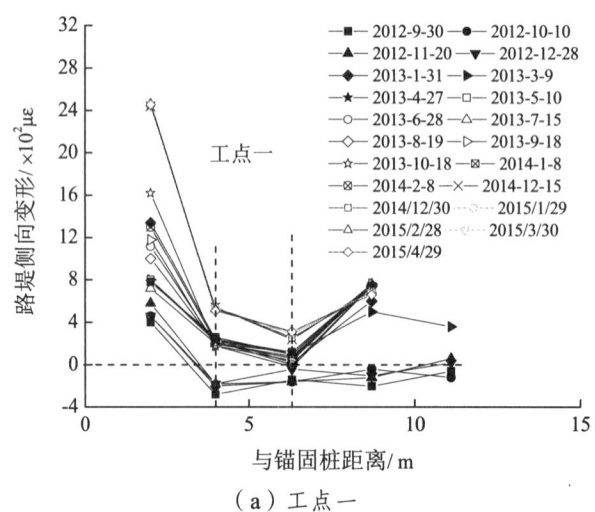

（a）工点一

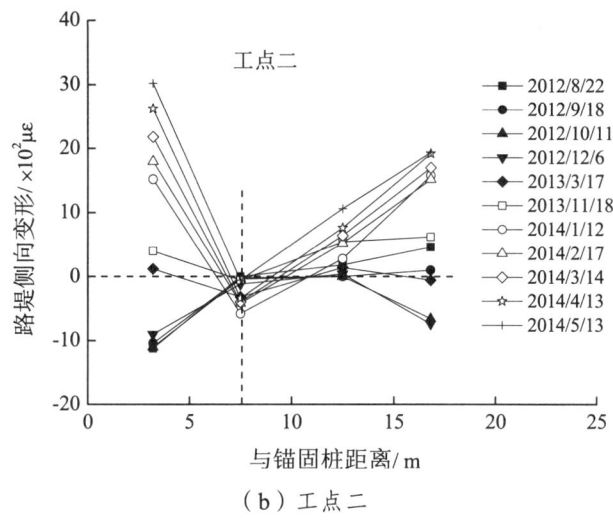

（b）工点二

图 4-33 路堤侧向变形沿路堤横断面分布曲线

根据图 4-29 及式（4-8），取填土内摩擦角 $\varphi_1 = 40°$，悬臂段长度 $h_1 = 8$ m，反算得到路基面处土体侧向变形影响范围 $x_a \approx 3.73$ m，换算至位移计埋设深度（桩顶以下 1.5 m）处土体侧向变形影响范围 $x_a^{1.5} \approx 3.03$ m，与工点一位移计测试结果比较接近，由此可认为路堤填土侧向变形影响范围大致为悬臂段土层的朗金主动土压力破裂面与路基面交点的水平长度。

3. 路堤工后沉降变形

路堤沉降变形测试是在路堤填筑完成后，通过钻孔的方式安装位移计，测试路堤工后沉降变形大小及其沿路堤横断面方向的分布规律。自 2013 年 11 月自 2014 年 5 月，对路堤工后沉降进行了约 7 个月的观测，得到了路堤工后沉降变形沿路堤横断面的分布，如图 4-34 所示，由于工点一路堤沉降计损坏较多，仅分析工点二的现场试验数据。

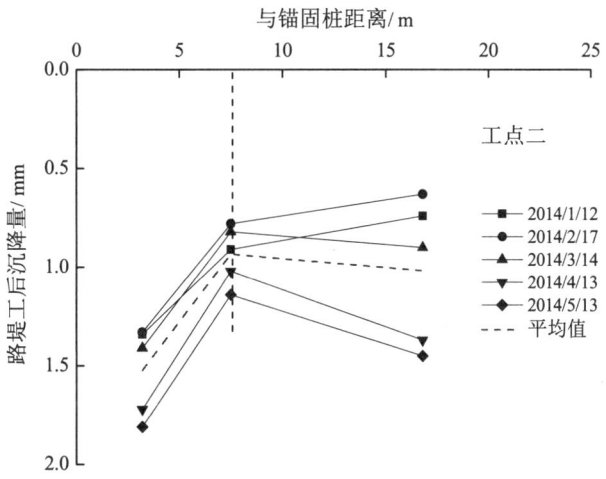

图 4-34 路堤工后沉降变形沿路基横断面分布

由图 4-34 可知，距锚固桩 7.5~17 m 处，路堤沉降变形基本一致，测试期内沉降量介于 0.74~1.45 mm，平均值约 0.98 mm，可认为是路堤整体沉降变形；而靠近锚固桩位置，路堤沉降变形明显偏大，测试期内沉降量介于 1.33~1.81 mm，平均值约 1.52 mm。挡墙墙后填土工后沉降主要来源于两个方面，一是在轨道结构重力和铺架期间移动荷载作用下产生的填土压密变形，二是由墙体侧向位移所引起的填土附加形变沉降。根据有限元分析结果及前述路堤侧向变形分析结果，工点二锚固桩侧移的主要影响范围为桩后 0~7.5 m。因此，在靠近锚固桩位置处填土的工后沉降包含了压密变形与附加形变沉降。考虑到压密变形与路堤填土高度密切相关，可以认为这一部分沉降不小于 0.98 mm，由锚固桩侧向位移引起的附加形变沉降不大于 0.54 mm。绝对数值均不大。

4.5 小 结

自 2012 年 3 月至 2015 年 4 月，对两处试验工点的桩板墙墙背土压力、锚固桩内力、锚固桩侧向位移、桩前地基土变形以及路堤变形进行了持续的观测，得到了宝贵的现场试验数据，通过对试验数据的分析，得出以下结论：

（1）墙背土压力沿墙高呈非线性分布，最大值大致位于挡墙中部位置，与锚固桩悬臂段长度 h 的比值约 0.5～0.67。在锚固桩悬臂段下部，由于基底摩擦作用及土拱效应，使土压力值在桩前地面附近迅速减小，土压力合力作用点平均值约 $0.55h$，较三角形分布模式提高了 45%～82%，平均值约 58%。而沿水平方向，土压力大致为均匀分布。

（2）锚固桩侧向位移形态大致为整体绕转动中心向临空面转动，符合刚性桩的侧向位移特征。工点一桩顶最大侧向位移量约 22.2 mm，与锚固桩悬臂段长度（8 m）的比值约 2.8‰，相应的锚固桩转角约 1.1×10^{-3} rad（转动中心为地面以下 11.7 m）；工点二桩顶最大侧向位移量约 24.35 mm，与锚固桩悬臂段长度（10 m）的比值约 2.2‰，相应的锚固桩转角约 1.25×10^{-3} rad（转动中心为地面以下 9.4 m）。

（3）根据位移计测得的锚固桩工后侧向位移，采用双曲线模型进行最终侧向位移的预测，再结合测斜管测试结果，可得到锚固桩顶的侧向位移施工期间占比为 74.8%，工后占比为 24.2%，介于八二比例与七三比例之间。

（4）随与锚固桩水平间距的增大，锚固桩侧向位移在地基中引起的水平应力逐渐衰减，侧向应变相应减小，其影响范围约距桩体 8~10 m，大致相当于锚固段转动中心以上地层的朗金被动土压力破裂面与地面交点的水平长度。

（5）墙后填土侧向变形在锚固桩附近最大，并随与锚固桩间距的增大而逐渐减小，其影响范围约距锚固桩 4~6 m，大致相当于悬臂段土层的朗金主动土压力破裂面与路基面交点的水平长度。

（6）由于锚固桩的侧向位移，墙后填土发生跟随变形，导致路基面发生附加沉降，工点二实测结果表明，在测试期内，由锚固桩侧向位移引起的路基面工后附加沉降不超过 0.54 mm。

【第5章】 >>>>
桩板墙力学特性分析及变形阈值

5.1 概 述

一般来讲，路基工后沉降主要由三部分组成：（1）由地基沉降引起的路基沉降变形；（2）路基本体压缩变形；（3）路基上部荷载作用下引起的基床累积塑性变形。对于有侧向支挡结构的路基，由于支挡结构的侧向变形，墙后土体因侧向约束的减弱而引起路基沉降变形，当支挡结构侧向变形处于长期缓慢发展状态时，引起的路基沉降变形不能忽视且具有时间效应。具体到无砟轨道结构的高速铁路，支挡结构的持续侧向变形有可能引起路基沉降超限，因此，在设计高速铁路无砟轨道路基支挡结构时，应当考虑支挡结构侧向变形对路基沉降的影响。

目前，关于支挡结构侧向变形对路基沉降影响的研究较少，侧向变形引起的路基沉降的作用机理、影响范围尚不十分清楚，有必要进行研究，这对于高速铁路无砟轨道路基沉降控制是很有意义的。

桩板式挡墙是由抗滑桩发展而来的支挡结构，一般属于半刚性挡墙，不依赖于自身的重力来平衡墙后土压力，又具有一定的抗弯刚度，允许锚固桩自身产生较小的弹性挠曲变形。桩板墙主要依靠桩前锚固段地基提供的抗力平衡墙后土压力。因此，桩前地基土的变形特性直接影响到锚固桩侧向位移的发展趋势，进而引起路基产生工后沉降。根据土体变形随时间的发展趋势，可将其划分为无时间效应变形和有时间效应变形两种基本形态。根据已有研究成果，可采用负幂函数对变形—时间曲线进行相关度较高的拟合，其中负幂函数幂次的大小反映了土体变形的发展趋势。负幂函数在土的流变学领域是很常用的一种用于反映土体变形随时间变化规律的函数，其形式简单，既可反映变形随时间的变化特征，又可反映变形速率随时间的变化。

本项目以室内土工试验、土工离心模型试验、有限元数值分析及现场测试的数据为基础进行理论分析，探讨桩板墙墙背土压力的分布规律、锚固桩顶位移与路基沉降的关系、粉质黏土的长期变形状态阈值与锚固桩顶位移的时间效应，为构建基于桩体侧向位移状态控制的桩板墙设计技术奠定理论基础。

5.2 桩板墙墙背土压力

5.2.1 墙背土压力沿墙背分布

有限元数值分析、离心模型试验及现场测试得到桩板墙墙背土压力的典型分布如图 5-1、图 5-2 所示。

综合有限元计算、离心模型试验及现场测试的数据，可知桩板墙土压力沿墙背先增加，最大值（20~25 kPa）出现在挡墙中部附近（现场测试出现在中上部，有限元计算出现在中部，离心模型试验出现在中下部），这与经典土压力理论是相符的，而后逐渐减小，这与经典土压力理论偏离。挡墙中下部的土压力逐渐减小的这种现象在很多挡墙模型试验以及现场试验中均有反映，大多数学者认为是由墙后土体小主应力轨迹线的偏转而引起的土拱效应。也有分析认为，可能是由于基底摩擦作用，导致了墙趾附近土压力值的减小。

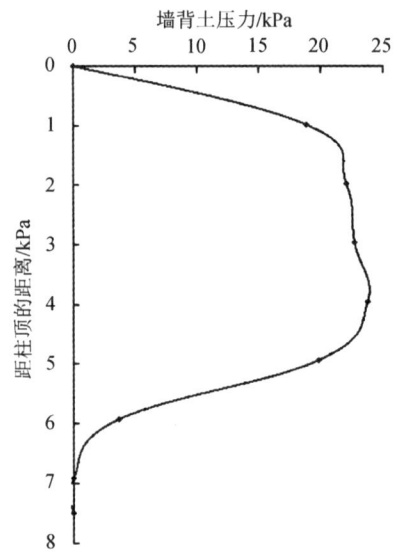

图 5-1 有限元数值分析典型墙背土压力

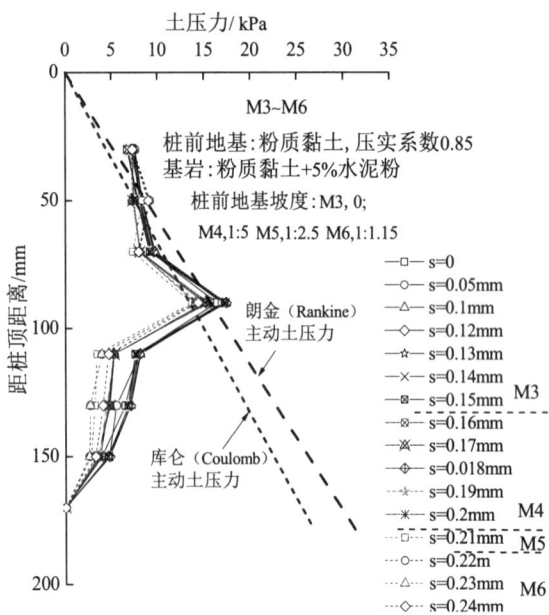

（a）M3~M6 墙背土压力

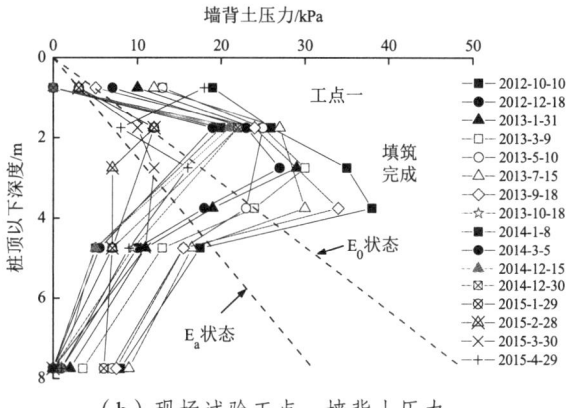

（b）现场试验工点一墙背土压力

图 5-2 离心模型试验及现场测试典型墙背土压力

根据试验得到的土压力分布曲线，通过积分可得到墙背土压力合力作用点位置及总土压力。贵州铁路试验工点得到的墙背土压力合力作用点位置如图 5-3 所示，得到的墙背总土压力如图 5-4 所示。

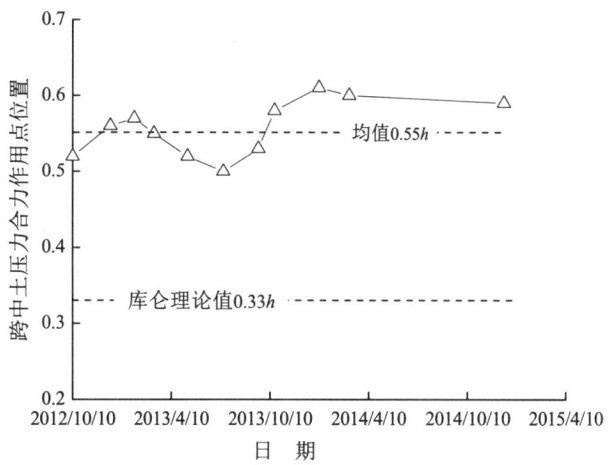

图 5-3 墙背土压力合力作用点位置

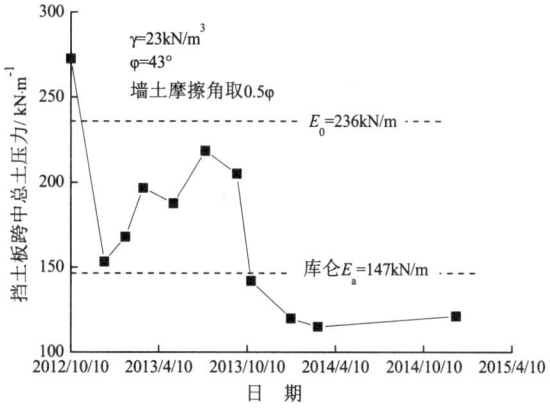

图 5-4 墙背总土压力

由图 5-3 可知，墙背土压力合力作用点位置平均值约 0.55h，明显高于 0.33h 的库仑理论值，较库仑理论值提高了 45%~82%。由图 5-4 可知，随时间的增长，墙背总土压力逐渐减小，逐渐趋于稳定，平均值约为 119 kN/m，低于库仑主动土压力。

从实测土压力与经典土压力沿墙背的分布来看，前者只是后者的一部分，即使考虑总土压力的作用点位置提高，实测土压力计算得到的桩身内力与截面弯矩也会小于经典土压力。设计采用经典主动土压力理论来计算岩土填料产生的墙背土压力是可行的，也是偏于安全的。

5.2.2 列车动荷载的影响

采用有限元软件 ABAQUS，模拟现场工点的桩板式挡墙结构，取设计行车速度 $v=250$ km/h，模拟我国现有主型动车轴重 15 t、17 t，得到最大动土压力出现在桩顶以下 3.8 m 处，其值分别为 7 kPa、8 kPa。该位置处现场实测得到的最大静土压力为 46 kPa，亦即列车荷载作用下产生的墙背最大动压力约为同位置处静土压力的 17%，不足 20%，一般认为这一低压力水平下，不影响桩板墙结构的长期服役性能。

5.3 桩前地基抗力

5.3.1 地基抗力分布

有限元计算、现场测试及离心模型试验得到的地基抗力如图 5-5 所示。

由图 5-5 可知，有限元计算得到的桩前地基抗力沿深度增加几乎是线性增加的，在土层底部达到最大，最大值为 94 kPa，这一计算结果中包含了地基原存应力，抗力分析应以试验结果为主。现场测试与离心模型试验的结果表明，桩前地基土抗力沿深度呈非线性的分布规律，最大抗力位于距地面约 4~6 m 处，与锚固段深度（16 m）的比值约 0.25~0.38，与《铁路路基支挡结构设计规范》（TB 10025—2006）中对桩侧土应力需要校核点的深度基本一致，即距地面 $\frac{1}{3}h_2$（h_2 为锚固段深度）。

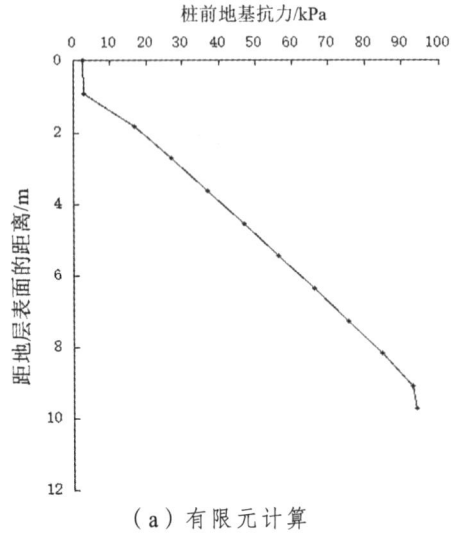

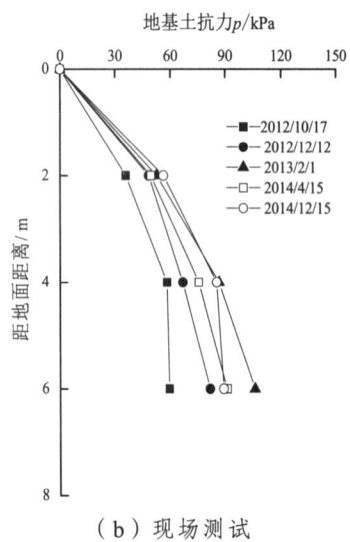

（a）有限元计算　　　　　　　　　　（b）现场测试

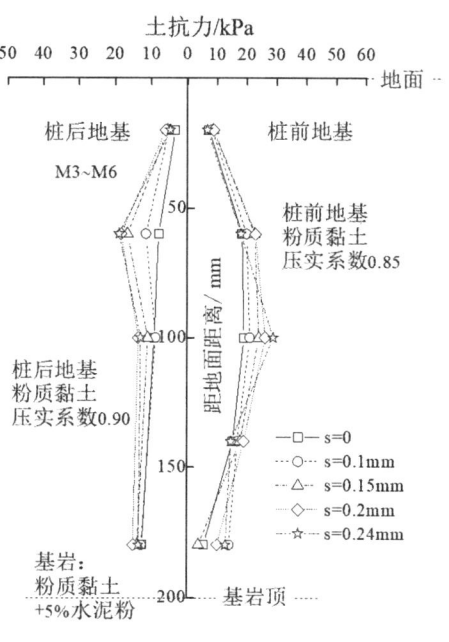

（c）离心模型试验

图 5-5　桩前地基抗力

5.3.2　桩前地基抗力系数的讨论

用 E. Winkler 弹性地基梁的方法，根据离心模型试验数据，对桩前地基抗力系数进行分析。分析中的假设为：假设锚固桩底处水平位移为 0；假设桩的计算宽度与模型锚固桩宽度相同。桩前地基土抗力系数的计算如式（5-1）~式（5-3）所列。

（1）由实测土压力计算桩前地基土抗力 p，即

$$p = eb_0 \tag{5-1}$$

式中：e——桩前地基土压力，kPa；

b_0——测力板宽度，m。

（2）由桩前地基抗力系数计算地基土抗力 p，即

$$p = kBs \tag{5-2}$$

式中：k——桩前地基抗力系数，kPa/m；

B——锚固桩计算宽度，取模型桩宽度，m；

s——锚固桩侧向位移量，m。

（3）由式（5-1）、式（5-2）可得桩前地基抗力系数 k 为

$$k = \frac{eb_0}{Bs} \tag{5-3}$$

根据以上假设及计算方法，得到的 M1~M9 桩前地基抗力系数沿桩长分布规律如图 5-6 所示。

由图 5-6 可知，地基抗力系数有如下特征：

（1）桩前地基抗力系数 k 随锚固深度基本呈线性增大的分布形式。

（2）桩前地基抗力系数 k 随桩顶位移的增加而逐渐减小。这与土的非线性有关，荷载水平较小时，地基土层接近弹性，抗力系数可取切线值，其值较大。随变形增加，地基抗力并不是线性增加，其增加幅度小于变形增加值，抗力系数随之减小。因此，地基抗力系数的取值与锚固桩的侧向变形密切相关，侧向变形越大则抗力系数越小。

（3）桩前地基抗力系数随强度的降低而减小，随荷载水平的增加而减小。

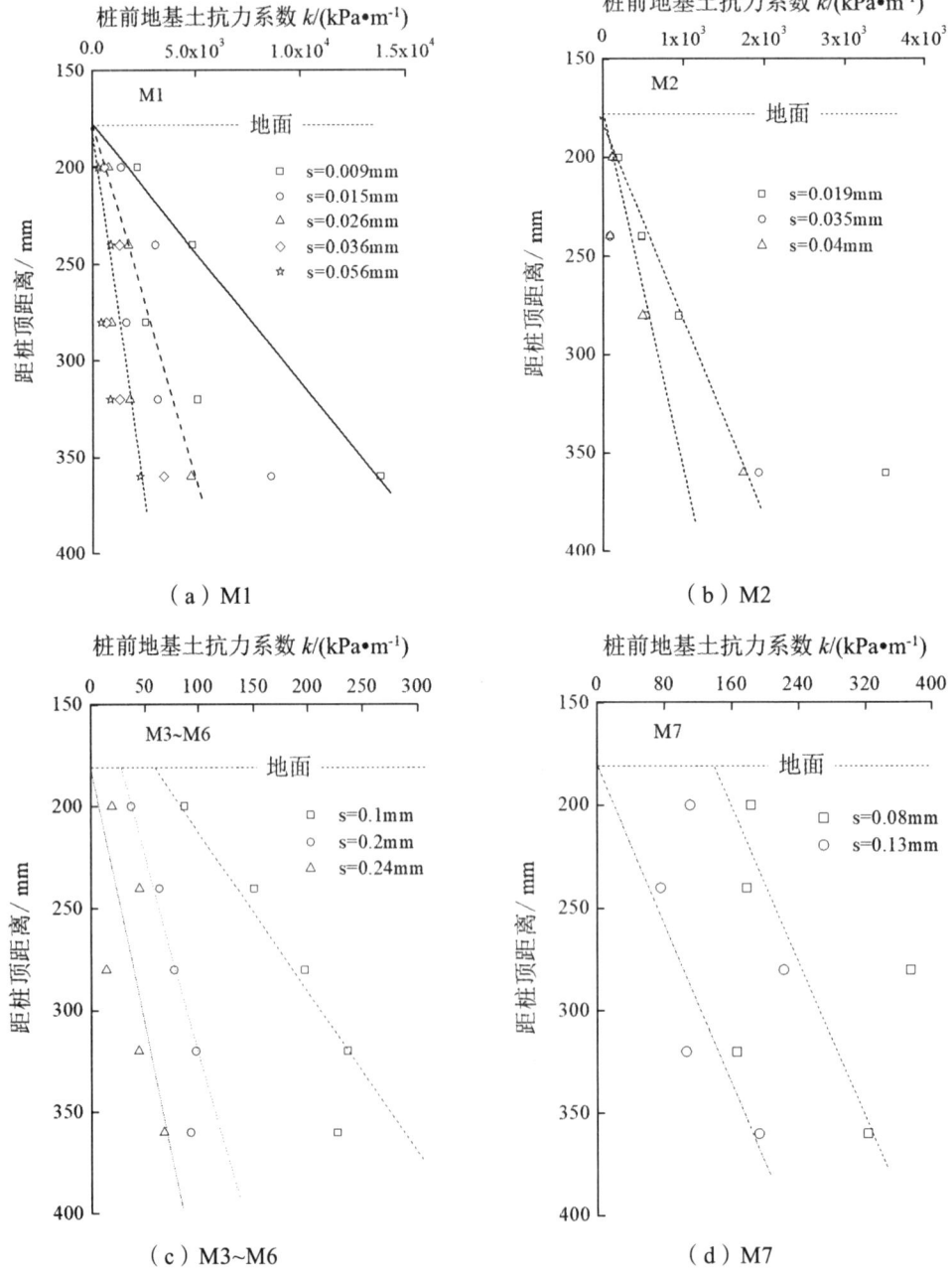

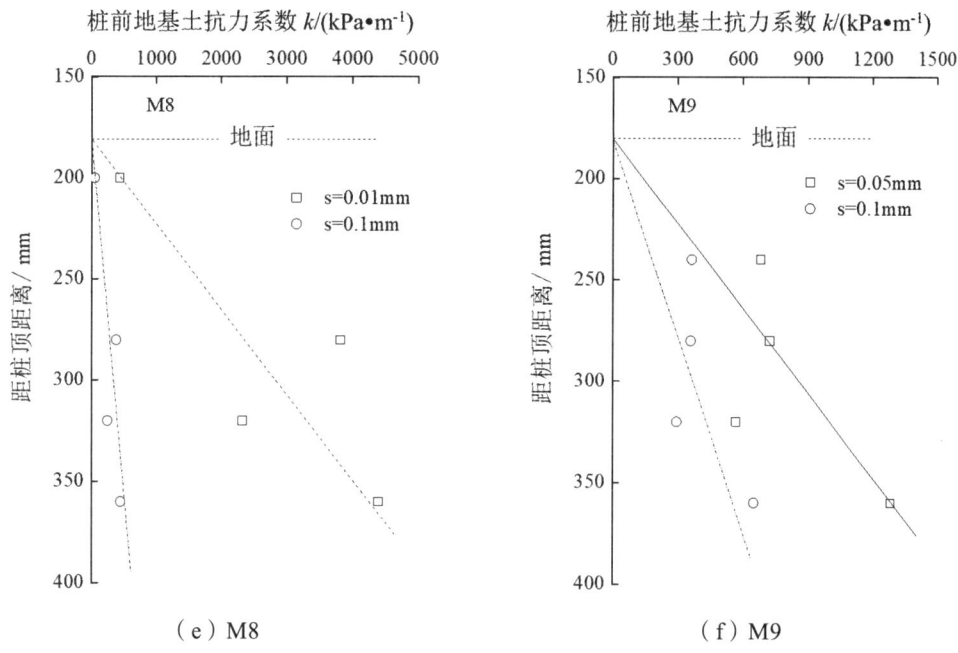

(e) M8　　　　　　　　　　（f）M9

图 5-6　桩前地基抗力系数 k 分布

5.3.3　桩前地基水平变形影响范围的讨论

填土荷载作用下锚固桩产生偏向桩前地基的侧向位移，在桩前地基中产生抗力，这一地基抗力将向距桩更远处的地基扩散，影响范围内的地基产生不同程度的压缩变形。因此，现场试验工点在桩前地基地表以下 1.5 m 处埋设局部位移传感器，测试距桩不同距离处的地基局部水平变形，测试结果如图 5-7 所示。

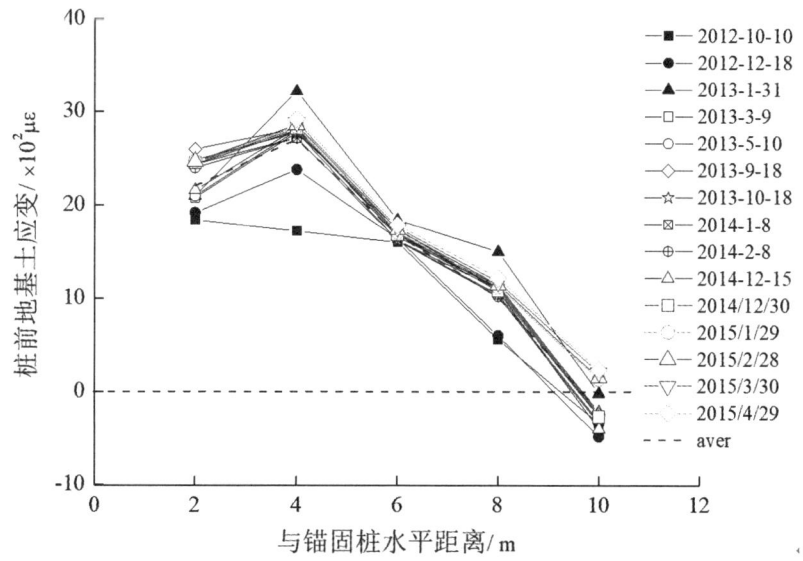

图 5-7　桩前地基土应变沿水平方向分布曲线

由图 5-7 可知，在地面以下 1.5 m 处，随与锚固桩水平距离的增大，锚固桩侧移在地基中产生的应力逐渐衰减，相应的桩前地基土变形减小，其水平方向影响范围约距桩体 8~10 m。

地基土受锚固桩侧向位移影响，处于被动受力模式，其水平方向影响范围可用朗金被动土压力破裂角予以表达，如式（5-4）所示。影响范围示意图如图 5-8 所示。

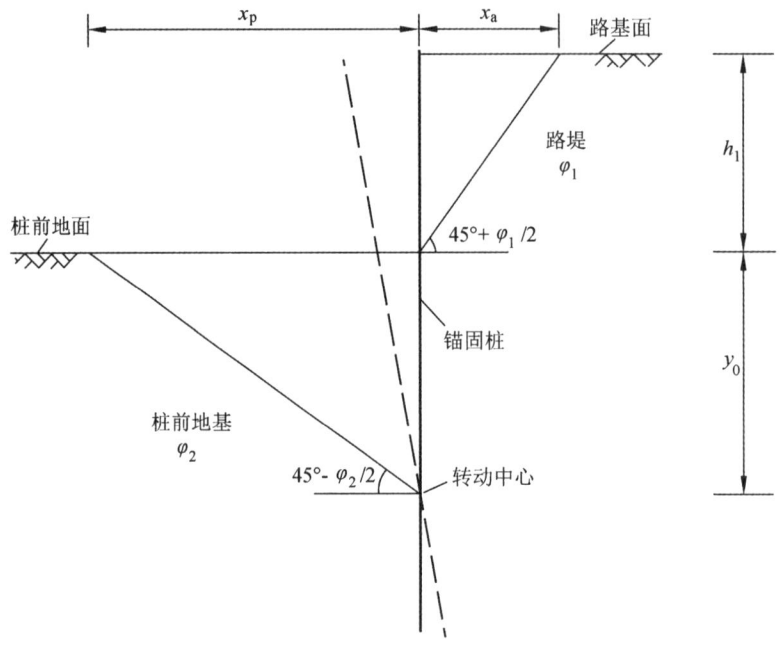

图 5-8 桩前地基及路堤侧向变形影响范围示意图

桩前地基土侧向变形影响范围 x_p：

$$x_p = y_0 \tan+\left(45°+\frac{\varphi_2}{2}\right) \quad (5-4)$$

式中：y_0——刚性锚固桩转动中心，m；

φ_2——桩前地基土内摩擦角，°。

设计计算得到的锚固桩转动中心位置 $y_0 = 11.7$ m（即地表以下 11.7 m），桩前地基土内摩擦角 $\varphi_2 = 13.2°$，可得桩前地面处土体侧向变形影响范围 $x_p \approx 14.7$ m，换算至位移计测试深度处（地面以下 1.5 m）的土体侧向变形影响范围为 $x_{p(1.5)} \approx 12.8$ m，与位移计测试结果 8~10 m 接近。

将以上分析应用于斜坡地基路肩式桩板墙的设计中，可得出这样的结论：为保证桩前土体的被动抗力完全发挥，当锚固桩位于斜坡地基上时，可从被动破裂面与斜坡地表交点作水平线与桩相交，这一交点可作为设计锚固点，相应的交点至桩体的水平距离即为襟边宽度。

5.4 锚固桩侧向位移与路基沉降的关系

根据有限元计算分析、离心模型试验及现场测试得到的锚固桩顶侧向位移及相应的路基面沉降数据，对锚固桩顶侧向位移与路基面沉降的关系进行分析。

5.4.1 锚固桩侧向位移影响路基沉降的范围

有限元计算数据表明，现场工况下由桩顶侧向位移增加引起的路基面沉降增量主要分布在距墙背 6~8 m 范围内，且随桩顶侧移的增加逐渐增大，如图 5-9 所示。

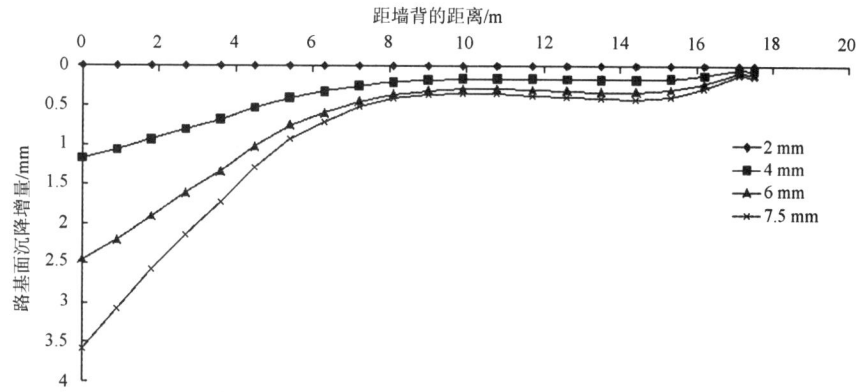

图 5-9 桩顶侧移引起的路基面沉降增量

离心模型试验的数据表明，由桩板墙侧向位移引起的路基面沉降的影响范围大致为距桩 30~65 mm（原型为 1.5~3.25 m），且影响范围随侧向位移的增大而有所增加，由锚固桩侧向位移引起的路基面沉降量约占总沉降的 55%~74%。墙-土摩擦对抑制路基面沉降的影响范围大致为距桩端 15~35 mm（原型为 0.75~1.75 m）。

贵州铁路现场试验工点沿横断面的路堤局部侧向变形测试结果表明，锚固桩侧向位移的影响范围距锚固桩 4~5.3 m，如图 5-10 所示。其中距锚固桩 5.3 m 以外区域的路堤侧向变形是由于重车碾压导致的侧向挤出膨胀。

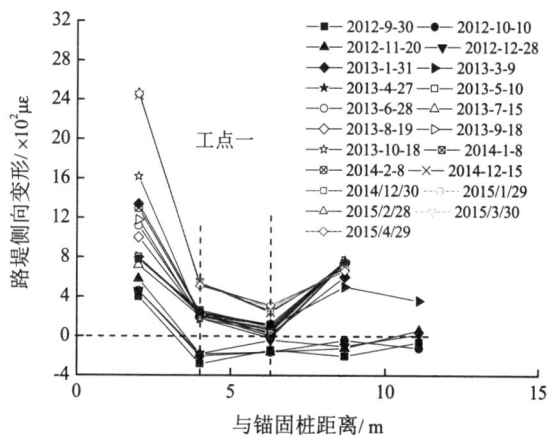

图 5-10 贵州铁路现场工点路堤侧向变形沿路堤横断面分布曲线

综合有限元数值分析、离心模型试验、现场工点实测的数据分析，考虑到有限元数值分析采用连续介质模拟土这种散粒体材料，可以认为有限元数值分析得到的影响范围是偏大的，离心模型试验由于模型制作方面的原因导致其得到的影响范围是偏小的，现场测试的结果居中。因此，可以认为现场工况下锚固桩侧移对路基沉降的影响范围约为桩前 4~5.3 m。

5.4.2 锚固桩侧向位移引起路基面沉降的分析模式

路基填土受锚固桩侧向位移影响，处于主动受力模式，其水平方向影响范围可用朗金主动土压力破裂角予以表达，如式（5-5）所示。影响范围示意图如图 5-8 所示。由于锚固桩是间隔布置的，工后桩体转动及侧移时桩体与侧壁间产生的缝隙是非常小的，为弥合这一缝隙而导致的路基面的沉降可以忽略不计。因此，在确定桩体侧移引起路基面沉降的影响范围时，主动受力模式仅针对路基填土。

路堤填土侧向变形影响范围 x_a 为

$$x_a = h_1 \tan + \left(45° - \frac{\varphi_1}{2}\right) \tag{5-5}$$

式中：h_1——锚固桩悬臂段长度，m；

φ_1——路堤填土内摩擦角，(°)。

根据式（5-5），路堤填高 8 m，填料综合内摩擦角为 40°，则锚固桩侧向位移影响范围为 8*tan(45°-40°/2) = 3.73 m。这与实测影响范围 4~6 m 相比，相对偏小。

5.4.3 锚固桩侧向位移引起路基面沉降的计算方法

假设：① 墙体侧向位移面积与墙后填土表面沉降面积相等；② 墙体侧向位移过程中，墙后填土只有形变而无体变；③ 锚固桩侧向位移对路基沉降最大影响距离处的沉降为零；④ 墙体侧向位移引起的墙后填土表面沉降沿横断面呈三角形分布。由此可得到锚固桩侧向位移引起的墙后路基沉降的理论值，其理论值计算简图如图 5-11 所示。

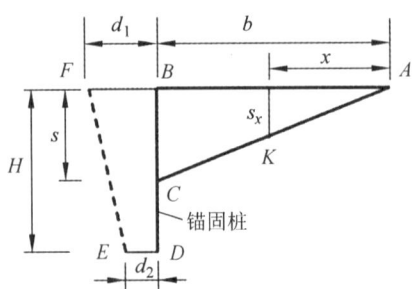

图 5-11 锚固桩侧向位移引起的路基面沉降计算简图

图 5-11 中，BF 表示桩顶位移，DE 表示锚固桩在地面处位移，其位移量的确定是根据锚固桩转动中心位移为零得到，H 表示锚固桩悬臂段的高度。根据上述假设，四边形 $BDEF$ 面积 S_t 应与代表墙后填土沉降的三角形 ABC 面积 S_m 相等，则：

$$\frac{1}{2}(d_1+d_2)H = \frac{1}{2}bs \tag{5-6}$$

可得墙顶处的路基填土表面沉降 s 与桩顶及地面处侧向位移 d_1、d_2 及悬臂段高度 H 和路基面沉降影响范围 b 的理论关系为：

$$s = \frac{(d_1+d_2)H}{b} \tag{5-7}$$

根据 $\triangle ABC$ 与 $\triangle AGK$ 相似关系，路基横断面距锚固桩距离（$b-x$）处的沉降量 s_x 为：

$$s_x = \frac{sx}{b} \tag{5-8}$$

根据理论沉降的假设，当实测沉降大于理论值时，说明墙后路基不仅存在因挡墙侧向位移引起的形变沉降，还存在着压缩变形，这种情况一般存在于墙后路基压实不够的条件下，而当实测沉降小于或等于理论值时，说明墙后路基仅发生形变沉降。

M1~M9 实测沉降最大值距锚固桩的距离以及锚固桩侧向位移对路基沉降影响的最大距离 d 如表 5-1 所列，根据式（5-6）~式（5-8）得到的锚固桩侧向位移引起的墙后路基面沉降实测最大值与相应位置处理论值随桩顶位移的变化如图 5-12 所示。

表 5-1 M1~M9 实测沉降最大值距锚固桩的距离及最大影响距离 d

试验编号	沉降最大值距锚固桩的距离/mm	d/mm
M1	20	50
M2	15	45
M3~M6	35	75
M7	25	80
M8	35	50
M9	25	85

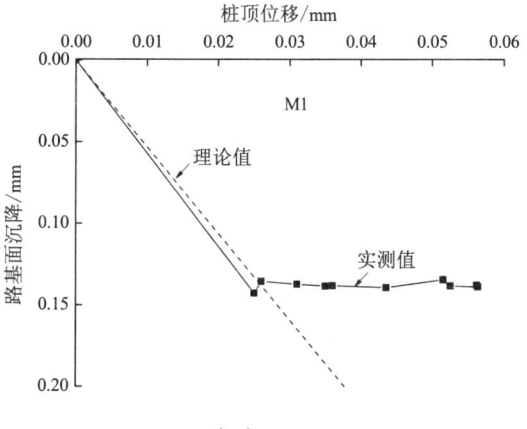

（a）M1

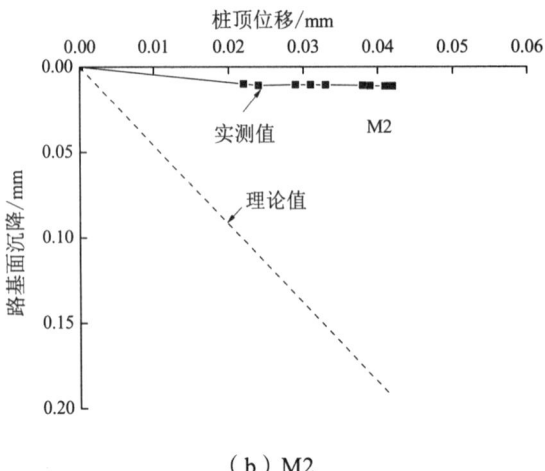

（b）M2

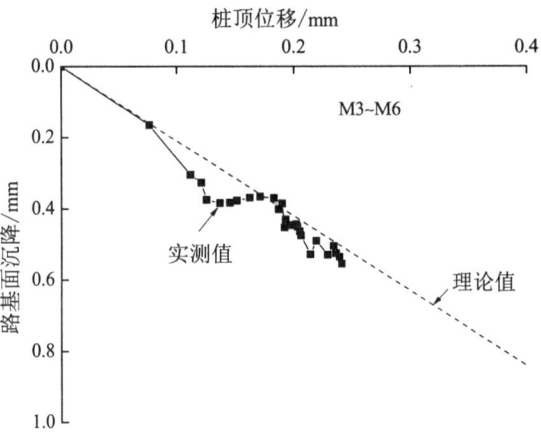

（c）M3~M6

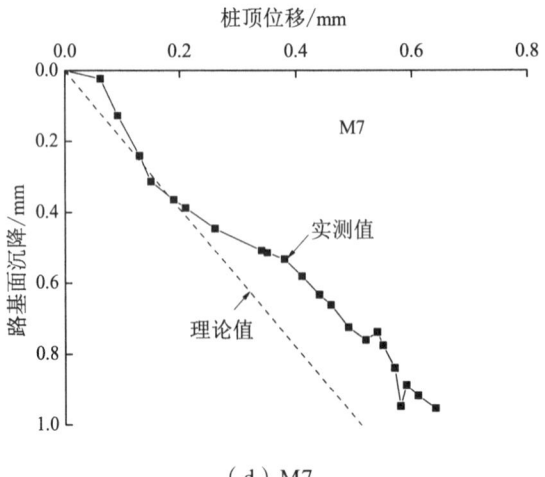

（d）M7

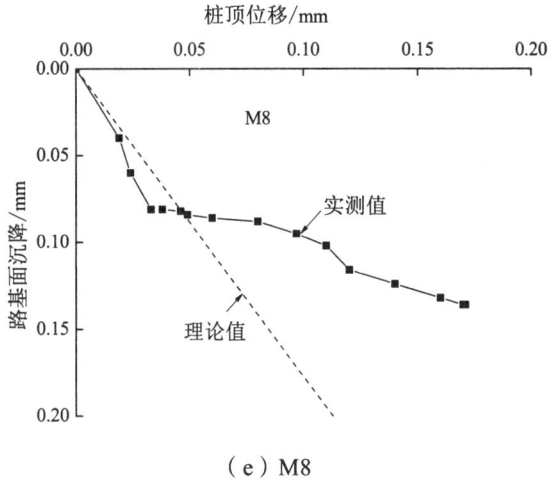

(e) M8

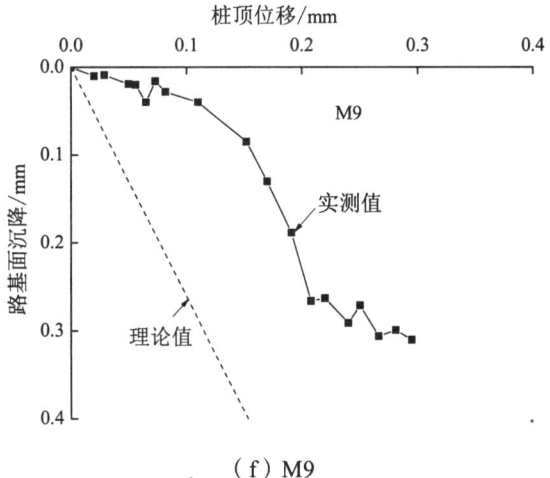

(f) M9

图 5-12 M1~M9 锚固桩侧向位移引起的路基沉降关系曲线

由图 5-12 可知，M1~M9 实测沉降均小于理论值或在理论值附近波动，反映出锚固桩侧向位移引起的墙后路基沉降以形变沉降为主，墙后路基具有良好的压实条件，整体稳定性较好。

根据有限元计算数据，现场工况条件下，分析墙背处与Ⅰ线中心处（距墙背 5.3 m）路基面沉降增量 ΔS_V 与侧向位移增量 ΔS_H 的关系，将两种数据单独列表，如表 5-2 所列，图 5-13 为相应的分布曲线。

表 5-2 ΔS_V 与 ΔS_H 的关系

桩顶侧移增量 ΔS_H/mm	0	2	4	5.5
墙背处路基面沉降增量 ΔS_{V0}/mm	0	1.2	2.5	3.6
Ⅰ线中心路基面沉降增量 $\Delta S_{V5.3}$/mm	0	0.3	0.6	0.7

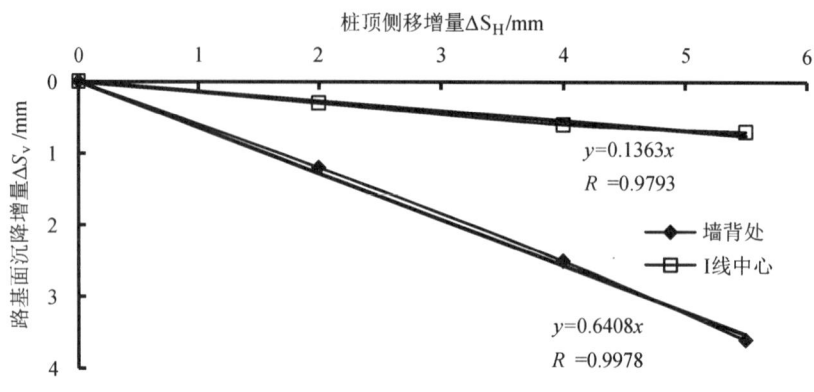

图 5-13 ΔS_V 与 ΔS_H 的关系曲线

由表 5-2 和图 5-13 可知,墙背处的路基面沉降增量 ΔS_{V0} 约为桩顶侧向位移增量 ΔS_H 的 0.64 倍,Ⅰ线中心处的路基面沉降增量 ΔS_{V0} 约 ΔS_H 的 0.14 倍。

前述理论分析模型给出的墙背处桩体侧移引起的沉降为 $s = \dfrac{(d_1+d_2)H}{b}$,这其中 $b = H*\tan(45°-\varphi/2)<H$,因此,该处桩体侧移引起的沉降将比桩顶侧向位移大。而有限元分析得到的结果为墙背处的沉降增量要小于桩顶侧移(前者为后者的 0.64 倍)。即理论分析模型得到的结果大于有限元分析,从设计角度看偏于安全。而且,有限元分析是以连续介质模拟散粒体材料,得到的桩体侧移影响范围偏大,因此,可以认为其计算得到的沉降增量偏小。所以,采用理论分析模型给出的公式估算桩体侧移引起的路基面沉降增量更为合理。

5.4.4 列车荷载对桩体侧移的影响

采用有限元软件 ABAQUS,模拟现场工点的桩板式挡墙结构,取设计行车速度 $v = 250$ km/h,模拟我国现有主型动车轴重 15 t、17 t,得到列车动荷载作用下的桩顶侧移分别为 0.38 mm、0.42 mm。这一侧向变形绝对值较小,且现场路基填筑完成后 2 年半(含联调联试)的实测数据表明桩体侧向位移已趋于稳定。可以认为,列车荷载作用对桩体侧向位移的影响不大,累积效应不明显。

5.5 锚固桩顶位移时间效应及状态阈值

5.5.1 负幂函数的表达形式

土体变形随时间的变化规律有两种描述方法,一是描述变形速率与时间的变化,二是描述变形与时间的变化,两种描述方法之间通过积分或微分的方法可以相互变换。负幂函数最基本的表达形式是变形速率与时间的关系,通过对时间的积分变换为变形与时间的关系,如式(5-9)~式(5-10)所列。

变形速率 $v(t)$ 与时间 t 的负幂函数表达为

$$v(t) = at^{-p} \qquad (5\text{-}9)$$

式（5-9）通过对时间 t 的积分，得到变形 s 与时间 t 的关系为

$$s(t) = \int_0^t v \mathrm{d}t = \int_0^t at^{-p} \mathrm{d}t = \frac{a}{1-p} t^{1-p} \tag{5-10}$$

式中：a——系数；

p——幂次。

式（5-9）、式（5-10）中，当 $p \leqslant 1$ 时，$v(t)$、$s(t)$ 趋于发散，则桩顶位移随时间发展趋于破坏；当 $p>1$ 时，$v(t)$、$s(t)$ 趋于收敛，则桩顶位移随时间发展趋于稳定状态，并且当 $p \geqslant 2$ 时，$v(t)$、$s(t)$ 收敛速度加快。因此，可将桩顶位移随时间演变划分为四个状态：快速稳定状态（$p \geqslant 2$）、缓慢稳定状态（$1<p<2$）、长期破坏（$0<p<1$）和快速破坏（$p \leqslant 0$）。

当 $p>1$ 时，式（5-10）的两个边界值分别为：

（1）当 $t \to 0$ 时，$\lim\limits_{t \to 0} s(t) = \lim\limits_{t \to 0} \dfrac{a}{1-p} t^{1-p}$ 的极限不存在；

（2）当 $t \to \infty$ 时，$\lim\limits_{t \to \infty} s(t) = \lim\limits_{t \to \infty} \dfrac{a}{1-p} t^{1-p} = 0$。

由此可知，式（5-10）的两个边界值与实际情况不相符合，因为当 $t \to 0$ 时，$s(t)$ 应当趋近于 0 或定值，用以反映初始变形量；当 $t \to \infty$ 时，$s(t)$ 应当趋近于某一定值，用以反映最终变形量。因此，需要对式（5-9）、式（5-10）予以改进，使之与实际试验情况相符合，改进方法可在式（5-9）的函数中增加调和参数 b，改进后的变形速率 $v(t)$、变形 $s(t)$ 与时间 t 的表达式如式（5-11）、式（5-12）所列。

变形速率 $v(t)$ 与时间 t 的负幂函数表达为

$$v(t) = a(t+b)^{-p} \tag{5-11}$$

式（5-11）通过对时间 t 的积分，得到变形 s 与时间 t 的关系为

$$s(t) = \int_0^t v \mathrm{d}t = \int_0^t a(t+b)^{-p} \mathrm{d}t = \frac{a}{1-p}[(t+b)^{1-p} - b^{1-p}] \tag{5-12}$$

当 $p>1$ 时，式（5-12）的两个边界值分别如式（5-13）、式（5-14）所列。

（1）当 $t \to 0$ 时，有

$$\lim_{t \to 0} s(t) = \lim_{t \to 0} \frac{a}{1-p}[(t+b)^{1-p} - b^{1-p}] = 0 \tag{5-13}$$

（2）当 $t \to \infty$ 时，有

$$\lim_{t \to \infty} s(t) = \lim_{t \to \infty} \frac{a}{1-p}[(t+b)^{1-p} - b^{1-p}] = \frac{a}{p-1} t^{1-p} \tag{5-14}$$

由式（5-13）、式（5-14）可知，$\lim\limits_{t \to 0} s(t) = 0$ 反映出土体无初始变形，$\lim\limits_{t \to \infty} s(t) = \dfrac{a}{p-1} t^{1-p}$

表示负幂函数的渐近线,反映了土体的最终变形量。

对于式(5-11),当 $p>1$ 时,两个边界值分别为:$\lim_{t \to 0} s(t) = ab^{1-p}$、$\lim_{t \to \infty} s(t) = 0$,当 $t \to \infty$ 时,$v(t) \to 0$ 与实际试验情况相符合,而通常情况下,当 $t \to 0$ 时,$v(t) \to \infty$,反映初始变形速率无限大。

式(5-11)中,b 的取值越小,$v(t)$ 越接近于无限大,但 $s(t)$ 在 $t \to \infty$ 时,其渐近线就会提升,甚至会与试验结果相矛盾,因此在利用式(5-13)、式(5-14)对试验数据进行拟合时,就需要对 b 的取值进行合理限制。实际上,b 的取值不同,对拟合的 p 值也有很大影响,甚至会引起拟合结果的失真。例如,选取离心模型 M1 桩顶位移随时间变化曲线,选取不同的 b 值,对其进行拟合,拟合结果如图 5-14 所示。

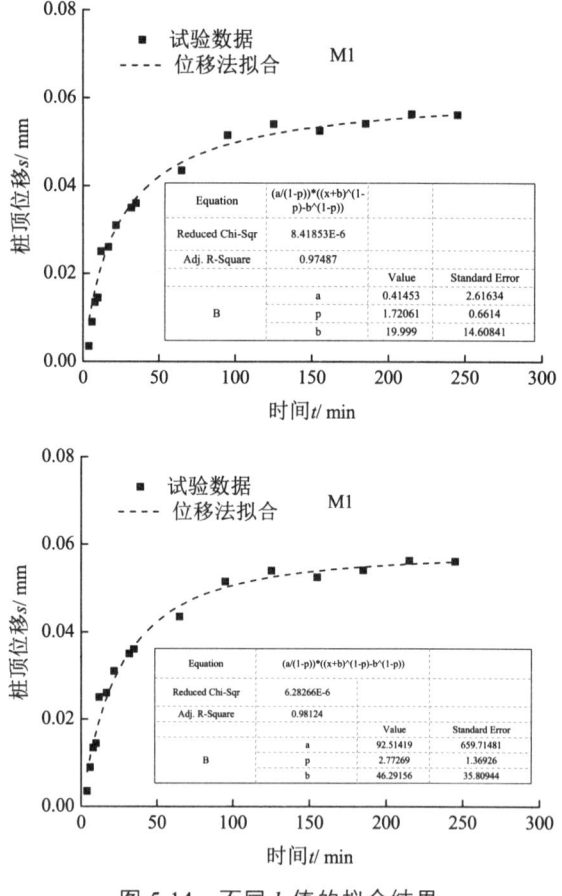

图 5-14 不同 b 值的拟合结果

由图 5-14 可知,当 $b = 20$ 时,得到的 $p = 1.72$,则桩顶位移处于缓慢稳定状态;而当 $b = 46$ 时,得到的 $p = 2.77$,则桩顶位移处于快速稳定状态,这对桩顶位移的发展趋势的判断将产生很大影响。因此,b 取值的基本原则应当是不对 p 值产生实质性的影响,这就需要弄清楚 b 与 p 之间的关系。为此,定义位移函数 $s(t)$ 在 $t \to \infty$ 时界限值的 $1/n$ 所对应的时间 $t_{1/n}$ 来反映 b 与 p 之间的关系[133],实际上界限值的 $1/n$ 所对应的时间 $t_{1/n}$ 也可用来反映函数的收敛性质,根据这一定义,对式(5-14)进行求解,得到 p 与

b 的表达式，如式（5-15）~（5-18）所列。

根据定义，$s(t)$ 在 $t \to \infty$ 时界限值的 $1/n$ 为

$$\frac{a}{n(p-1)}b^{1-p} = \frac{a}{1-p}[(t_{1/n}+b)^{1-p} - b^{1-p}] \qquad (5-15)$$

则：

$$(t_{1/n}+b)^{1-p} = \left(1-\frac{1}{n}\right)b^{1-p} \qquad (5-16)$$

式（5-8）两边同时取自然对数得

$$(1-p)\ln(b+t_{1/n}) = (1-p)\ln b + \ln\left(1-\frac{1}{n}\right) \qquad (5-17)$$

则：

$$p = 1 - \frac{\ln\left(1-\dfrac{1}{n}\right)}{\ln\left(\dfrac{t_{1/n}+b}{b}\right)} \qquad (5-18)$$

假设当位移 $s_{1/n}$ 达到 $t \to \infty$ 界限值的 90% 时，则 $0 \sim t_{1/n}$ 时间段内的位移与时间的关系曲线就已经决定了位移的发展趋势，即此时的 p 值就可以反映 $t \to \infty$ 时的最终位移状态，也就是 $1/n = 90\%$，将其代入式（5-18），得到式（5-19）。

$$p = 1 + \frac{2.3}{\ln\left(\dfrac{t_{0.9}+b}{b}\right)} \qquad (5-19)$$

通过假定不同的 $t_{0.9}$，就可以得到 p 与 b 的一系列关系曲线，如图 5-15 所示。

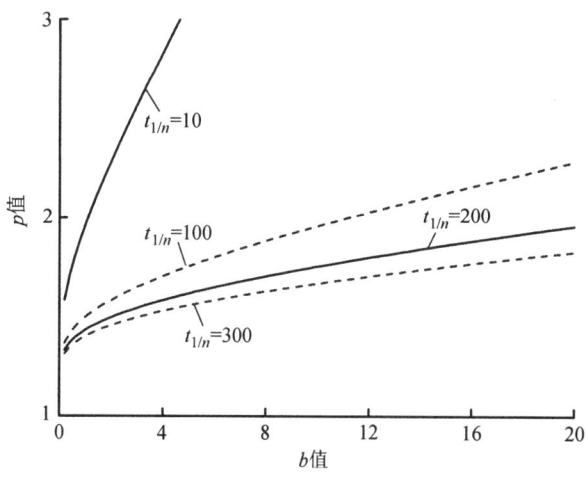

图 5-15 参数 b 与幂次 p 的关系

由图 5-15 可知，随 $t_{0.9}$ 的增大，参数 b 对 p 值的影响程度降低。而参数 b 的取值范围不对此前提到的变形状态划分时的 p 值产生实质性影响，因此对于 $p = 2$ 这一界限

值来讲，通过式（5-19）可得到 b 的取值范围，如式（5-20）~式（5-21）所列。

$$p = 1 + \frac{2.3}{\ln\left(\frac{t_{0.9}+b}{b}\right)} \leq 2 \quad (5-20)$$

则：

$$b \leq 0.11 t_{0.9} \quad (5-21)$$

具体到每组试验中，由于 $t_{0.9}$ 不能准确确定，可用试验时间 t 估计 b 的取值，即取 $0 \leq b < 0.1\,t$，由于在试验时间 t 内达到90%的最终变形量比较困难，因此 b 按 $0.1\,t$ 取值偏小，但对减小拟合误差有利。

5.5.2 桩顶位移数据拟合方法

根据上一节中对负幂函数的阐述，具体到离心模型试验得到的桩顶位移与时间的关系，在对其用式（5-11）、式（5-12）进行拟合时，尤其要注意 b 的取值范围，因此桩顶位移数据按以下方法进行拟合。具体方法为：按试验时间 t 的0.1倍确定 b 的上限值，即 $0 \leq b < 0.1\,t$，根据式（5-11）、式（5-12）分别对桩顶位移 $s(t)$ 与时间 t、位移速率 $v(t)$ 与时间 t 的试验数据进行拟合，以位移法和速率法得到的 p 平均值作为最终结果，确定 p 值，并对桩顶位移的发展趋势进行判断。

5.5.3 锚固桩顶位移试验数据分析

利用式（5-11）、式（5-12）的负幂函数，对第4章的九组离心模型试验得到的锚固桩顶位移数据按上节的拟合方法，对桩顶位移随时间的变化趋势进行判断。由于 M3~M6 为连续试验，在数据处理时，M4~M6 采用桩顶位移增量与增量时间。

1. M1

M1 桩顶位移与时间的负幂函数拟合结果如图5-16所示。

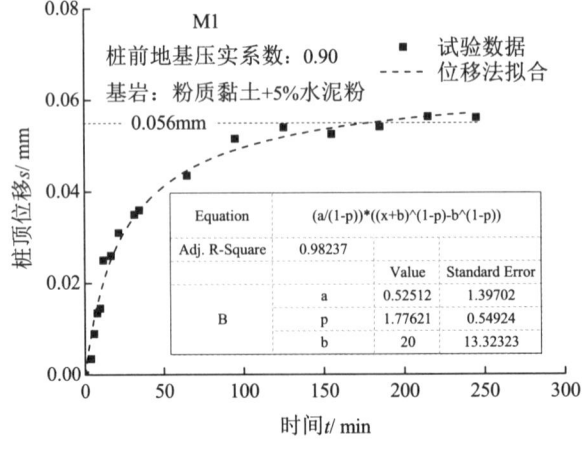

（a）位移法拟合

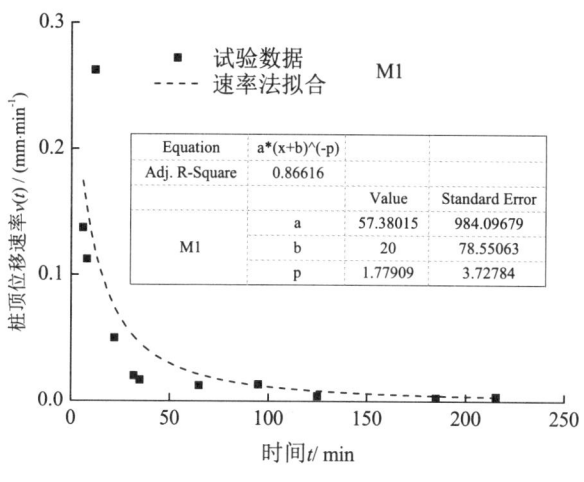

(b)速率法拟合

图 5-16　M1 位移法与速率法拟合

由图 5-16 可知，位移法和速率法得到的 p 值分别为 1.78 和 1.78，平均值约 1.78，由此可以判断锚固桩侧向位移 s 随时间 t 呈收敛发展趋势，并处于快速稳定状态。试验结束时，锚固桩侧向位移约 0.056 mm，最终变形量 $s_\infty \approx 0.066$ mm，变形完成比例约 85%。

2. M2

M2 桩顶位移与时间的负幂函数拟合结果如图 5-17 所示。

由图 5-17 可知，位移法和速率法得到的 p 值分别为 1.77 和 1.94，平均值约 1.86，由此可判断锚固桩侧向位移 s 随时间 t 呈收敛发展趋势，并处于快速稳定状态。试验结束时，锚固桩侧向位移约 0.043 mm，最终变形量 $s_\infty \approx 0.045$ mm，变形完成比例约 96%。

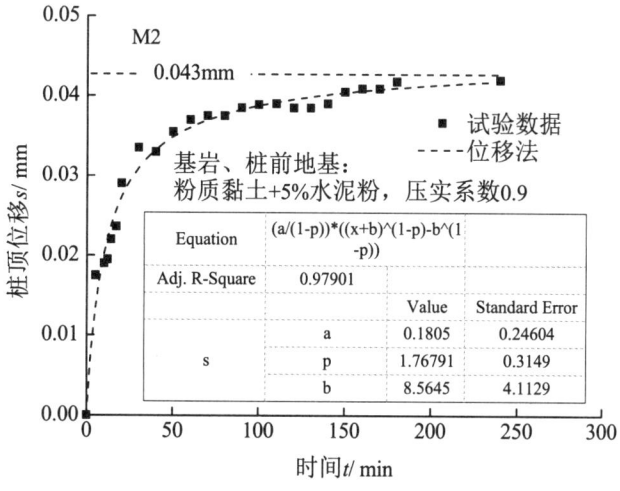

(a)位移法拟合

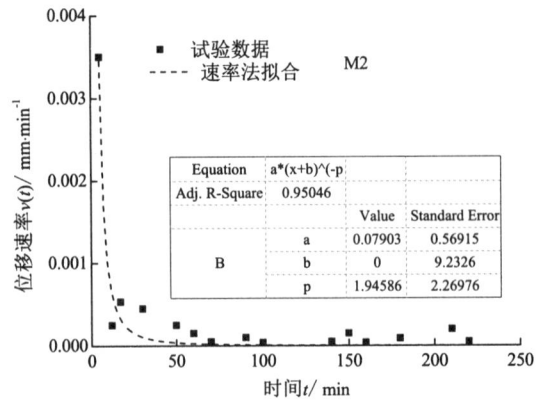

（b）速率法拟合

图 5-17　M2 位移法与速率法拟合

3. M3

M3 桩顶位移与时间的负幂函数拟合结果如图 5-18 所示。

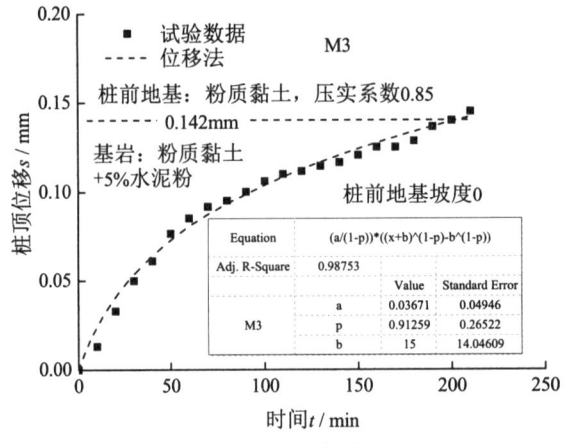

（a）位移法拟合

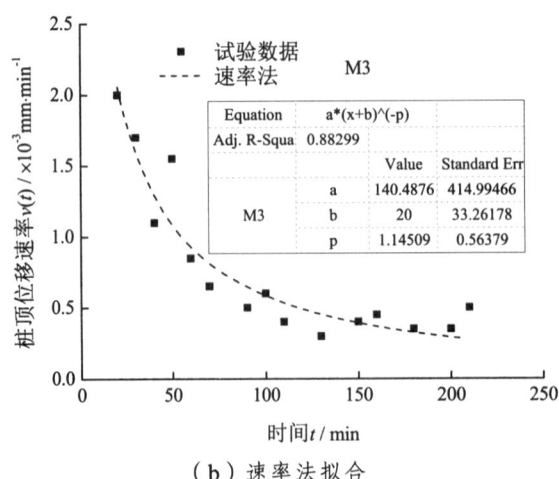

（b）速率法拟合

图 5-18　M3 位移法与速率法拟合

由图 5-18 可知，位移法和速率法得到的 p 值分别为 0.91 和 1.15，平均值约 1.03，锚固桩侧向位移处于缓慢稳定状态。试验结束时，锚固桩侧向位移约 0.142 mm。

4. M4~M5

M4 桩顶位移与时间的负幂函数拟合结果如图 5-19 所示。

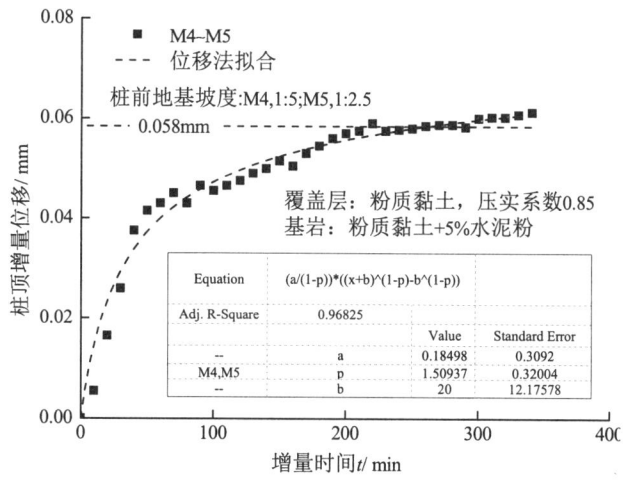

（a）位移法拟合

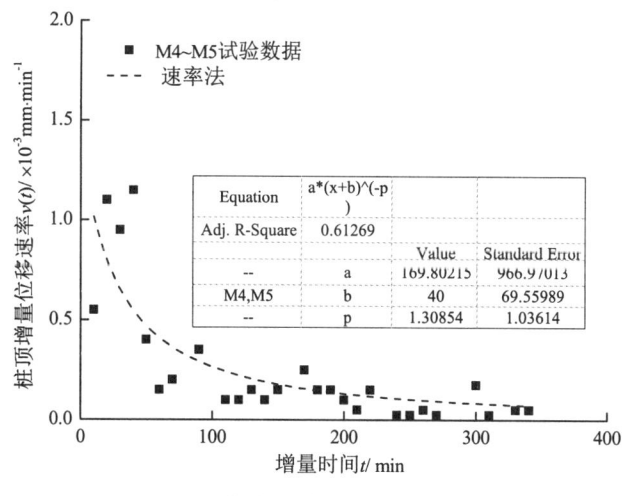

（b）速率法拟合

图 5-19　M4 位移法与速率法拟合

由图 5-19 可知，位移法和速率法得到的 p 值分别为 1.51 和 1.31，平均值约 1.41。试验结束时，锚固桩侧向位移增量约 0.058 mm，最终变形量为 M3 试验最后得到的位移量 0.145 与最终增量 $\Delta s_\infty \approx 0.131$ mm 之和，即 $s_\infty \approx 0.28$ mm。从 M3~M5 桩前地基条件的变化来看，M3 得到的 p 值应当大于 M4、M5，而实际结果却有较大差异。由图 5-6 中 M3 侧向位移与时间的变化未达到稳定，主要是试验时间不足引起了较大的误差。

5. M6

M6 桩顶位移与时间的负幂函数拟合结果如图 5-20 所示。

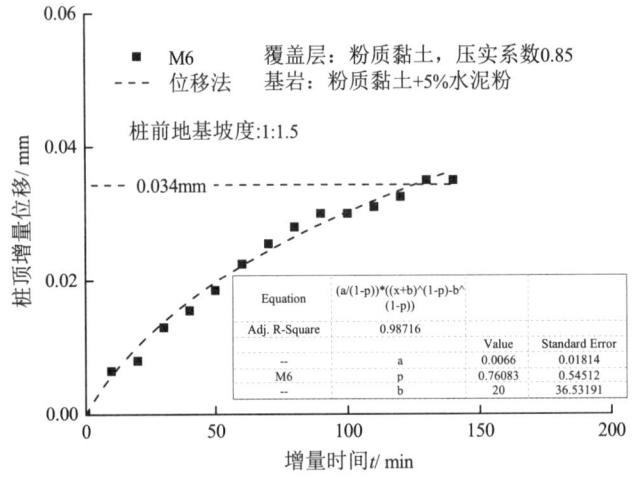

（a）位移法拟合

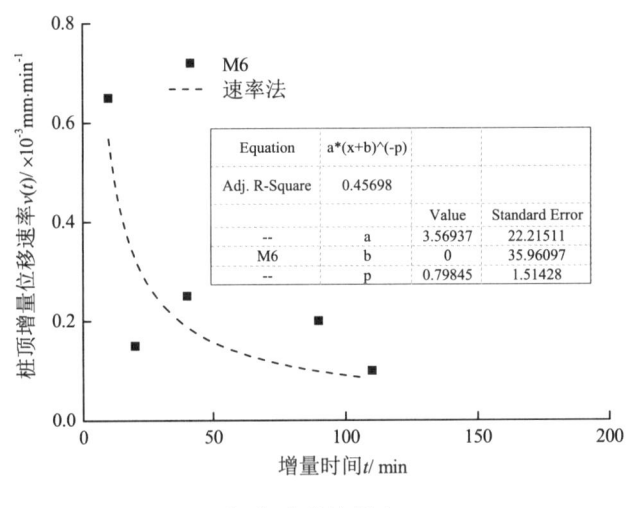

（b）速率法拟合

图 5-20　M6 位移法与速率法拟合

由图 5-20 可知，位移法和速率法得到的 p 值分别为 0.76 和 0.80，平均值约 0.78。从 M6 侧向位移与时间的变化趋势来看，与 M3 一样存着试验时间不足的问题。

6. M7

M7 桩顶位移与时间的负幂函数拟合结果如图 5-21 所示，图中位移数据为位移控制机构与锚固桩完全脱开后，锚固桩处于自由变形状态的数据。

由图 5-21 可知，位移法和速率法得到的 p 值分别为 0.97 和 1.17，平均值约 1.07，由此可判断锚固桩侧向位移 s 随时间 t 呈缓慢稳定状态，同时与 M1 试验对比，p 值由

1.78 降低至 1.07，降幅约 40%，可以反映出基岩强度降低后，对锚固桩侧向变形的影响很显著。

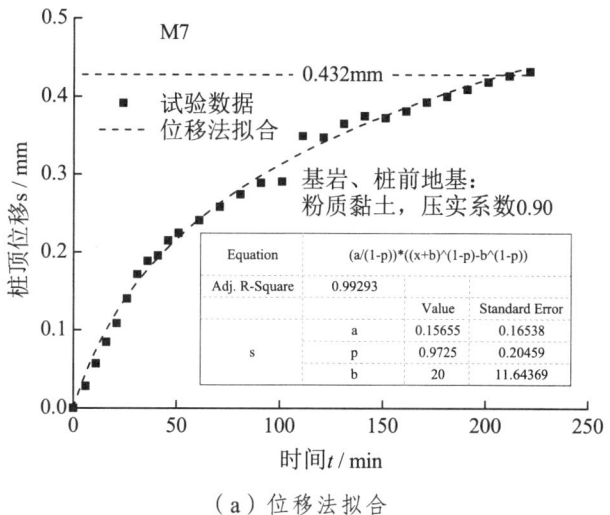

(a) 位移法拟合

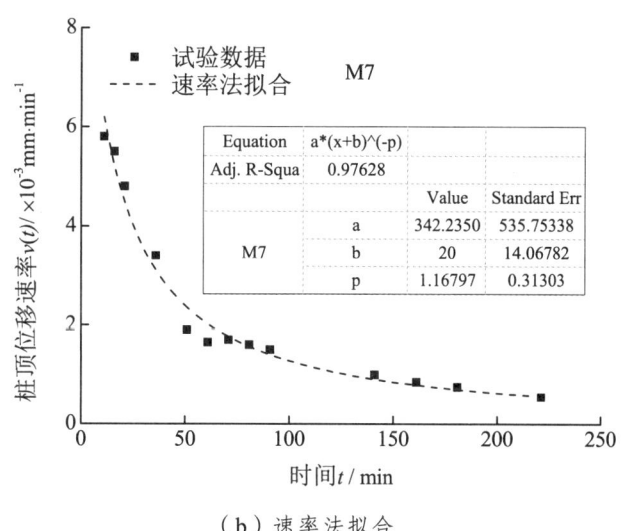

(b) 速率法拟合

图 5-21　M7 位移法与速率法拟合

7. M8

M8 桩顶位移与时间的负幂函数拟合结果如图 5-22 所示，图中位移数据为位移控制机构与锚固桩完全脱开后，锚固桩处于自由变形状态的数据。

由图 5-22 可知，位移法和速率法得到的 p 值分别为 1.42 和 0.96，平均值约 1.19，由此可判断锚固桩侧向位移 s 随时间 t 处于缓慢稳定状态。试验结束时，锚固桩侧向位移约 0.11 mm，最终变形量 $s_\infty \approx 0.182$ mm，变形完成比例约 60%。

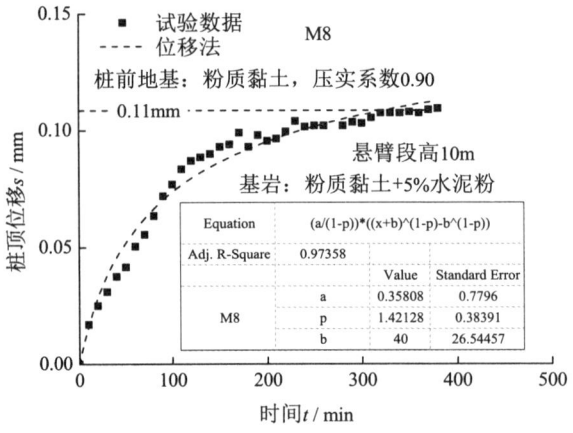

（a）位移法拟合

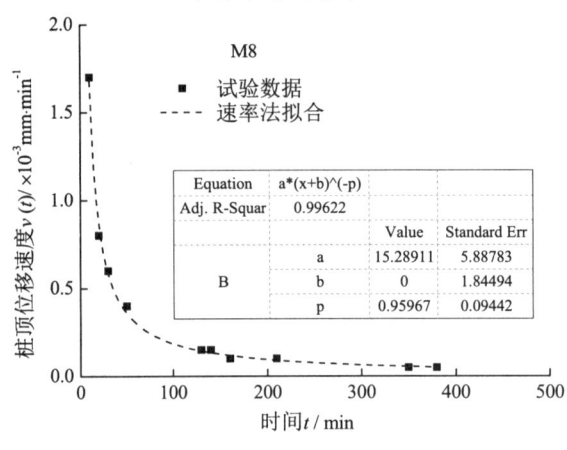

（b）速率法拟合

图 5-22　M8 位移法与速率法拟合

8. M9

M9 桩顶位移与时间的负幂函数拟合结果如图 5-23 所示，图中位移数据为位移控制机构与锚固桩完全脱开后，锚固桩处于自由变形状态的数据。

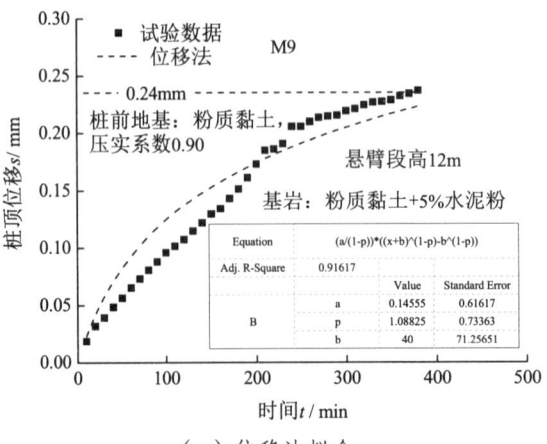

（a）位移法拟合

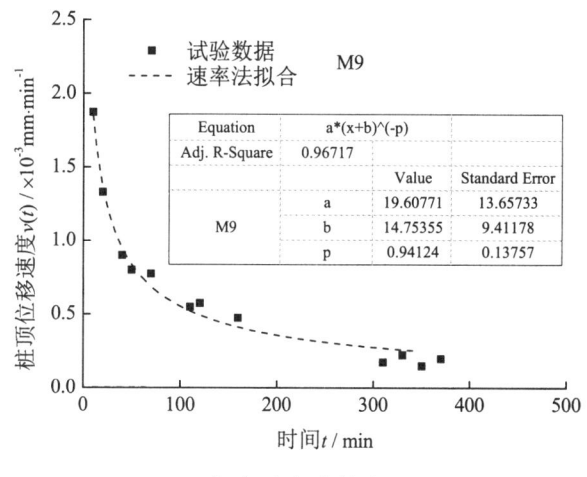

（b）速率法拟合

图 5-23 M9 位移法与速率法拟合

由图 5-23 可知，位移法和速率法得到的 p 值分别为 1.09 和 0.94，平均值约 1.02，由此可判断锚固桩侧向位移 s 随时间 t 处于缓慢稳定状态。试验结束时，锚固桩侧向位移约 0.24 mm，最终变形量 $s_\infty \approx 1.20$ mm，变形完成比例约 20%。

由 M1、M8 及 M9 的对比可知，在其他条件不变的情况下，锚固桩悬臂段高度由 9 m 增加至 10 m、12 m 时，p 值由 1.78 分别降至 1.19、1.02，降幅约 33% 和 43%，反映出锚固悬臂段高度的增加，对锚固桩侧向位移有较大的增大幅度。

5.5.4 锚固桩侧向位移阈值

通过负幂函数得到的 M1~M9 的幂次 p 与桩顶侧向位移 s 汇总表如表 5-3 所列。由于每组模型试验末期得到的桩顶位移数据并不能代表在该试验条件下的最终状态，因此桩顶侧向位移 s 取负幂函数拟合曲线的渐近值。

表 5-3 p 与锚固桩顶侧向位移 s 的关系

试验编号	p	s/mm
M1	1.78	0.07
M2	1.86	0.05
M3	1.03	1.14
M4	1.41	0.28
M5	1.41	0.28
M6	0.78	—
M7	1.07	1.85
M8	1.16	0.18
M9	1.02	1.20

说明：表中桩顶位移 s 为锚固桩处于自由变形阶段的数据

根据表 5-3 中的数据，绘制锚固桩侧向位移 s 随时间 t 的发展状态参数 p 与试验末期得到的锚固桩桩顶侧向位移 s 的关系曲线，如图 5-24 所示。

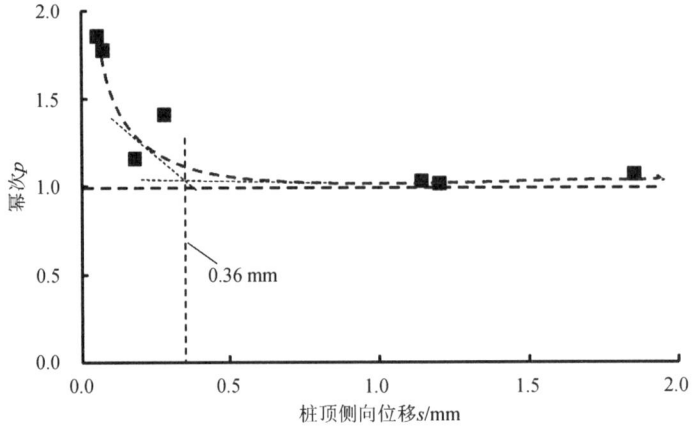

图 5-24　幂次 p 与桩顶侧向位移 s 的关系曲线

由图 5-24 可知，p 值随桩顶位移 s 的增大而减小，并最终趋于稳定。由于在离心试验环境中，对于小变形的测量总是存在一定的误差，以致于 p 值很难达到 2，将 $p \geqslant 2$ 作为判别快速稳定与缓慢稳定的界限偏于严格，因此可根据 p 值与桩顶侧向位移 s 曲线形态，利用"曲线形态判别法[134]"确定快速与缓慢稳定阈值。根据图 5-24，当桩顶位移 $s \approx 0.36$ mm 时，p 值与 s 曲线存在明显特征点，该特征点可以表征锚固桩顶位移 s 随时间 t 为快速稳定与缓慢稳定状态的界限。计算得到模型桩转动中心 $y_0 \approx 219 \sim 234$ mm，相应的锚固桩转角为 $(8.6 \sim 8.7) \times 10^{-4}$ rad，与现场测试结果基本一致。

工点一桩顶的最终侧向位移为 21.91 mm，计算得到的转动中心位置为桩顶以下 19.7 m，可知锚固桩的转角为 1.1×10^{-3} rad，且现场工点的桩体侧移长期监测表明，其处于快速稳定状态。

综合离心模型试验结果与现场实测数据，取二者锚固桩转角的中值，即 1×10^{-3} rad，作为快速稳定状态阈值的转角表达。以此作为地基存在黏性土层条件下，高速铁路无砟轨道结构桩板墙以变形状态控制为目的进行设计的变形控制阈值。

5.6　小　结

本章以室内土工试验、土工离心模型试验、有限元数值分析及现场测试的数据为基础进行理论分析，探讨了桩板墙墙背土压力及桩前地基抗力的分布规律、锚固桩顶位移与路基沉降的关系、粉质黏土的长期变形状态阈值与锚固桩顶位移的时间效应，有如下主要结论：

（1）桩板墙上半部分土压力沿墙背增加至最大值，最大值约 20~25 kPa，出现在挡墙中部附近（现场测试出现在中上部，有限元计算出现在中部，离心模型试验出现在中下部），这与经典土力理论相符，而后逐渐减小，二者发生偏离；现场实测土压力合力作用点较经典土压力偏上。

（2）从沿墙背的分布来看，实测土压力是经典土压力的一部分，即使考虑总土压力的作用点位置提高，实测土压力计算得到的桩身内力与截面弯矩也会小于经典土压力。设计采用经典主动土压力理论来计算岩土填料产生的墙背土压力是可行的，也是偏于安全的。

（3）墙后土体从静止土压力状态至主动土压力状态的过程可分为三个阶段，即：第一阶段是墙-土摩擦作用的逐渐发挥，其结果使墙背土压力减小不明显；第二阶段是墙-土摩擦作用保持不变，墙背处破裂面出现，墙后土体强度逐渐发挥，其结果是明显降低墙背土压力；第三阶段是墙后土体强度达到极限状态，并进入主动土压力状态，其结果是墙背土压力趋于稳定，墙后土体中出现破裂面。各试验模型达到主动土压力状态所需的桩顶位移与锚固桩悬臂段高度的比值介于 1‰~4‰。

（4）列车动荷载作用下产生的墙背最大动土压力值不超过 8 kPa，约为相同位置处现场实测得到的最大静土压力的 17%，不足 20%，一般认为这一动土压力水平较低，不影响桩板墙结构的长期服役性能。

（5）桩前地基土抗力沿深度呈非线性的分布规律，沿地基深度先增加后减小，最大抗力位置与《铁路路基支挡结构设计规范》(TB 10025—2006)中对桩侧土应力需要校核点的深度基本一致，即距地面 $\frac{1}{3}h_2$（h_2 为锚固段深度）。

（6）桩前地基土抗力系数 k 并非定值，随地层深度的增加基本呈线性增大的分布形式，随桩顶侧向位移的增加、地基强度的减小、荷载水平的增加而逐渐减小。地基土抗力系数取值尤其需要考虑桩体侧向变形的影响。

（7）锚固桩侧向位移引起的桩前地基侧向变形影响范围可用朗金被动土压力破裂角予以表达，即影响范围为桩前至被动破裂面与斜坡地表交点之间。另外，这一交点可作为设计锚固点，相应的交点至桩体的水平距离即为襟边宽度。

（8）路基填土受锚固桩侧向位移影响，处于主动受力模式，其水平方向影响范围可用朗金主动土压力破裂角予以表达。根据得到的路基面沉降沿横断面的分布特征，进行合理假设，可得到锚固桩侧向位移引起的墙后路基沉降 s_x 的计算公式为：

$$s_x = \frac{sx}{b}, \quad s = \frac{(d_1 + d_2)H}{b}$$

式中：x——某一点距沉降影响区域右侧的距离；

b——沉降影响区域宽度；

d_1，d_2——桩顶及地面处的侧向位移；

H——悬臂段高度。

（9）有限元数值分析表明，列车荷载作用下的桩顶侧移较小，最大仅为 0.42 mm。现场实测数据表明桩体侧向位移已趋于稳定。可以认为，列车荷载作用对桩体侧向位移的影响不大，累积效应不明显。

（10）综合离心模型试验与现场测试的结果，取转角 $1×10^{-3}$ rad 为快速稳定状态阈值的转角表达。离心模型试验结果表明，锚固桩侧向位移快速稳定状态阈值相应的锚固桩转角为 $8.7×10^{-4}$ rad，贵州铁路的现场工点桩体侧向位移处于快速稳定状态对应的桩体转角为 $1.1×10^{-3}$ rad，二者的均值约为 $1×10^{-3}$ rad。

【第 6 章】>>>>
基于变形状态控制的桩板墙设计方法探讨

6.1 概 述

目前，我国《铁路路基支挡结构设计规范》（TB 10025—2006）在桩板墙设计方法中，对桩顶位移的规定为不超过悬臂段长度的 1%，对于普通铁路不宜大于 100 mm。对于高速铁路，桩板墙桩顶位移引起的路基表层沉降，应满足路基工后总沉降量不超过允许值，而我国《高速铁路设计规范》（TB 10621—2014）明确规定：无砟轨道路基工后沉降应符合扣件调整能力的线路竖曲线圆顺的要求，工后沉降变形不宜超过 15 mm。《铁路路基支挡结构设计规范》中对桩板墙桩顶位移的规定与高速铁路无砟轨道对路基工后沉降的要求难以匹配，因此有必要提出适用于高速铁路无砟轨道条件下桩板墙的设计方法及变形控制标准。

从第 3 章桩板墙离心模型试验结果中不难发现，对桩板墙桩顶位移起控制作用的主要因素是桩前地基土的变形状态，若桩前地基土变形不具有时间效应，则桩顶侧向变形亦不具有时间效应，桩顶位移便能得到较好的控制。因此，从桩前地基土变形的时间效应方面入手，提出适用于高速铁路无砟轨道条件下的桩板墙设计方法。

6.2 基于变形状态控制的桩板墙设计方法

6.2.1 设计流程

以实现桩板墙桩前地基土变形处于快速稳定状态为控制目标，结合桩板墙荷载条件，以桩前地基土快速稳定状态的变形强度参数为核心控制指标，进行桩板墙力学分析，探讨基于变形时间效应的桩板墙设计评价技术，其设计和评价基本流程如图 6-1 所示。

根据图 6-1 的设计流程，对其中的设计计算方法及步骤做进一步的说明。

1. 基于变形状态控制的桩板墙设计方法

（1）荷载条件的确定。桩板墙外在的荷载来自墙背土压力。墙背土压力通常采用库仑或朗金主动土压力理论进行计算，轨道列车荷载引起的墙背压力采用弹性理论计算。设计中，**安全系数取 1**。

（2）锚固桩内力的确定。锚固桩根据桩身刚度与桩周土的性质分为刚性桩和弹性桩，其内力可根据实际情况按刚性桩和弹性桩的计算方法确定。

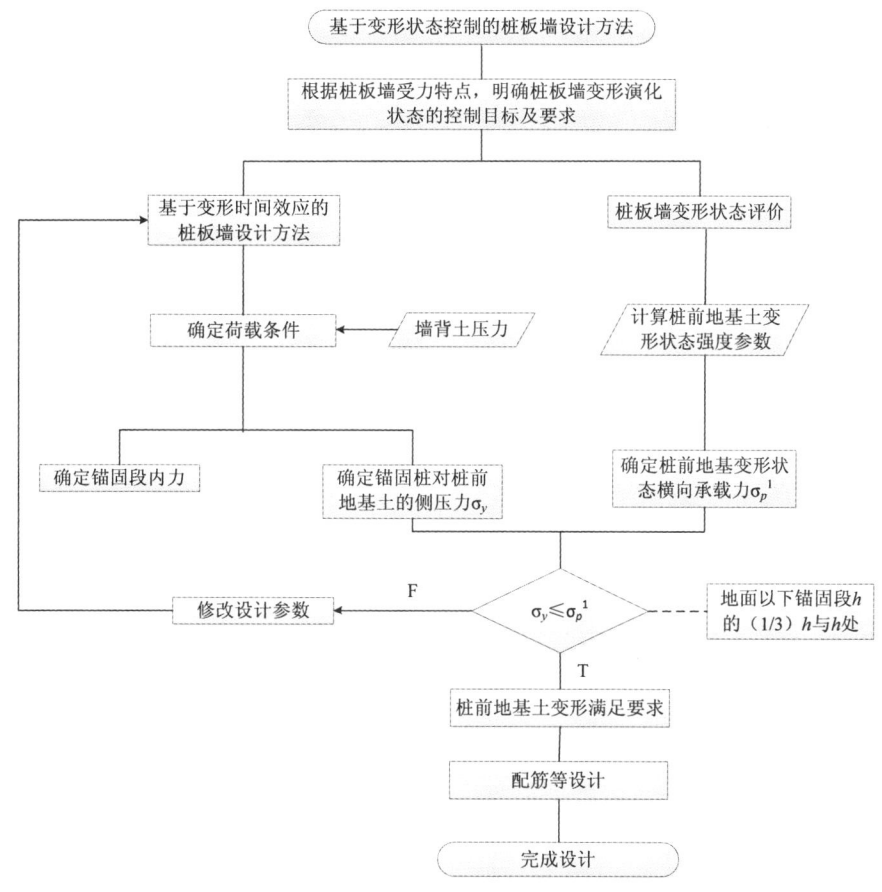

图 6-1 基于变形状态控制的桩板墙设计流程

2. 桩板墙锚固桩变形状态评价

（1）桩前地基土变形状态强度参数。根据室内分级加载的三轴试验，偏应力水平按试样极限偏应力的 5%、10%、20%……施加，利用负幂函数对应变 ε 和试验时间 t 进行拟合，得到幂次 p 与偏应力水平的关系曲线，根据"曲线形态判别法"确定偏应力水平阈值。根据莫尔-库仑准则，极限偏应力按应力水平阈值进行折减，得到与阈值相对应的土体变形状态的强度参数 c_1 和 φ_1。

（2）桩前地基变形状态横向承载力 σ_p^1。将土体变形状态强度参数 c_1 和 φ_1 代入桩前地基极限抗力 σ_p 公式，即被动土压力（朗金理论）公式，得到桩前地基变形状态横向承载力 σ_p^1。

（3）桩前地基侧压力 σ_y 与变形状态横向承载力 σ_p^1 比较。根据《铁路路基支挡结构设计规范》（TB 10025—2006），将锚固段 $\frac{1}{3}h$（h 为锚固段长度）处、h 处锚固桩对桩前地基侧压力 σ_y 与变形状态横向承载力 σ_p^1 进行比较，若 $\sigma_y \leqslant \sigma_p^1$，则相应的桩前地基土变形满足要求，若 $\sigma_y > \sigma_p^1$，则需要调整设计参数，如改变锚固桩尺寸、桩前地基加固等。从力学角度来看，这种设计方法可保证桩前地基土在墙背土压力的作用下，桩前地基土变形处于可控状态，保障高速铁路无砟轨道桩板墙长期服役性。

6.2.2 粉质黏土变形时间效应三轴试验

试验所用粉质黏土塑性指数 $I_{p17} \approx 18.3$、塑限 $w_p \approx 22.9\%$、液限 $w_{L17} \approx 41.1\%$，颗粒比重 $G_s \approx 2.68$，最大干密度 $\rho_{dmax} \approx 2.02\text{g/cm}^3$，最优含水率 $w_{op} \approx 10\%$。试样尺寸 $\phi 50\text{ mm} \times 100\text{ mm}$，按压实系数 k 为 1.0、最优含水率制样，试验围压为 100 kPa，饱和度为 100%。根据常三轴试验得到在 100 kPa 围压下，最大偏应力 $\Delta\sigma_f$ 约 760 kPa[137]。对土样进行室内固结排水（CD）的三轴试验，即先在 100 kPa 围压下使试样固结（24 h），然后施加偏应力 $\Delta\sigma_i$，按极限偏应力 $\Delta\sigma_f$ 的百分比（$\Delta\sigma_i = \lambda_i \Delta\sigma_f$，$\lambda_i = 5\%$、10%、20%、30%、40%、50%……）对试样进行分级加载，每级加载待试样轴向变形稳定后再施加下一级偏应力，直至破坏。其分级偏应力如表 6-1 所列。

表 6-1 试样偏应力分级

围压/kPa	饱和度	最大偏应力/kPa	偏应力分级/kPa						
			第一级	第二级	第三级	第四级	第五级	第六级	第七级
100	100%	760	38	77	153	230	306	383	459

试验结果如图 6-2 所示。

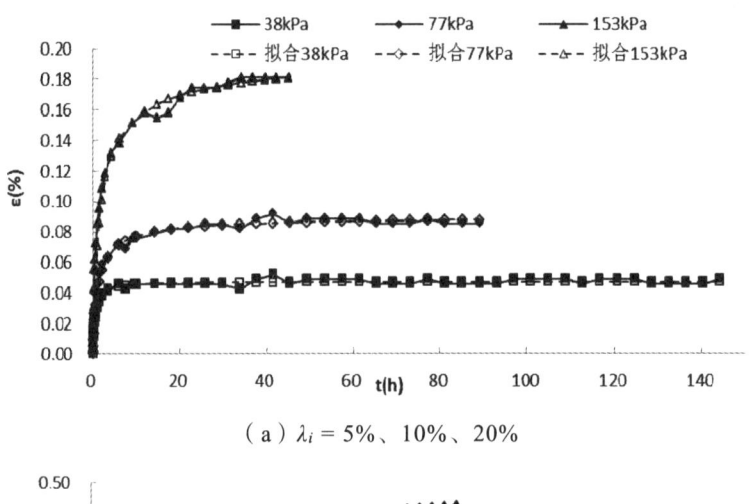

（a）$\lambda_i = 5\%$、10%、20%

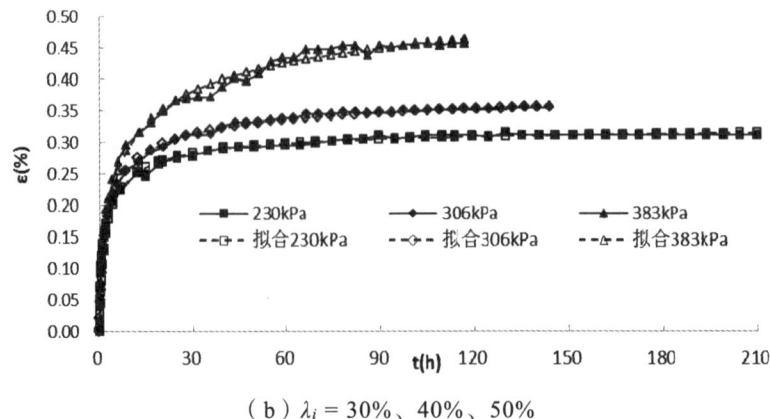

（b）$\lambda_i = 30\%$、40%、50%

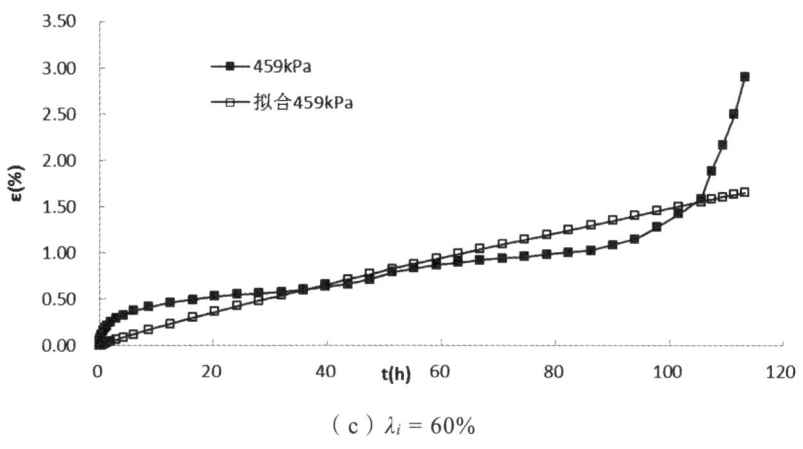

(c) $\lambda_i = 60\%$

图 6-2 三轴试验结果

利用式（5-12）的负幂函数对轴向应变 ε 和试验时间 t 进行拟合，得到的 p 值与偏应力水平 λ_i 如表 6-2 和图 6-3 所示。

表 6-2 p 值与偏应力水平 λ_i

偏应力水平 λ_i	p 值
5%	2.43
10%	1.82
20%	1.62
30%	1.55
40%	1.45
50%	1.24
60%	0.13

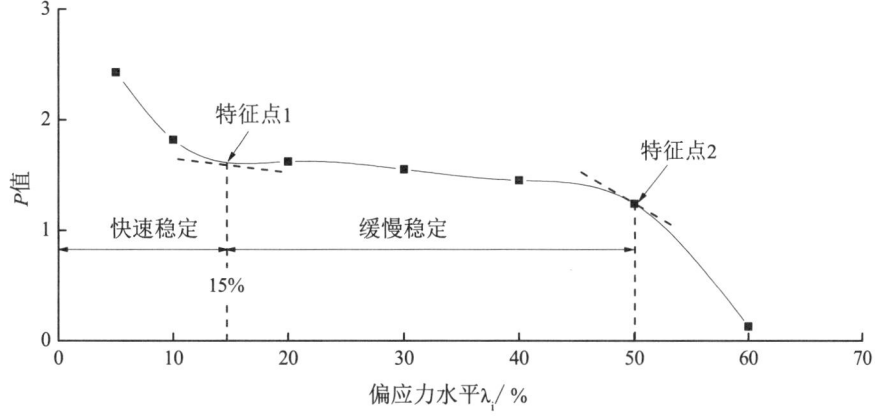

图 6-3 p 值与偏应力水平 λ_i 关系曲线

由图 6-3 可知，从 p 值与偏应力水平 λ_i 的关系曲线特征反映出，其曲线中明显存在两个特征点，第 1 个特征点位于偏应力水平为 15%左右，第 2 个特征点位于偏应力水平为50%左右。根据第5章中对土体变形状态的划分可知,第1个特征点对应于土体处于快速稳定与缓慢稳定的临界状态,即有无时间效应的阈值点;第2个特征点对应于土体处于缓慢稳定与长期破坏的临界状态。

6.2.3 变形状态强度参数的确定

土体变形状态强度参数的确定是根据莫尔-库仑准则,对极限偏应力按荷载水平阈值进行折减,如式(6-1)~式(6-11)所列,从而得到与荷载水平阈值相对应的土体变形状态的强度参数 c_i 和 φ_i,计算简图如图6-4所示。图6-4中,黑实线表示莫尔-库仑抗剪强度线,虚线表示按荷载水平折减后的土体变形状态强度线。

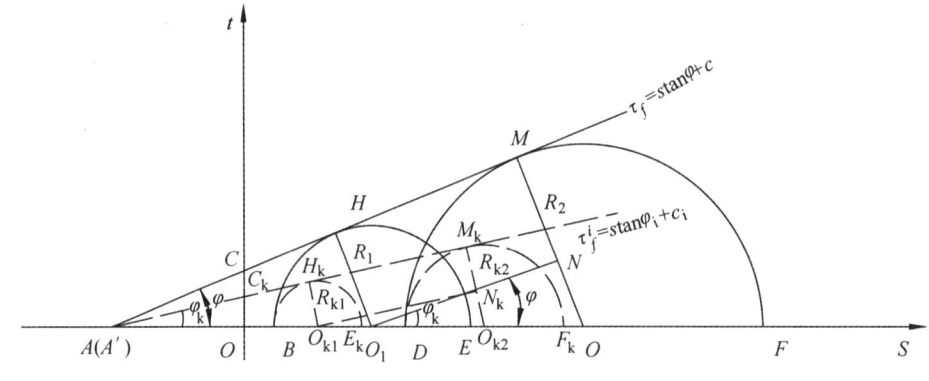

图6-4 变形状态强度参数计算简图

由图6-4中的几何关系,可推导出土体变形状态的强度参数 c_i 和 φ_i,推导过程如下。

1. 证明 $AO = A'O$

由莫尔-库仑强度线可得

$$\frac{O_1 H}{AO_1} = \frac{O_2 M}{AO_2} \tag{6-1}$$

其中,$O_1 H = R_1$,$O_2 M = R_2$,即

$$\frac{R_1}{AO + OB + R_1} = \frac{R_2}{AO + OD + R_2} \tag{6-2}$$

由折减后莫尔-库仑强度线可得

$$\frac{O_{k1} H_k}{AO_{k1}} = \frac{O_{k2} M_k}{AO_{k2}} \tag{6-3}$$

其中,$O_{k1} H_k = R_{k1}$,$O_{k2} M_k = R_{k2}$,即

$$\frac{R_{k1}}{A'O + OB + R_{k1}} = \frac{R_{k2}}{A'O + OD + R_{k2}} \tag{6-4}$$

由极限偏应力与折减后的极限偏应力的关系：

$$\Delta\sigma_i = \lambda_i \Delta\sigma_f \tag{6-5}$$

由图 6-4 可得

$$R_{k1} = \lambda_i R_1 \tag{6-6}$$

由式（6-2）、式（6-4）、式（6-6）可解得

$$\left. \begin{aligned} AO &= \frac{OD \cdot R_1 - OB \cdot R_2}{R_2 - R_1} \\ A'O &= \frac{OD \cdot R_1 - OB \cdot R_2}{R_2 - R_1} \end{aligned} \right\} \tag{6-7}$$

则：$AO = A'O$，即莫尔-库仑强度线与折减后的莫尔-库仑强度线与横坐标相交于同一点。

2. 土体变形状态的强度参数 c_1 和 φ_1

根据图 6-4 的莫尔-库仑圆的几何关系，可得：

$$\left. \begin{aligned} R_1 &= \frac{(OB + R_1)\tan\varphi + c}{\sqrt{1 + \tan^2\varphi}} \\ R_2 &= \frac{(OD + R_2)\tan\varphi + c}{\sqrt{1 + \tan^2\varphi}} \end{aligned} \right\} \tag{6-8}$$

由式（6-8）可解得

$$\left. \begin{aligned} R_1 &= \frac{OB\sin\varphi + c\cdot\cos\varphi}{1 - \sin\varphi} \\ R_2 &= \frac{OD\sin\varphi + c\cdot\cos\varphi}{1 - \sin\varphi} \end{aligned} \right\} \tag{6-9}$$

根据图 6-4 的折减后的莫尔-库仑圆几何关系，可得

$$\left. \begin{aligned} \lambda_1 R_1 &= \frac{(OB + \lambda_1 R_1)\tan\varphi_1 + c_1}{\sqrt{1 + \tan^2\varphi_1}} \\ \lambda_1 R_2 &= \frac{(OB + \lambda_1 R_2)\tan\varphi_1 + c_1}{\sqrt{1 + \tan^2\varphi_1}} \end{aligned} \right\} \tag{6-10}$$

由式（6-8）~式（6-10）可得

$$\begin{cases} \varphi_1 = \arcsin\left[\dfrac{\sin\varphi}{(1 - \sin\varphi)/\lambda_1 + \sin\varphi}\right] \\ c_1 = \dfrac{c}{\tan\varphi} \cdot \tan\varphi_1 \end{cases} \tag{6-11}$$

由式（6-11）可知，土体变形状态强度参数 c_1、φ_1 仅与折减系数相关，而与选取切圆无关。

6.2.4 基于变形状态控制的桩板墙设计方法

基于变形状态控制的桩板墙评价方法的基本原理是，以挡墙墙背土压力作为荷载条件，并以桩前地基产生的被动土压力作为大主应力，桩前地基土自重应力作用小主应力，基于莫尔-库仑准则，利用土体变形状态强度参数对桩前被动土压力 σ_p 进行折减，得到与土体变形状态相对应的桩前地基横向承载力 σ_p^l，并将锚固桩锚固段对地基的侧压力 σ_y 与桩前地基横向承载力 σ_p^l 进行比较，评价桩前地基土的变形状态，并假定地面处桩前地基土的抗力为零，其计算简图如图 6-5 所示，具体方法如下。

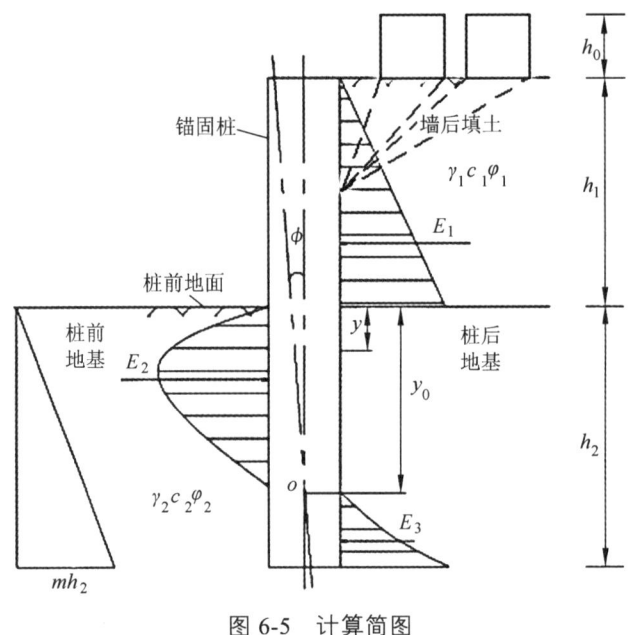

图 6-5 计算简图

1. 墙背土压力 E_1

墙背土压力 E_1 包括墙后填料产生的墙背土压力和列车及轨道荷载产生的土压力，前者按朗金（或库仑）主动土压力计算，后者按弹性理论计算。

2. 锚固桩内力

1）刚性桩

锚固桩按刚性桩考虑时，地基系数假定随深度呈正比例增加，不考虑桩-土相互作用，锚固桩内力按角变位法计算[138]，如图 6-5 所示，在墙背土压力作用下，桩身绕地面以下 y_0 处的"O"点转动，不考虑桩底应力的偏心分布，则地面以下 y 深度处土的侧应力 σ_y 为：

$$\sigma_y = my(y_0 - y)\tan\phi \tag{6-12}$$

由于 ϕ 角通常较小，可近似认为 $\tan\phi \approx \phi$，则式（6-13）可变为

$$\sigma_y = my(y_0 - y)\phi \tag{6-13}$$

式中：m——地基系数随深度变化的比例系数，kN/m^4；

ϕ——锚固桩转角，rad。

当锚固段地基由两层或三层土组成时，可将各层土换算成同一个 m 值以方便计算[133]，对于刚性桩，具体换算方如下。

① 两层土组成时：

$$m = \frac{m_1 h_1^2 + m_2(2h_1 + h_2)h_2}{h^2} \tag{6-14}$$

式中：m_1、m_2——分别为第一层和第二层地基系数随深度变化的比例系数，kN/m^4；

h_1、h_2——分别为第一层和第二层土的层厚，m；

h——锚固段深度，m。

② 三层土组成时：

$$m = \frac{m_1 h_1^2 + m_2(2h_1 + h_2)h_2 + m_3(2h_1 + 2h_2 + h_3)h_3}{h^2} \tag{6-15}$$

式中：m_1、m_2、m_3——分别为第一层、第二层和第三层地基系数随深度变化的比例系数，kN/m^4；

h_1、h_2、h_3——分别为第一层、第二层和第三层土的层厚，m；

h——锚固段深度，m。

对于 $y > y_0$ 时，式（6-13）仍然适用，则锚固段深度 h_2 范围内土的侧应力之和 R_h 为：

$$R_h = \int_0^{h_2} B_p \phi(y_0 - y)my \, dy = \frac{1}{6} B_p m\phi h_2^2 (3y_0 - 2h_2) \tag{6-16}$$

式中：B_p——桩的计算宽度，方形桩取 $B_p = B+1$，B 为锚固桩宽度，m。

R_h 对地面处的力矩 M_h 为：

$$M_h = \int_0^{h_2} B_p \phi(y_0 - y)my^2 \, dy = \frac{1}{12} B_p m\phi h_2^3 (4y_0 - 3h_2) \tag{6-17}$$

根据锚固桩静力平衡条件

$$\begin{cases} \sum X = 0 \quad E_1 L - R_h = E_1 L - \frac{1}{6} B_p m\phi h_2^2 (3y_0 - 2h_2) = 0 \\ \sum M_h = 0 \quad \frac{1}{3} E_1 L h_1 + M_h = \frac{1}{3} E_1 L h_1 + \frac{1}{12} B_p m\phi h_2^3 (4y_0 - 3h_2) = 0 \end{cases} \tag{6-18}$$

解得

$$\begin{cases} y_0 = \dfrac{h_2(9h_2 + 4h_1)}{6(h_1 + 2h_2)} \\ \phi = \dfrac{12E_1L(h_1 + 2h_2)}{B_p m h_2^4} \end{cases} \quad (6\text{-}19)$$

式中：L——锚固桩中心间距，m。

锚固段任一深度 y 处桩身剪力 Q_y 及弯矩 M_y 为

$$\begin{cases} Q_y = E_1L - \dfrac{1}{6}B_p m\phi y^2(3y_0 - 2y) \\ M_y = \dfrac{1}{3}E_1 L h_1 + E_1 L y - \dfrac{1}{12}B_p m\phi y^3(2y_0 - y) \end{cases} \quad (6\text{-}20)$$

2）弹性桩

当锚固桩为弹性桩时，其内力的计算方法通常采用"m"法，该方法是根据弹性地基上的弹性梁受荷后的挠曲线的微分方程，利用幂级数解，微分方程的基本形式如式（6-21）。

$$EI\dfrac{d^4 x}{dy^4} = -myxB_p \quad (6\text{-}21)$$

式中：EI——弹性梁的抗弯刚度，kN·m^2；

x——锚固桩任一截面处的水平位移，m。

利用幂级数求解式（6-21）可得锚固桩身任一截面处的水平位移 x、转角 ϕ、弯矩 M 和剪力 Q：

$$\begin{cases} x = x_0 A_1 + \dfrac{\phi_0}{\alpha} B_1 + \dfrac{M_0}{\alpha^2 EI} C_1 + \dfrac{Q_0}{\alpha^3 EI} D_1 \\ \phi = \alpha\left(x_0 A_2 + \dfrac{\phi_0}{\alpha} B_2 + \dfrac{M_0}{\alpha^2 EI} C_2 + \dfrac{Q_0}{\alpha^3 EI} D_2\right) \\ M = \alpha^2 EI\left(x_0 A_3 + \dfrac{\phi_0}{\alpha} B_3 + \dfrac{M_0}{\alpha^2 EI} C_3 + \dfrac{Q_0}{\alpha^3 EI} D_3\right) \\ Q = \alpha^3 EI\left(x_0 A_4 + \dfrac{\phi_0}{\alpha} B_4 + \dfrac{M_0}{\alpha^2 EI} C_4 + \dfrac{Q_0}{\alpha^3 EI} D_4\right) \end{cases} \quad (6\text{-}22)$$

式中：x_0、ϕ_0、M_0、Q_0——分别为地面处锚固桩的水平位移（m）、转角（rad）、弯矩（kN·m）和剪力（kN），其中，x_0、ϕ_0 可根据桩端边界条件确定；

A_i、B_i、C_i、D_i——分别为随桩换算深度而异的系数；

α——锚固桩变形系数，m^{-1}。

（1）桩底为固定端。

当桩底为固定端时，桩底处水平位移 $x = 0$、转角 $\phi = 0$，由此可得

$$\begin{cases} x_0 = \dfrac{M_0}{\alpha^2 EI} \cdot \dfrac{B_1 C_2 - C_1 B_2}{A_1 B_2 - B_1 A_2} + \dfrac{Q_0}{\alpha^3 EI} \cdot \dfrac{B_1 D_2 - D_1 B_2}{A_1 B_2 - B_1 A_2} \\ \phi_0 = \dfrac{M_0}{\alpha EI} \cdot \dfrac{A_2 C_1 - A_1 C_2}{A_1 B_2 - B_1 A_2} + \dfrac{Q_0}{\alpha^2 EI} \cdot \dfrac{A_2 D_1 - D_2 A_1}{A_1 B_2 - B_1 A_2} \end{cases} \quad (6\text{-}23)$$

（2）桩底为铰接。

当桩底为铰接时，桩底处水平位移 $x = 0$、弯矩 $M = 0$，由此可得

$$\begin{cases} x_0 = \dfrac{M_0}{\alpha^2 EI} \cdot \dfrac{C_1 B_3 - B_1 C_3}{B_1 A_3 - A_1 B_3} + \dfrac{Q_0}{\alpha^3 EI} \cdot \dfrac{D_1 B_3 - B_1 D_3}{B_1 A_3 - A_1 B_3} \\ \phi_0 = \dfrac{M_0}{\alpha EI} \cdot \dfrac{A_1 C_3 - C_1 A_3}{B_1 A_3 - A_1 B_3} + \dfrac{Q_0}{\alpha^2 EI} \cdot \dfrac{A_1 D_3 - D_1 A_3}{B_1 A_3 - A_1 B_3} \end{cases} \quad (6\text{-}24)$$

（3）桩底为自由端。

当桩底为自由端时，桩底处弯矩 $M = 0$、剪力 $Q = 0$，由此可得

$$\begin{cases} x_0 = \dfrac{M_0}{\alpha^2 EI} \cdot \dfrac{B_3 C_4 - C_3 B_4}{A_3 B_4 - B_3 A_4} + \dfrac{Q_0}{\alpha^3 EI} \cdot \dfrac{B_3 D_4 - D_3 B_4}{A_3 B_4 - B_3 A_4} \\ \phi_0 = \dfrac{M_0}{\alpha EI} \cdot \dfrac{C_3 A_4 - A_3 C_4}{A_3 B_4 - B_3 A_4} + \dfrac{Q_0}{\alpha^2 EI} \cdot \dfrac{D_3 A_4 - A_3 D_4}{A_3 B_4 - B_3 A_4} \end{cases} \quad (6\text{-}25)$$

将式（6-23）~式（6-25）中相应的边界条件下的 x_0、ϕ_0 代入式（6-23），即可得到锚固桩任一截面处的变位及内力。

利用水平位移即可得到桩前土的侧应力 σ_y 为：

$$\sigma_y = myx \quad (6\text{-}26)$$

3. 桩前地基土变形状态横向承载力 σ_p^l

锚固桩在墙背土压力的作用下产生转动变位，当桩周土体达到极限状态时，一般认为桩前土体产生被动土压力、桩后土体产生主动土压力。《铁路路基支挡结构设计规范》（TB 10025—2006）中规定，锚固桩对桩前地基土的侧应力 σ_y 不应大于朗金被动与主动土压力之差，该差值作为桩前地基横向允许承载力 $[\sigma_H]$，则：

朗金被动土压力：

$$\sigma_p = \gamma y \tan^2\left(45° + \dfrac{\varphi}{2}\right) + 2c \tan\left(45° + \dfrac{\varphi}{2}\right) \quad (6\text{-}27)$$

朗金主动土压力：

$$\sigma_a = \gamma y \tan^2\left(45° - \dfrac{\varphi}{2}\right) - 2c \tan\left(45° - \dfrac{\varphi}{2}\right) \quad (6\text{-}28)$$

桩前地基横向允许承载力 $[\sigma_H]$：

$$[\sigma_H] = \sigma_p - \sigma_a = \frac{4}{\cos\varphi}(\gamma y \tan\varphi + c) \tag{6-29}$$

对桩前地基土侧应力 σ_y 极限值的界定，从《铁路路基支挡结构设计规范》（TB 10025—2006）中的规定来看，应当为桩前朗金被动与桩后朗金主动土压力之差。

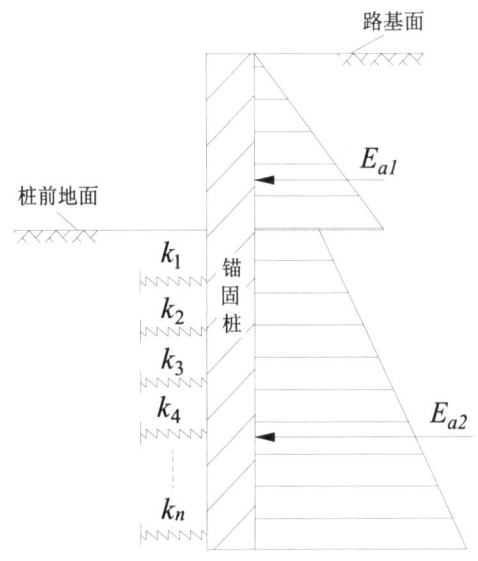

图 6-6 桩前地基受力模式示意图

从桩板墙受力模式上来看，如图 6-6 所示，在桩后土压力 E_{a1}、E_{a2} 的作用下，锚固桩发生侧向位移，挤压桩前土体，使桩前地基土产生抗力，此时抗力的极限值应当为被动土压力。因此，桩前地基横向允许承载力 $[\sigma_H]$ 实际上是在极限承载力 σ_p 的基础上的一种折减方式。而桩前地基极限承载力应当为被动土压力 σ_p，即桩前地基土的极限抗力为 σ_p，桩后地基中产生的主动土压力 σ_a 应当视为荷载。由于变形状态强度参数的确定是在对极限偏应力进行折减后得到的，因此桩前地基土变形状态的横向承载力 σ_p^1 也应当在其极限承载力的基础上进行折减，也就是对式（6-28）中的 c、φ 值按偏应力水平进行折减，从而得到桩前地基土变形状态的横向承载力 σ_p^1：

$$\sigma_p^1 = \gamma y \tan^2\left(45° + \frac{\varphi_1}{2}\right) + 2c_1 \tan\left(45° + \frac{\varphi_1}{2}\right) \tag{6-30}$$

当桩前地面以下 $\frac{1}{3}h_2$ 深度及 h_2 深度处锚固桩对桩前地基侧应力 σ_y 小于等于 σ_p^1 时，可认为桩前地基土变形不具有时间效应，即需满足：

$$\begin{cases} \sigma_y \leqslant \sigma_p^1 \\ y = \frac{1}{3}h_2; y = h_2 \end{cases} \tag{6-31}$$

6.3 斜坡地基路肩式桩板墙设计中的襟边宽度讨论

桩前地基在外荷载作用下为被动受力模式,其水平方向影响范围可用朗金被动土压力破裂角予以表达,如式(6-32)所列;而路基填土受锚固桩侧向位移影响,处于主动受力模式,其水平方向影响范围可用朗金主动土压力破裂角予以表达,如式(6-33)所列。影响范围示意图如图6-7所示。

桩前地基土侧向变形影响范围 x_p:

$$x_p = y_0 \tan\left(45° + \frac{\varphi_2}{2}\right) \quad (6-32)$$

式中:y_0——刚性锚固桩转动中心,m;
φ_2——桩前地基土内摩擦角,°。

路堤填土侧向变形影响范围 x_a:

$$x_a = h_1 \tan\left(45° - \frac{\varphi_1}{2}\right) \quad (6-33)$$

式中:h_1——锚固桩悬臂段长度,m;
φ_1——路堤填土内摩擦角,°。

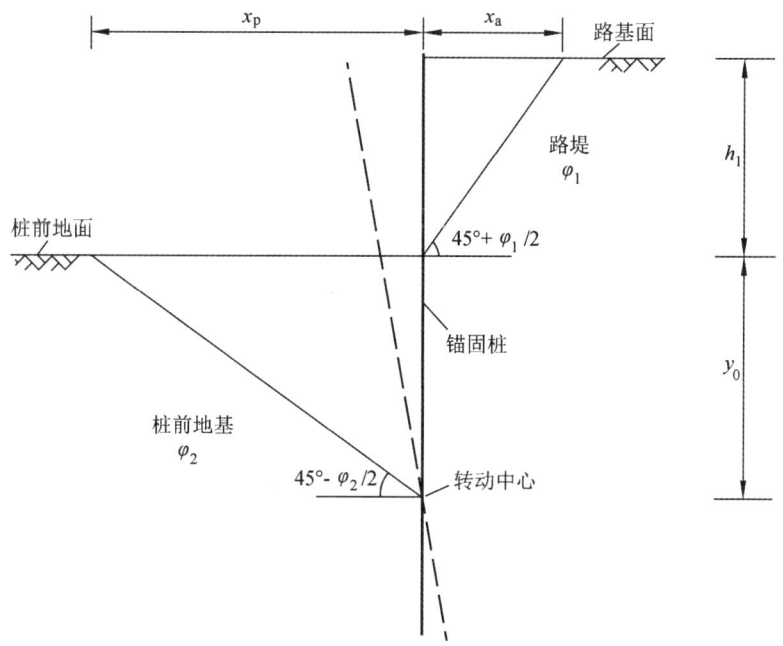

图 6-7 桩前地基及路堤侧向变形影响范围示意图

根据转动中心计算公式得到的锚固桩转动中心所处深度 $y_0 = 11.7$ m、桩前地基土内摩擦角 $\varphi_2 = 13.2°$,可得桩前地面处土体侧向变形影响范围 $x_p \approx 14.7$ m,换算至位移计测试深度处(地面以下 1.5 m)的土体侧向变形影响范围 $x_{p(1.5)} \approx 12.8$ m。现场实测表明，锚固桩侧移的水平方向影响范围约距桩体 8~10 m。二者较为接近，综合现场实测与理论分析的结果，现场工点桩板墙侧向位移的影响范围平均值约为桩前 10 m 范围内。

将以上分析应用于斜坡地基路肩式桩板墙的设计中，可得出这样的结论：当位于斜坡地基上时，可将从被动状态破裂面与斜坡地表交点至桩前的水平距离确定为襟边宽度。

6.4 现场工点的长期性能计算分析

1. 计算参数

以贵州某铁路工点的桩板墙为例，开展基于变形时间效应的桩板墙计算，墙后填土为 A、B 组填料，容重 $\gamma_1 = 23$ kN/m³，$\varphi_1 = 40°$（综合内摩擦角）；在锚固桩锚固段范围内，地基土共有两层组成，第一层为粉质黏土，层厚 $h_{2-1} \approx 10$ m，天然容重 $\gamma_{2-1} = 18.7$ kN/m³，$c_2 = 52.4$ kPa，$\varphi_2 = 13.2°$，液性指数 $I_L = 0.1$；第二层为强风化页岩，饱和状态，层厚 $h_{2-2} = 6$ m，可按第一层土在 0.95 压实度下以及饱和状态下的参数取值，即 $\gamma_{2-2} = 19.8$ kN/m³，其力学参数与第一层土差异较小，为方便计算，该层土物理力学参数与第一层土取相同值，但地基系数随深度变化的比例系数 m 取值较第一层土可适当提高。锚固桩悬臂段高度 $h_1 = 8$ m，锚固段深度 $h_2 = 16$ m，桩前地基系数随深度变化的比例系数 m 按《铁路路基支挡结构设计规范》（TB 10025—2006）取值，如表 6-3 所列。锚固桩截面为长方形，宽 $B = 2$ m，截面高度 3 m，桩身为 C35 钢筋混凝土浇筑而成，抗弯刚度 $EI \approx 1.4×10^8$ kN·m²，桩中心间距 $L = 5$ m。

表 6-3 地基系数随深度变化的比例系数 m 参考值

序号	地基土名称	水平方向 m /（10^3 kN/m⁴）	地面处桩位移/mm
1	软塑（0.75<I_L<1）状黏性土及粉质黏土；淤泥	0.5~1.4	6~10
2	软塑（0.5<I_L<0.75）状粉质黏土及黏土	1.0~2.8	
3	硬塑粉质黏土及黏土；细砂和中砂	2.0~4.2	
4	坚硬的粉质黏土及黏土；粗砂	3.0~6.0	
5	砾砂；碎石土、卵石土	5.0~14	
6	密实的大漂石	40~84	

根据《岩土工程勘察规范》（GB 50021），地基粉质黏土液性指数 $0<I_L = 0.1 \leq 0.25$ 时，为硬塑状态，则地基系数随深度变化的比例系数 m_1 取值范围为 2 000~4 200 kN/m⁴，计算时取其平均值，则 $m_1 = 3 100$ kN/m⁴，对于强风化页岩，m 较粉质黏土提高一档取值，即 m_2 取值范围为 3 000~7 000 kN/m⁴，计算时取其平均值，则 $m_2 = 5 000$ kN/m⁴。根据式（6-15）可得，锚固段 h_2 范围内土的换算 m 值为：

$$m = \frac{m_1 h_{2-1}^2 + m_2(2h_{2-1} + h_{2-2})h_{2-2}}{h_2^2}$$

$$= \frac{3\,100 \times 10^2 + 5\,000 \times (2 \times 10 + 6) \times 6}{16^2} \approx 4\,258 \text{ (kN/m}^4\text{)}$$

偏应力水平 λ_i 取 0.15，根据式 6-11 可得 φ_{2-1}、c_{2-1}，如表 6-4 所列。

表 6-4　与偏应力水平 λ_1 对应的变形状态强度参数

λ_1	φ_{2-1}/(°)	c_{2-1}/kPa
0.15	2.4	9.4

2. 计算结果

1）墙背土压力

朗金主动土压力系数 $k_{a1} = 0.2$，根据式（6-12）可得：

$$E_1 = E_a = \frac{1}{2}\gamma_1 h_1^2 k_{a1} = 0.5 \times 23 \times 8^2 \times 0.2 = 146.2 \text{ (kN/m)}$$

考虑列车及轨道荷载后的 $E_1 = 195$ kN/m。

2）刚性桩与弹性桩的判断

根据《铁路路基支挡结构设计规范》（TB 10025—2006），刚性桩与弹性桩的判断方法为：

$$\left.\begin{array}{l} \alpha h \leqslant 2.5，属刚性桩 \\ \alpha h > 2.5，属弹性桩 \end{array}\right\} \qquad (6-34)$$

式中：α——桩的变形系数，m^{-1}；$\alpha = \sqrt[5]{\dfrac{mB_p}{EI}}$；

　　　h——桩的锚固深度，m；

　　　m——地基土水平抗力的比例系数，kN/m^4；

　　　B_p——桩的计算宽度，m；$B_p = B+1$；

　　　B——桩的宽度，m；

　　　E——桩的弹性模量，kPa；

　　　I——桩的截面惯性矩，m^4。

则根据计算参数，可得：

$$\alpha = \sqrt[5]{\frac{mB_p}{EI}} = \sqrt[5]{\frac{4258 \times (2+1)}{1.4 \times 10^8}} = 0.155 \text{ (m}^{-1}\text{)};$$

$\alpha h_2 = 0.155 \times 16 = 2.48 < 2.5$，属刚性桩。

3）锚固桩内力计算

根据式（6-19）可得锚固桩的转动中心 y_0 及锚固桩转角 ϕ，即：

$$y_0 = \frac{h_2(9h_2 + 4h_1)}{6(h_1 + 2h_2)} = \frac{16 \times (9 \times 16 + 4 \times 8)}{6 \times (8 + 2 \times 16)} = 11.7 \text{ (m)};$$

$$\phi = \frac{12E_1L(h_1 + 2h_2)}{B_p m h_2^4} = 5.6 \times 10^{-4} \text{ (rad)}。$$

根据式（6-13）锚固段距地面 y 深度处锚固桩对地基土侧应力 σ_y 为

$$\sigma_y = my(y_0 - y)\phi = 4258 \times 5.6 \times 10^{-4} \times (11.7 - y)y = 26.8y - 2.4y^2$$

则转动点以上锚固桩对地基土最大侧应力 $\sigma_{y\max} = 81.6$ kPa，相应的 $y = 5.8$ m，桩端侧应力 $\sigma_{h2} = 169.6$ kPa。

4）桩前地基变形状态评价

根据式（6-30）桩前地基变形状态承载力 σ_p^l 及表 6-4 与偏应力水平对应的土体变形状态强度参数，得到距地面以下 $h_2/3$ 深度及 h_2 深度处锚固桩对地基侧应力 σ_y，结果如表 6-5 所列，不同深度处的 σ_p^l 与土侧应力 σ_y 沿锚固段深度的分布如图 6-8 所示。计算过程如下：

$y = \frac{1}{3}h_2$ 深度处的 $[\sigma_H^i]$：

$$\sigma_p^l = \gamma y \tan^2\left(45° + \frac{\varphi_1}{2}\right) + 2c^l \tan\left(45° + \frac{\varphi_1}{2}\right) = 136.6 \text{ (kPa)};$$

$y = h_2$ 深度处的 $[\sigma_H^i]$：

$$\sigma_p^l = \gamma y \tan^2\left(45° + \frac{\varphi_1}{2}\right) + 2c^l \tan\left(45° + \frac{\varphi_1}{2}\right) = 352 \text{ (kPa)}。$$

表 6-5 地基侧应力 σ_y　　　　　　　　单位：kPa

λ_1	σ_p^l ($y = h_2/3$)	σ_y ($y = h_2/3$)	σ_p^l ($y = h_2$)	σ_y ($y = h_2$)
15%	136.6	81.6	352	169.6

由表 6-5 及图 6-8 可知，计算得到的距地面以下锚固桩各深度处桩侧土应力 σ_y 小于该深度处快速稳定状态下的地基土横向承载力 σ_p^l，因此可认为原型桩板墙桩前地基土变形处于快速稳定状态。因此，现场工点的设计结果能满足无砟轨道长期稳定服役的要求，达到了设计目的。

另外，从图 6-8 中还可以看出，《铁路路基支挡结构设计规范》（TB 10025—2006）

中的地基横向允许承载力$[\sigma_H]$与偏应力水平 $\lambda_i = 50\%$ 时的地基变形状态横向承载力相当，相应的桩前地基土变形处于缓慢稳定状态，这与无砟轨道对于变形的严格要求是不相符的。

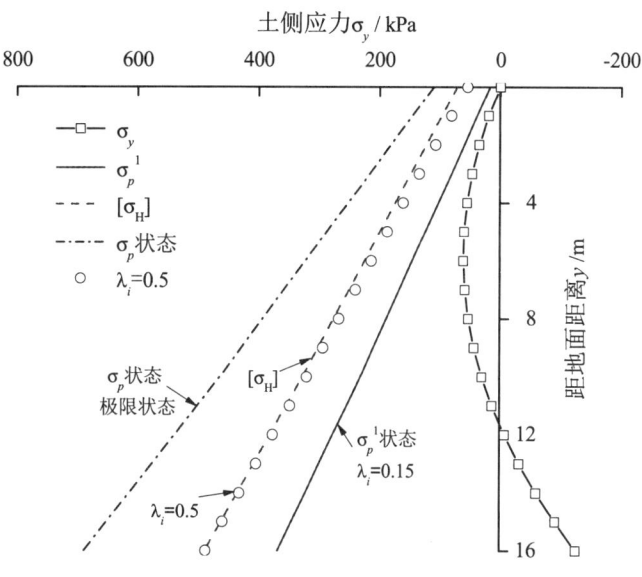

图 6-8　桩前地基土侧应力 σ_y 与变形状态承载力

6.5　现场工点设计工况的变形状态控制检算

1. 设计工况

现场工点按悬臂段长度 10 m 计算墙背土压力，考虑列车及轨道荷载并乘 1.3（注：规范要求 1.1~1.2）的安全系数，取填料容重 $\gamma_1 = 20$ kN/m³、综合内摩擦角 $\varphi = 35°$，计算得墙背土压力为 440 kN/m。计算锚固桩采用强度控制，变形校核方式，考虑地面横坡影响，取锚固点位于桩顶下 12 m。锚固桩锚固段范围内地基土共两层组成：第一层为粉质黏土，层厚 $h_{2-1} = 4$ m，天然容重 $\gamma_{2-1} = 19$ kN/m³，$c_{2-1} = 15$ kPa，$\varphi_{2-1} = 20°$，顶面地基系数为 10 000 kN/m³，比例系数 m 为 10 000 kN/m⁴；第二层为基岩层，地基系数为 140 000 kN/m³，侧向压力容许值为 1 400 kPa。

设计计算结果：锚固桩截面尺寸 2 m×3 m，桩间距 5 m，桩长 24 m，其中锚固段长度 12 m。锚固桩转动中心距桩顶 19.8 m，桩顶变位 36.1 mm，$h_2/3$ 处（距锚固点 4 m）的侧向变形为 3.95 mm，该处地基系数为 50 000 kN/m³，可知该处的侧向压力为 198 kPa；桩端处的侧向变形为 3.30 mm，该处基岩地基系数为 140 000 kN/m³，可知该处的侧向压力为 462 kPa。

2. 变形状态检算

对这一设计结果进行桩板墙侧向位移的时间效应检算。

路堤填土及地基参数取值应尽量接近实测值，墙背土压力（含列车荷载及轨道荷载）无须以安全系数放大。

高速铁路无砟轨道的路堤填料为优质填料，贵广铁路试验工点处的基床表层为级配碎石、基床底层及基床以下路堤填料为 A、B 组，典型填料的室内土工试验的结果表明，压实系数 0.95 的级配碎石内摩擦角不小于 45°，压实系数 0.90 的 A、B 组内摩擦角不小于 40°。本次检算计算墙背土压力时填料综合内摩擦角取值取 40°。考虑轨道列车荷载的墙背土压力为 302 kN/m。计算得到的 $h_2/3$ 处（距锚固点 4 m）的侧向变形为 2.71 mm，侧向压力为 136 kPa；桩端处的侧向变形为 2.27 mm，侧向压力为 317 kPa。

不同地区地基土层中的黏性土强度参数的实测值差异性较大，表 6-6 列出了几条在建和已建铁路部分工点的黏性土实测强度参数均值。

表 6-6 已建铁路地基土层黏性土的抗剪强度指标

在建和已建铁路	黏聚力/kPa	内摩擦角 φ	备注
达成铁路	34.8	12.0°	黏土
张呼铁路	52.0	18.8°	粉质黏土
中南部铁路通道	31.9	34.0°	粉质黏土
贵广铁路	56.6	16.8°	黏土或粉质黏土

因此，地基土层的参数取值应以实测指标为准。

以贵州某铁路数据为例，当地层埋深分别为 4 m、5 m、6 m 时，以重度 19 kN/m³ 计算，得到的换算内摩擦角分别为 47°、42°、39°。

设计中采用的锚固点已经位于原地表以下 4 m 左右（受地面横坡影响）。土层设计强度参数 c_{2-1} = 15 kPa、φ_{2-1} = 20° 与地基系数 50 000 kN/m³ 是否匹配值得推敲，根据《新型支挡结构设计与工程实例》（第二版）提供的表 9-12，密实黏土地基系数为 30 000~60 000 kN/m³，对应的综合内摩擦角范围为 30°~45°。转动中心为地表以下 6.8 m，被动土压力破裂面埋深为 0~6.8 m，平均值为 3.9 m，根据上述贵广铁路黏土实测指标换算得到的综合内摩擦角取为 45°。

按 λ_1 = 15% 计算得到的 φ_{2-1} = 15.4°，c_{2-1} = 0 kPa。

$y = h_2/3$ 深度处的 $[\sigma_p^i]$：

$$\sigma_p^i = \gamma y \tan^2\left(45° + \frac{\varphi_1}{2}\right) + 2c_1 \tan\left(45° + \frac{\varphi_1}{2}\right) = 169 \text{ kPa} > \mathbf{136 \text{ kPa}}$$

$y = h_2$ 深度处为基岩，横向允许应力为 1 400 kPa>**317 kPa**。

可见，设计工况下，设计成果的桩体侧向位移不会随时间延长而累积，即侧向位移没有时间效应。

6.6 设计标准及控制阈值的探讨

为进一步的反映锚固桩在不同转角 φ 的情况下,由式(6-13)得到桩前地基土侧应力 σ_y 与变形状态承载力 σ_p^1 的关系,以反映桩前地基土的变形状态,如图 6-9 所示。

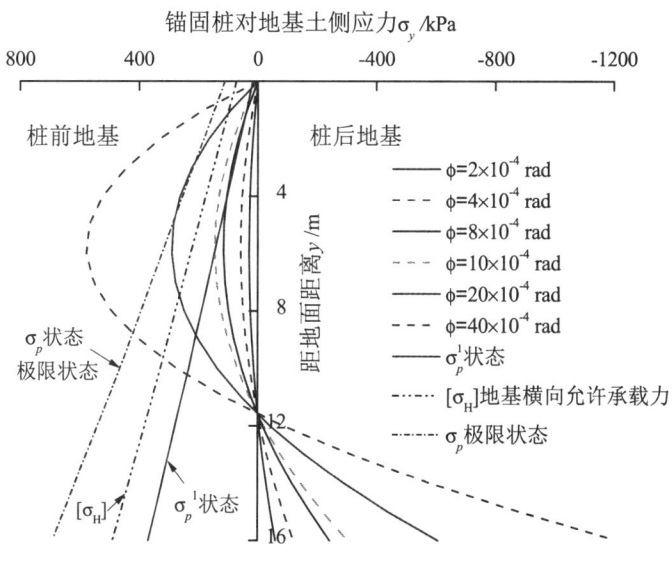

图 6-9 锚固桩不同转角下 σ_y 与 σ_p^1 关系曲线

由图 6-9 可知,锚固桩转角 $\varphi \approx (8\sim10)\times10^{-4}$ rad 时,距地面 $h_2/3$、h_2 处桩前地基土侧应力 σ_y 接近桩前地基横向承载力 σ_p^1,由此可知,在该地层条件、锚固桩的设计参数下,桩前地基土不产生时间效应变形,则锚固桩转角应小于(8~10)×10^{-4} rad,相应的桩顶位移约 16~20 mm,与锚固桩悬臂段高度的比值约 2‰~2.5‰。

当锚固桩转角 $\varphi \approx (10\sim20)\times10^{-4}$ rad 时,桩前地基土侧应力 σ_y 接近地基横向允许承载力 $[\sigma_H]$,此时桩前地基土处于缓慢稳定状态。

当锚固桩转角 $\varphi \approx 20\times10^{-4}$ rad 时,桩前地基土侧应力 σ_y 接近极限状态承载力 σ_p,此时桩前地基土接近快速破坏状态。锚固桩转角为 20×10^{-4} rad,相应的桩顶位移约 40 mm,与锚固桩悬臂段高度的比值约 5‰。

当锚固桩转角达到 40×10^{-4} rad 时,桩前地基土侧应力 σ_y 超出极限状态承载力 σ_p,此时桩前地基土处于快速破坏状态。相应的桩顶位移约 80 mm,与锚固桩悬臂段高度的比值约 1%。但这并不意味着《铁路路基支挡结构设计规范》(TB 10025—2006)中对桩顶位移不超过悬臂段长度的 1% 且不大于 100 mm 的规定不合理,由于计算实例中桩前地基土的力学参数($c = 40.3$ kPa,$\varphi = 18.3°$)偏低,在设计中应当优先以强度控制,即优先使用地基横向允许承载力 $[\sigma_H]$ 控制。

为更清楚地反映桩顶位移达到悬臂段长度 1% 以及桩顶位移为 100 mm(锚固桩转角为 50×10^{-4} rad)时的桩前地基土状态,在计算实例中,保持土体的黏聚力 c 值不变($c = 40.3$ kPa),改变土体内摩擦角 φ(10°~40°),或保持内摩擦角 φ 不变(为了能反映一般情况，φ 取 30°），改变黏聚力 c 值（40~120 kPa），得到不同内摩擦角 φ 以及不同黏聚力 c 时的 σ_p^l、$[\sigma_H]$ 以及 σ_p 与 σ_y 的关系，如图 6-10 和图 6-11 所示。

由图 6-10 可知，在保持土体黏聚力 $c = 40.3$ kPa 不变的情况下，内摩擦角 φ 由 10° 的分别提高至 20°、30°、40°时，桩前地基横向承载力 σ_p^l 状态线所对应的锚固桩转角的变化幅度很小，由 8×10^{-4} rad 提高至 10×10^{-4} rad。而由于内摩擦角的提高，桩后主动土压力减小，桩前被动土压力增加，导致 $[\sigma_H]$ 状态线不断靠近 σ_p 极限状态；同时，随内摩擦角的提高，σ_p 状态线对应的锚固桩转角逐渐接近 40×10^{-4} rad（相当于桩顶位移达到悬臂段长度 1%时的转角）。

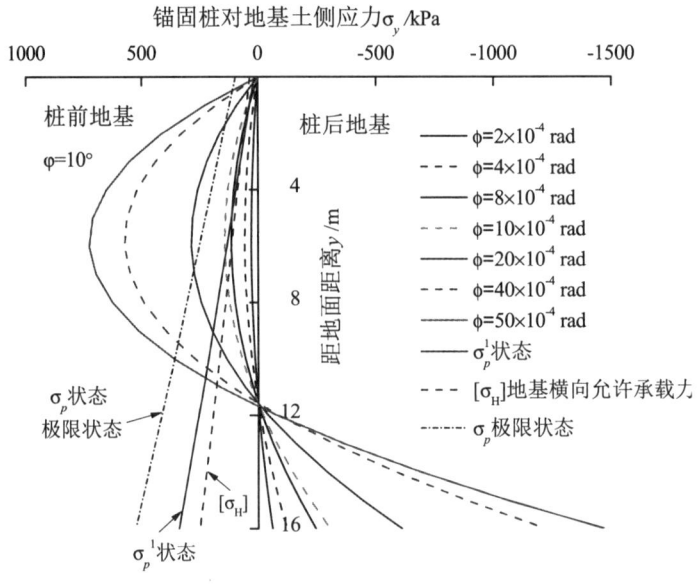

（a）$c = 40.3$ kPa，$\varphi = 10°$

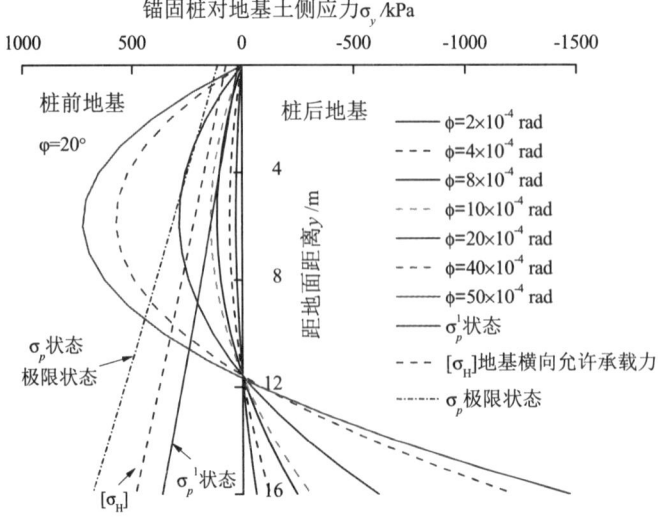

（b）$c = 40.3$ kPa，$\varphi = 20°$

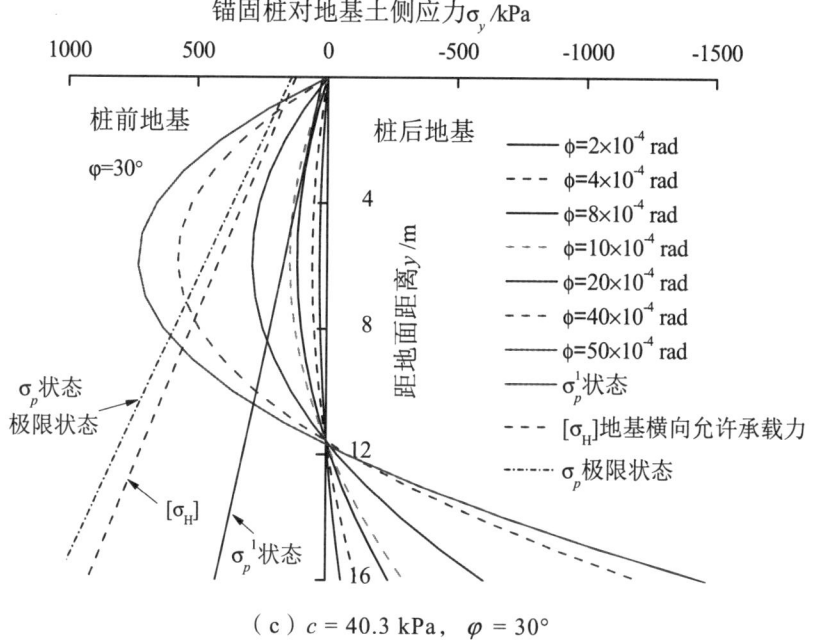

(c) $c = 40.3$ kPa，$\varphi = 30°$

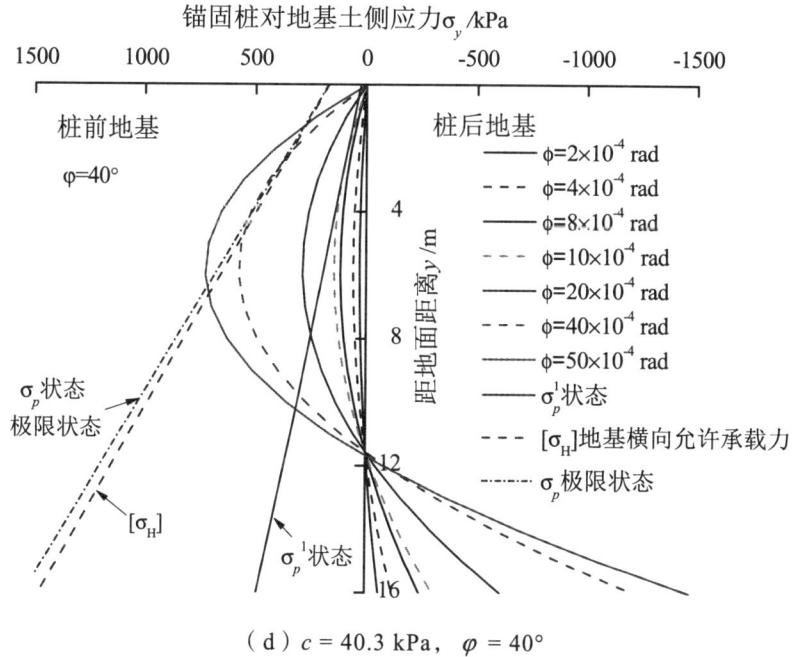

(d) $c = 40.3$ kPa，$\varphi = 40°$

图 6-10 不同内摩擦角下 σ_y 与 σ_p^1 关系曲线

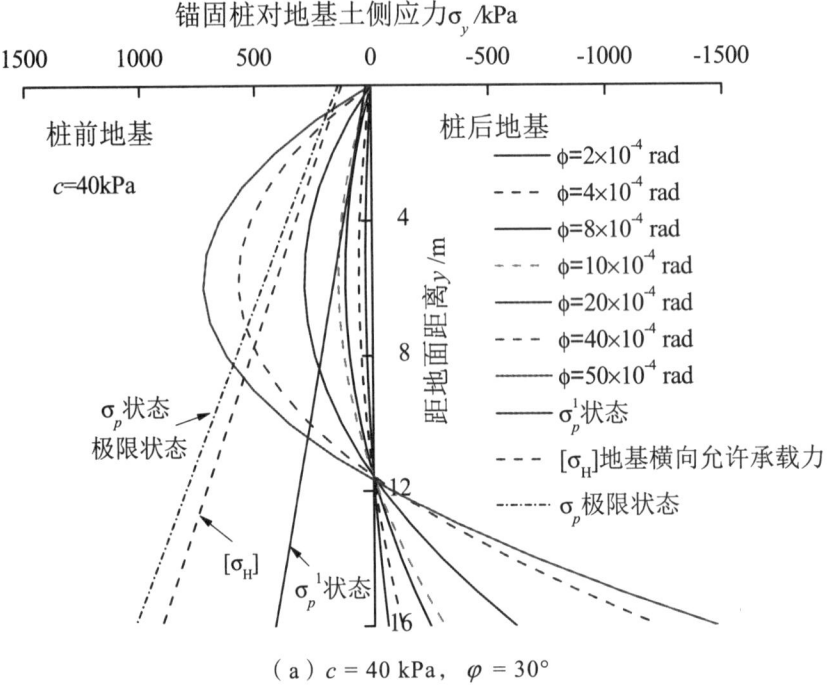

(a) $c = 40$ kPa, $\varphi = 30°$

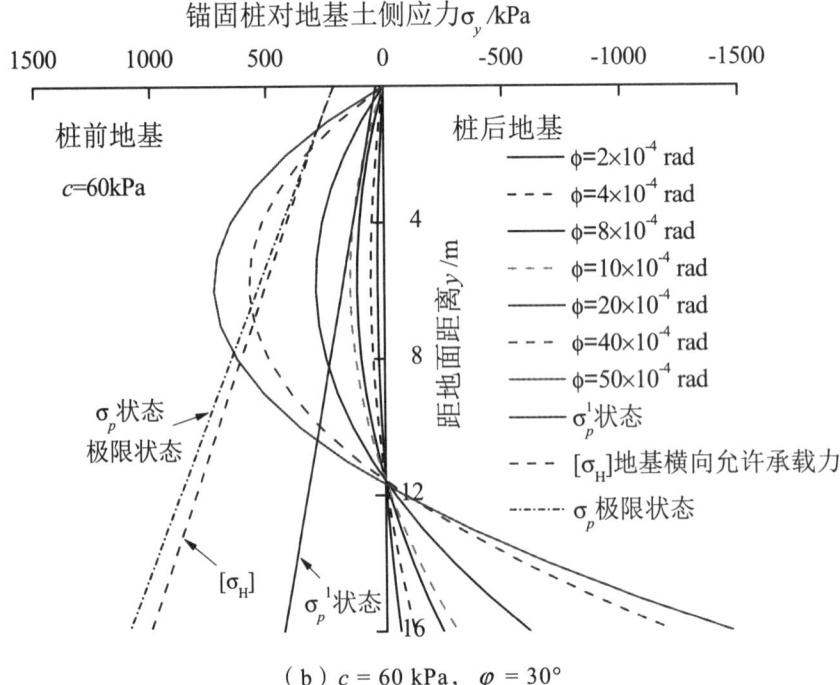

(b) $c = 60$ kPa, $\varphi = 30°$

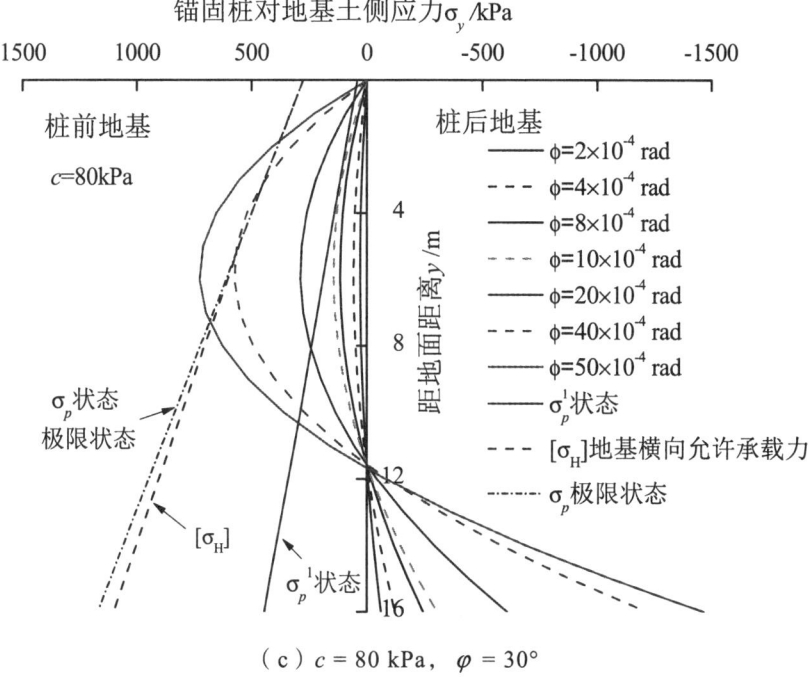

(c) $c = 80$ kPa, $\varphi = 30°$

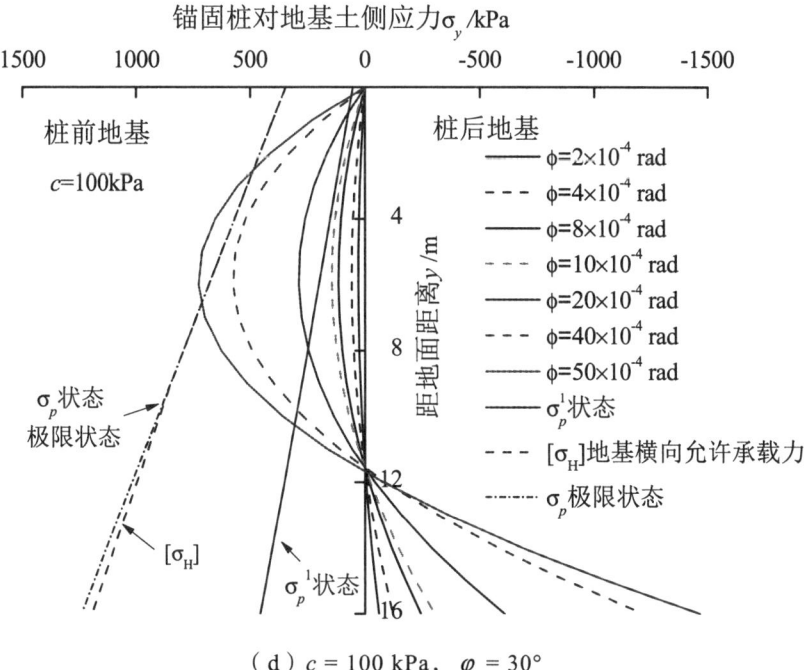

(d) $c = 100$ kPa, $\varphi = 30°$

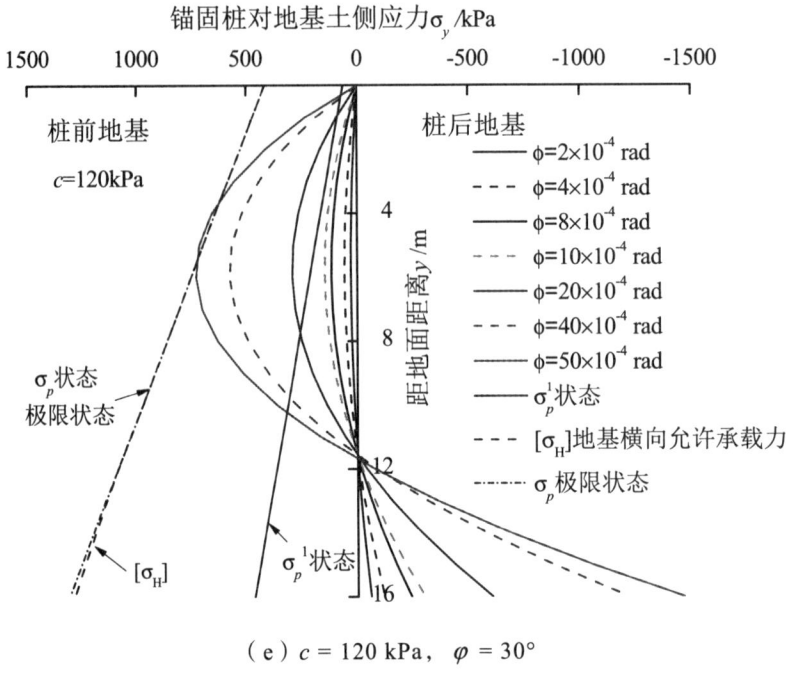

(e) $c = 120\ \text{kPa}$,$\varphi = 30°$

图 6-11 不同黏聚力下 σ_y 与 σ_p^1 关系曲线

由图 6-11 可知，在保持土体内摩擦角 $\varphi = 30°$ 不变的情况下，黏聚力 c 由 40 kPa 分别提高至 60 kPa、80 kPa、100 kPa、120 kPa 时，桩前地基横向承载力 σ_p^1 状态线所对应的锚固桩转角的变化幅度依然很小，同样由 $8×10^{-4}$ rad 提高至 $10×10^{-4}$ rad。而由于黏聚力的提高，桩后主动土压力减小，桩前被动土压力增加，同样导致了 $[\sigma_H]$ 状态线不断靠近 σ_p 极限状态，并最终使两条状态线基本重合；同时，当黏聚力达到 120 kPa 时，σ_p 状态线对应的锚固桩转角逐渐接近 $50×10^{-4}$ rad，相当于桩顶位移为 100 mm 的转角。

根据式（6-13）、式（6-27）、式（6-28）以及式（6-30），以"m"法计算得到桩侧应力 σ_y 与 σ_p^1、$[\sigma_H]$ 以及 σ_p，可反算出土体 c、φ 值相对应的 σ_p^1、$[\sigma_H]$ 以及 σ_p 三种状态所对应的锚固桩转角 ϕ，计算深度 $y \approx 5.3$ m，即锚固段长度的 1/3。计算结果如表 6-7 所列。

表 6-7 土体 c、φ 值相对应的 σ_p^1、$[\sigma_H]$、σ_p 状态对应的锚固桩转角 ϕ

c/kPa	φ	锚固桩转角 ϕ		
		σ_p^1 状态（$×10^{-4}$ rad）	$[\sigma_H]$ 状态（$×10^{-4}$ rad）	σ_p 状态（$×10^{-4}$ rad）
20	10°	8°	2°	13°
	20°	9°	10°	18°
	30°	10°	20°	25°
	40°	11°	34°	37°

续表

c/kPa	φ	锚固桩转角 ϕ		
		σ_p^1 状态（×10⁻⁴ rad）	$[\sigma_H]$ 状态（×10⁻⁴ rad）	σ_p 状态（×10⁻⁴ rad）
30	10°	8°	4°	15°
	20°	9°	13°	20°
	30°	10°	24°	28°
	40°	12°	38°	40°
40	10°	8°	7°	16°
	20°	9°	16°	22°
	30°	10°	27°	30°
	40°	12°	42°	43°
60	10°	9°	13°	20°
	20°	10°	22°	26°
	30°	11°	33°	35°
	40°	13°	(49°)	49°
80	10°	9°	18°	23°
	20°	10°	28°	30°
	30°	12°	40°	40°
	40°	14°	(56°)	55°
100	10°	10°	24°	26°
	20°	11°	34°	34°
	30°	13°	(46°)	44°
	40°	15°	(63°)	61°
120	10°	10°	30°	30°
	20°	11°	(40°)	38°
	30°	13°	(52°)	49°
	40°	**16°**	**(70°)**	**67°**

说明：表中黑体部分数据及（ ）内数据为无效数据。

6.7　设计实例及变形状态阈值验证

1. 设计参数及设计结果

为了更好地比较规范设计方法与变形控制设计方法的差异，以现场工点的地层参数为参照，将锚固桩锚固范围全部设置位于土层内。考虑襟边宽度的悬臂段长度 12 m，计算土压力的悬臂长度 10 m，按规范设计土压力安全系数取 1.2，按变形控制土压力安全系数取 1.0。针对这一工况，根据研究提出的桩前地基快速稳定状态阈值的锚固桩转角表达 1×10^{-3} rad，采用基于变形控制设计方法进行锚固桩设计。同时根据规范方法进行对比设计。设计参数及设计结果如表 6-8 所列。

表 6-8 设计参数与设计结果

项目	规范方法设计	变形控制设计
填土重度 γ/（kN/m³）	20	20
填土黏聚力 c/kPa	0	0
填土内摩擦角 φ	35°	35°
填土与挡墙墙背摩擦角 δ	16.5°	16.5°
计算土压力的悬臂段长度 h/m	10	10
水平向主动土压力 E_x/kPa	335	335
安全系数 k	1.2	1
采用 E_x/kPa	405	335
悬臂段长度/m	12	12
锚固段长度/m	16.5	15.5
锚固桩的模量 E/kPa	30 000 000	30 000 000
锚固段土层厚度 H_t/m	50	50
锚固段土层顶面地基系数 K_t	10 000	10 000
锚固段土层地基系数的比例系数 M_t	10 000	10 000
锚固点以上土体容重 R/（kN·m³）	18	18
锚固点以下土体容重 R/（kN·m³）	19	19
锚固点以下土体黏聚力 c/kPa	15	15
锚固点以下土体内摩擦角 φ	20°	20°
拟定桩身截面尺寸/（m×m）	2×3	2×3
拟定桩间距/m	5	5
地面处（拟定为锚固点处）位移/mm	9	6.67
转动点距桩顶距离/m	21.9	21.8
转角/rad	0.001 4	0.001 2

按规范设计先进行强度计算，校核变形是否满足规定要求；按变形控制设计是先

控制变形满足变形阈值要求。计算结果表明，采用相同的填料与地基土层参数，全土锚条件下，与规范设计方法相比，采用变形控制设计方法得到的锚固桩截面尺寸及悬臂段一致，锚固段长度比前者略短。可见，采用变形控制设计方法得到的设计结果在满足无砟轨道长期服役性能要求的前提下，接近且略优于规范设计方法。

2. 设计工况的变形状态控制验证

本部分对变形状态控制法的设计结果进行验证。

1）墙背土压力

考虑列车及轨道荷载后的 E_1 = 335 kN/m。

2）刚性桩与弹性桩的判断

$$\alpha = \sqrt[5]{\frac{mB_p}{EI}} = 0.185(\mathrm{m}^{-1})$$

αh_2 = 0.185×15.5 = 2.9>2.5，属弹性桩

3）桩前地基变形状态评价

变形控制设计计算得到的转动中心距桩顶 21.8 m，$h_2/3$ 处（距锚固点 5.17 m）的侧向变形为 2.35 mm，该处地基系数为 61 700 kN/m³，可知该处的侧向压力为 145 kPa；桩端处的侧向变形为 1.24 mm，该处地基系数为 165 000 kN/m³，可知该处的侧向压力为 204 kPa。

设计中采用的土层强度参数 $c_{2\text{-}1}$ = 15 kPa、$\varphi_{2\text{-}1}$ = 20°是经验保守的力学参数，与该层地基系数 61 700 kN/m³ 不匹配。根据《新型支挡结构设计与工程实例》（第二版）提供的表 9-12，密实黏土地基系数 30 000~60 000 kN/m³，对应的综合内摩擦角范围为 30°~45°，则 φ 不小于 45°，这与贵广铁路地勘得到的黏性土强度参数换算的综合内摩擦角是符合的。按 λ_1 = 15%折减计算得到的 $\varphi_{2\text{-}1}$ = 15.4°，$c_{2\text{-}1}$ = 0。

① $y = h_2/3$ 深度处的 $[\sigma_p^i]$

$$\sigma_p^i = \gamma y \tan^2\left(45° + \frac{\varphi_1}{2}\right) + 2c_1 \tan\left(45° + \frac{\varphi_1}{2}\right) = 169 \text{ kPa} > \textbf{145 kPa;}$$

② $y = h_2$ 深度处的 $[\sigma_p^i]$：

由于该处桩对于土的作用力方向是朝向填土一侧的，应考虑墙后填土堆载效应，桩端实际深度为 26.5 m。

$$\sigma_p^i = \gamma y \tan^2\left(45° + \frac{\varphi_1}{2}\right) + 2c_1 \tan\left(45° + \frac{\varphi_1}{2}\right) = 900 \text{ kPa} > \textbf{204 kPa}$$

综上所述，全土锚时按桩体转角 1×10⁻³ rad 的变形控制标准，得到的设计结果桩体侧向位移没有时间效应，满足无砟轨道长期稳定服役的要求。

6.8 小　结

现行规范中桩板墙的设计是基于强度控制的，其中的变形规定难以适应无砟轨道高速陡坡路基桩板式挡墙的要求。通过粉质黏土在不同偏应力水平下的三轴试验，从莫尔-库仑破坏准则出发，得到了基于变形时间效应的变形状态强度参数的表达方法，构建了桩板墙基于变形状态控制的设计方法，有以下结论：

（1）根据负幂函数 p 值与偏应力水平（荷载水平）λ_i 的关系，按偏应力水平对粉质黏土变形状态进行划分，分别为：$\lambda_i \leqslant 15\%$ 时为快速稳定状态，这一状态与转角 1×10^{-3} rad 是相对应的，即后者是前者在桩板墙设计中的转角表达；$15\% < \lambda_i \leqslant 50\%$ 时为长期稳定状态，$\lambda_i > 50\%$ 时为破坏状态。

（2）由莫尔-库仑破坏准则出发，对极限偏应力按荷载水平阈值进行折减，得到了基于变形时间效应的变形状态强度参数——即与荷载水平阈值相对应的土体变形状态的强度参数 c_i 和 φ_i。即：

$$\varphi_1 = \arcsin\left[\frac{\sin\varphi}{(1-\sin\varphi)/\lambda_1 + \sin\varphi}\right], \quad c_1 = \frac{c}{\tan\varphi}\cdot\tan\varphi_1 \text{。}$$

（3）根据桩板墙的受力模式，以挡墙墙背土压力作为荷载条件，并以桩前地基中的水平方向应力作为大主应力，桩前地基土自重应力作为小主应力，利用土体变形状态参数，得到与土体变形状态相对应的地基横向承载力 σ_p^i，从而建立了基于变形时间效应的桩板墙桩设计及评价方法。

（4）采用变形状态控制的桩板墙桩设计方法，对贵广铁路工点桩板墙原型进行了计算分析，计算结果表明原型桩板墙桩前地基土变形处于快速稳定状态，与现场测试结果基本吻合。

（5）以现场工点为实例的计算结果表明，《铁路路基支挡结构设计规范》（TB 10025—2006）中关于桩顶位移不超过悬臂段长度的 1% 且不大于 100 mm 的规定，对于刚性桩来说，在这一位移量条件下桩前地基土已接近被动极限状态，不适用于无砟轨道。

（6）对于不同土体内摩擦角及黏聚力，按偏应力水平 $\lambda = 15\%$ 计算得到的桩前地基横向承载力 σ_p^i 状态所对应的锚固桩转角 ϕ 比较稳定，平均值约为 1×10^{-3} rad，与现场测试及离心模型试验结果基本一致。这一控制标准适用于一般黏性土地基全土锚工况，全土锚条件下采用变形控制设计方法得到的设计结果与规范以强度控制设计方法较为接近，略优于后者，且满足无砟轨道长期服役性能的要求。

（7）在斜坡地基路肩式桩板墙的设计中，可将从被动状态破裂面与斜坡地表交点至桩前的水平距离确定为襟边宽度。

参考文献

[1] 王其昌. 高速铁路土木工程[M]. 西南交通大学出版社, 1999: 1-5.

[2] 刘钢. 基于长期累积变形演化状态控制的高速铁路基床结构设计方法研究[D]. 成都: 西南交通大学博士学位论文, 2013.

[3] 铁道部第一勘测设计院. 铁路工程设计技术手册路基分册[M]. 中国铁道出版社, 1995.

[4] 舒森, 李家春, 朱钰等. 陕西省公路灾害防治技术指南[M]. 人民交通出版社, 2009: 11-12.

[5] H. M 罗依尼什维里, C. M 费列什曼. 铁路防治崩塌建筑物计算和设计资料[M]. 中华人民共和国铁道部设计总局第四设计院专家工作室, 唐山铁道学院线路结构教研室译. 人民铁道出版社, 1958.

[6] 李浩, 罗强, 张良等. 衡重式加筋土路肩挡墙土工离心模型试验研究[J]. 岩土工程学报, 2014, 36(3): 458-465.

[7] 陈仲颐, 周景星, 王洪瑾. 土力学[M]. 清华大学出版社, 1994: 196-197.

[8] 邓学钧. 路基路面工程[M]. 人民交通出版社, 2008.

[9] 王广军. 桩板墙工程土拱效应及合理桩间距研究[D]. 成都: 西南交通大学硕士学位论文, 2006.

[10] E. D. Beer. The effect of horizontal loads on piles due to surcharge or seismic effects[C]. Japanese Association for Steel Pile Piles. Proc. 9th ICSM FE, Tokyo, 1977, 3: 547-558.

[11] M. Vucetic. Cyclic Threshold Shear Strains in Soils[J]. Journal of Geotechnical Engineering, ASCE, 1994, 120(12): 2208-2228.

[12] 钱家欢, 殷宗泽. 土工原理与计算（第二版）[M]. 中国水利水电出版社, 1996.

[13] A. C Coulomb. Essai sur une application des régles de Maximis & Minimis à quelques Problèmes de Statique, relatifs à l'Architecture[J]. Présentés à l'Academie des Sciences par divers Savans, 1776, 7: 343-382.

[14] W. J. M Rankine. On the stability of loose earth[J]. Philosophical Transactions of the Royal Society of London, 1857: 9-27.

[15] 李海光. 新型支挡结构设计与工程实例[M]. 第二版. 人民交通出版社, 2010.

[16] 何昌荣, 陈群, 富海鹰. 两种支挡结构的实测和计算土压力[J]. 岩土工程学报, 2000, 22(1): 55-60.

[17] 肖双松. 高速铁路陡坡地基路肩式桩板墙现场测试分析[D]. 成都: 西南交通大学硕

士学位论文, 2013.

[18] 韩春暄, 蒋忠信. 复杂地质艰险山区修建大能力南昆铁路干线成套技术[M]. 成都电子科技大学出版社, 2000.

[19] 周德培, 邱祖华. 软岩深路堑锚索桩挡护的现场测试研究[J]. 路基工程, 1999, (2): 35-39.

[20] 蒋忠信, 蒋良潍. 南昆铁路支挡结构主动土压力分布图式[J]. 岩石力学与工程学报, 2005, 24(6): 1035-1040.

[21] 韩安理. 水平承载桩的计算[M]. 第二版. 中南大学出版社, 2004.

[22] M. Hetenyi. Beams on elastic foundations[M]. Michigan: University of Michigan Press, 1946.

[23] J. E Bowles. Foundation design and analysis[M]. New York: Mc Graw-Hill, 1988.

[24] 铁道部第二勘测设计院. 抗滑桩设计与计算[M]. 中国铁道出版社, 1983.

[25] P. E Rase. Theory of lateral bearing capacity of piles, Proc, IsICSMFE, 1936.

[26] B. B Broms. Lateral resistance of piles in cohesive soils[J]. Journal of Soil Mechanics and Foundations, ASCE, 1964, 90(3): 123-156.

[27] B. B Broms. Lateral resistance of piles in cohesive soils[J]. Journal of Soil Mechanics and Foundations, ASCE, 1964, 90(2): 27-63.

[28] B. B Broms. Design of laterally loaded piles[J]. Journal of Soil Mechanics and Foundations, ASCE, 1966, 91(3): 77-99.

[29] R. Z Moayed, A. Judi, B. K Rabe. Lateral bearing capacity of piles in cohesive soils based on soils' failure strength control[J]. Electronic Journal of Geotechnical Engineering, 2009, 13(bund. D): 1-11.

[30] M. Murugan, C. Natarajan, K. Muthukkumaran. Behavior of Laterally Loaded Piles in Cohesionless Soils[J]. International Journal of Earth Sciences and Engineering, 2011, 4(06): 104-106.

[31] 物部長穂. 土木耐震学[M]. 理工ヅ书, 1952.

[32] E. Winkler. Die Lehre von der Elastizität und Festigkeit mit besonderer Rücksicht auf ihre Anwendung in der Technik[M]. Verlag von H. Dominicus, 1867.

[33] 胡人礼. 桥梁桩基础分析和设计[M]. 中国铁道出版社, 1987.

[34] Y. L Chang. Discussion on "lateral pile loading tests" by Feagin L. B[J]. Transaction of the American Society of Civil Engineers, 1937, 102: 272-278.

[35] 胡人礼. 桩基 K 法计算中存在的问题[J]. 铁路标准设计通讯, 1973, 11: 33-35.

[36] 交通部科学研究院. 桩基 K 值法计算理论及其应用中的错误[J]. 公路, 1981, 11: 9-13.

[37] 刘大鹏, 尤晓伟. 基础工程[M]. 清华大学出版社, 2005.

[38] K. Terzaghi. Evaluation of coefficients of subgrade reaction[J]. Géotechnique, 1955, 5(4):

297-326.

[39] L. C Reese. Laterally loaded piles: program documentation[J]. Journal of the Geotechnical Engineering, ASCE, 1977, 103(4): 287-305.

[40] H. Matlock, L. C Reese. Generalized solutions for laterally loaded piles[J]. Journal of Soil Mechanics and Foundations Division, ASCE, 1960, 86(5): 63-94.

[41] L. C Reese, W. R Cox, F. D Koop. Analysis of laterally loaded piles in sand[J]. Offshore Technology in Civil Engineering Hall of Fame Papers from the Early Years, 1974: 95-105.

[42] L. C Reese, H. Matlock. Non-dimensional solutions for laterally loaded piles with soil modulus assumed proportional to depth[M]. Association of Drilled Shaft Contractors, 1956.

[43] W. R Cox, L. C Reese, B. R Grubbs. Field testing of laterally loaded piles in sand[C]// Offshore Technology Conference. Dallas, 1974.

[44] 卢世深, 徐风云, 黄文机等. 钻孔桩水平承载力计算方法-"C"法的研究[J]. 公路交通科技, 1987, (12): 1-5.

[45] K. Sun. Laterally loaded piles in elastic media[J]. Journal of geotechnical engineering, 1994, 120(8): 1324-1344.

[46] V. Z Vlasov, N. N Leontiev. Beams, plates and shells on elastic foundations[M]. Washington D. C: Israel Program for Scientific Translation, 1966.

[47] 吴恒立. 计算弹性地基中推力桩的双参数法(推力桩计算理论研究报告之一)[J]. 重庆交通学院学报, 1983, (1): 11-24.

[48] 吴恒立. 计算推力桩的双参数法以及长桩参数的确定[J]. 岩土工程学报, 1985, 7(3): 41-46.

[49] 吴恒立. 推力桩双参数法微分方程的通解[J]. 重庆交通学院学报, 1985, 4(3): 19-27.

[50] W. Higgins, C. Vasquez, D. Basu. Elastic solutions for laterally loaded piles[J]. Journal of Geotechnical and Geoenvironmental Engineering, 2012, 139(7): 1096-1103.

[51] M. T Davisson, H. L Gill. Laterally loaded piles in a layered soil system[M]. University of Illinois, 1962.

[52] M. T Davisson, H. L Gill. Laterally loaded piles in a layered soil system[J]. Journal of Soil Mechanics and Foundations Division, ASCE, 1963, 89(3): 63-94.

[53] P. J Pise. Lateral response of fixed-head pile[J]. Journal of Geotechnical Engineering, ASCE, 1983, 109(8): 1126-1131.

[54] P. J Pise. Lateral response of free-head pile[J]. Journal of Geotechnical Engineering, ASCE, 1984, 110(12): 1805-1809.

[55] P. J Pise. Laterally loaded piles in a layered soil system[J]. International Journal of Structures, 1981, 1(3): 75-84.

[56] P. J Pise. Laterally loaded piles in a two-layer soil system[J]. Journal of the Geotechnical Engineering Division, ASCE, 1982, 108(9): 1177-1181.

[57] 赵明华, 王贻荪, 肖鹤松. 多层地基横向受荷桩的分析[J]. 建筑结构, 1994, (2): 6-10.

[58] 张玲, 赵明华, 赵衡. 双层地基水平受荷桩受力变形分析[J]. 岩土力学, 2011, 32（增刊2）: 302-305.

[59] Y. S Choi, D. Basu, R. Salgado. Response of Laterally Loaded Rectangular and Circular Piles in Soils with Properties Varying with Depth[J]. Journal of Geotechnical and Geoenvironmental Engineering, 2013. DOI: 10. 1061/(ASCE) GT. 1943-5606. 0001067.

[60] D. Basu, R. Salgado, M. Prezzi. A new model for analysis of laterally loaded piles[C]// Geo-Frontiers Congress. Dallas, 2011,

[61] H. Matlock. Correlations for design of laterally loaded piles in soft clay[C]// Proceedings of the Annual Offshore Technology Conference. Dallas, 1970, (OTC1204): 577-594.

[62] W. R Sullivan, L. C Reese, C. W Fenske. Unified method for analysis of laterally loaded piles in clay[J]. Numerical Methods in Offshore Piling, London, 1979.

[63] 王惠初, 武冬青, 田平. 粘土中横向静载桩P-y曲线的一种新的统一法[J]. 河海大学学报, 1991, 19(1): 9-17.

[64] 程泽坤. 基于P-Y曲线法考虑桩土相互作用的高桩结构物分析[J]. 海洋工程, 1998, 16(2): 73-82.

[65] 苏静波, 邵国建, 刘宁. 基于PY曲线法的水平受荷桩非线性有限元分析[J]. 岩土力学, 2006, 27(10): 1781-1785.

[66] Budhu M, T. G Davies. Analysis of laterally loaded piles in soft clays[J]. Journal of geotechnical engineering, 1988, 114(1): 21-39.

[67] M. Ashour, G. Norris, P. Pilling. Lateral loading of a pile in layered soil using the strain wedge model[J]. Journal of geotechnical and geo-environmental engineering, ASCE, 1998, 124(4): 303-315.

[68] M. Ashour, G. Norris. Modeling lateral soil-pile response based on soil-pile interaction[J]. Journal of Geotechnical and Geoenvironmental Engineering, ASCE, 2000, 126(5): 420-428.

[69] 吴恒立. 推力桩非线性传力机理和计算模型的探讨[J]. 重庆交通学院学报, 1989, 8(4): 1-6.

[70] 吴恒立. 推力桩非线性全过程分析及控制性设计-综合刚度原理和双参数法[J]. 重庆交通学院学报, 2001, 20（增刊）: 77-82.

[71] 叶万灵, 时蓓玲. 桩的水平承载力实用非线性计算方法-NL法[J]. 岩土力学, 2000, 21(2): 97-101.

[72] C. C 维亚洛夫. 土力学的流变原理[M]. 杜余培, 郭见杨译, 科学出版社, 1987.

[73] 陈宗基. 地下巷道长期稳定性的力学问题[J]. 岩石力学与工程学报, 1982, 1(1): 1-20.

[74] 孙钧. 岩土材料流变及其工程应用[M]. 北京: 中国建筑工业出版社, 1999.

[75] 范庆忠, 李术才, 高延法. 软岩三轴蠕变特性的试验研究[J]. 岩石力学与工程学报, 2007, 26(7): 1381-1385.

[76] 黄治云, 张永兴, 董捷. 桩板墙土拱效应及土压力传递特性试验研究[J]. 岩土力学, 2013, 34(7): 1887-1892.

[77] 董捷, 张永兴, 黄治云. 柔性板桩板墙加固斜坡填方地基的土压力分配问题研究[J]. 岩土力学, 2010, 31(8): 2489-2495.

[78] 商秋婷, 刘祚秋, 林治平. 悬臂桩挡土板对桩板后土拱效应的影响[J]. 地下空间与工程学报, 2014, 10(2): 333-339.

[79] 谢兰芳. 云桂铁路膨胀土地段桩板墙及柔性挡墙试验研究[D]. 长沙: 中南大学硕士学位论文, 2012.

[80] 代军, 胡岱文. 桩锚支挡结构体系挡板土压力试验研究[J]. 重庆建筑大学学报, 2001, 23(4): 48-54.

[81] Georgiadis M, Anagnostopoulos C. Lateral pressure on sheet pile walls due to strip load[J]. Journal of geotechnical and geoenvironmental engineering, ASCE, 1998, 124(1): 95-98.

[82] Steenfelt J S, Hansen B. Discussion to "Total Lateral Surcharge Pressure Due to Strip Load" by Ramon Jarquio (October, 1981)[J]. Journal of Geotechnical Engineering, 1983, 109(2): 271-273.

[83] Steenfelt J S, Hansen B. Sheet pile design earth pressure for strip load[J]. Journal of Geotechnical Engineering, 1984, 110(7): 976-986.

[84] Endley S N, Dunlap W A, Knuckey D M, et al. Performance of an anchored sheet-pile wall[J]. Geotechnical special publication, 2000: 179-198.

[85] 胡荣华. 衡重式桩板挡墙受力特性及破坏机理的研究[D]. 北京: 中国铁道科学研究院博士学位论文, 2011.

[86] 刘国楠, 胡荣华, 潘效鸿, 等. 衡重式桩板挡墙受力特性模型试验研究[J]. 岩土工程学报, 2013, 35(1): 103-110.

[87] 周德培, 邱祖华. 软岩深路暂锚索桩挡护的现场测试研究[J]. 路基工程, 1999(2): 35-39.

[88] 任辰, 廖少明, 焦齐柱, 等. 桩墙式挡土结构的变形模式及其识别[J]. 岩土工程学报, 2013, 35(12): 2226-2232.

[89] 杨明. 桩土相互作用机理及抗滑加固技术[D]. 成都: 西南交通大学博士学位论文, 2008.

[90] 蒋楚生. 路肩(堤)式预应力锚索桩板墙柔性支挡结构的土压力分布新探索[J]. 铁道工程学报, 2007 (4): 24-28.

[91] 蒋楚生. 路堤(肩)式预应力锚索桩板墙结构设计理论及工程应用研究[D]. 成都: 铁

道第二勘察设计院, 2006.

[92] 李中国, 赵有明, 张玉芳. 某高速公路锚索桩板墙原型测试与分析[J]. 岩土工程学报, 2008, 30(5): 739-744.

[93] 谭献良, 邓宗伟, 李志勇, 等. 交通荷载对预应力锚索桩板墙的土压力影响分析[J]. 中南大学学报（自然科学版）, 2010, 41(3): 1178-1185.

[94] K. Terazghi. Theoretical Soil Mechanics[M]. New York: J. Wiley and Sons, Inc, 1943.

[95] Sherif M A, Ishibashi I, Lee C D. Earth pressures against rigid retaining walls[J]. Journal of the Geotechnical Engineering Division, 1982, 108(5): 679-695.

[96] Sherif M A, Fang Y S, Sherif R I. Ka and K0 Behind Rotating and Non-Yielding Walls[J]. Journal of Geotechnical Engineering, 1984, 110(1): 41-56.

[97] 周应英, 任姜龙. 刚性挡土墙主动土压力的试验研究[J]. 岩土工程学报, 1990, 12(2): 19-26.

[98] 周应英. 刚性挡土墙土压力的研究[J]. 长沙交通学院院报, 1988, (1): 48-56.

[99] 周应英. 桥用刚性挡土墙的土压力模型试验研究[J]. 国外公路, 1987, (3): 14-18.

[100] 卢坤林, 朱大勇, 杨扬. 任意位移模式刚性挡土墙土压力研究[J]. 岩土力学, 2011, 32（增刊1）: 370-375.

[101] 陈页开, 汪益敏, 徐日庆, 等. 刚性挡土墙主动土压力数值分析[J]. 岩石力学与工程学报, 2004, 23(6): 989-995.

[102] 陈页开. 挡土墙上土压力的试验研究与数值分析[D]. 杭州: 浙江大学博士学位论文, 2001.

[103] Bang. S. Active earth pressure behind retaining walls[J]. Journal of Geotechnical Engineering, ASCE, 1985, 111(3): 407-412.

[104] R. L Handy. The arch in soil arching[J]. Journal of Geotechnical Engineering, ASCE, 1985, 111(3): 302-318.

[105] Y. S Fang, Ishibashi. Static earth pressures with various wall movements[J]. Journal of Geotechnical Engineering, ASCE, 1986, 112(3): 317-333.

[106] Y. S Fang, F. P Cheng, R. T Chen. Earth pressures under general wall movements[J]. Journal of Geotechnical Engineering, ASCE, 1993, 24(2): 113-131.

[107] Ichihara M, Matsuzawa H. Earth pressure during earthquake[J]. Soil and Foundation, Japanese Society of Soil Mechanics and Foundation Engineering, 1973, 13(4): 75-86.

[108] 徐日庆. 考虑位移和时间的土压力计算方法[J]. 浙江大学学报: 自然科学版, 2000, 34(4): 370-375.

[109] 杨泰华, 贺怀建. 考虑位移效应的土压力计算理论[J]. 岩土力学, 2010, 31(11): 3635-3639.

[110] 杨泰华, 龚建伍, 汤斌, 等. 不同变位模式下无黏性土非极限被动土压力计算分析[J]. 岩土力学, 2013, 34(10): 2979-2990.

[111] Chang M F. Lateral earth pressures behind rotating walls[J]. Canadian Geotechnical Journal, 1997, 34(4): 498-509.

[112] 梅国雄, 宰金珉. 现场监测实时分析中的土压力计算公式[J]. 土木工程学报, 2000, 33(5): 79-82.

[113] 徐日庆, 龚慈, 魏纲, 等. 考虑平动位移效应的刚性挡土墙土压力理论[J]. 浙江大学学报: 工学版, 2005, 39(1): 119-122.

[114] 龚慈. 不同位移模式下刚性挡土墙土压力计算方法研究[D]. 杭州: 浙江大学硕士学位论文, 2005.

[115] 龚慈, 魏纲, 徐日庆. RT模式下刚性挡墙土压力计算方法研究[J]. 岩土力学, 2006, 27(9): 1588-1592.

[116] 章瑞文, 徐日庆, 郭印. 挡土墙主动土压力的逐层计算法[J]. 岩土力学, 2006, 27（增刊）: 151-155.

[117] 章瑞文. 挡土墙主动土压力理论研究[D]. 杭州: 浙江大学博士学位论文, 2007.

[118] 蒋波, 应宏伟, 谢康和等. 平动模式下挡土墙非极限状态主动土压力计算[J]. 中国公路学报, 2005, 18(2): 24-27.

[119] Chen T J, Fang Y S. Earth pressure due to vibratory compaction[J]. Journal of geotechnical and geoenvironmental engineering, 2008, 134(4): 437-444.

[120] Duncan J M, Seed R B. Compaction-induced earth pressures under K 0-conditions[J]. Journal of Geotechnical Engineering, 1986, 112(1): 1-22.

[121] 彭述权, 刘爱华, 樊玲. 不同位移模式刚性挡墙主动土压力研究[J]. 岩土工程学报, 2009, 31(1): 32-35.

[122] 王冠. 基于变形控制的高速铁路高路堤压实参数研究[D]. 成都: 西南交通大学硕士学位论文, 2013.

[123] 中国土木工程学会土力学及岩土工程分会. 深基坑支护技术指南[M]. 北京: 中国建筑工业出版社, 2012.

[124] Springman S. M. Soil structure interaction: idealization of validation and calibration of model[C]// 1st Albert Caquot Conference. Paris, 2001.

[125] 陈云敏, 朱斌, 詹良通等. 岩土工程物理模拟研究进展[C]//第七届全国岩土工程物理模拟学术研讨会. 杭州, 2013.

[126] Mayne C. M, Coop M. R, Springman S. M, etc. Geomaterial behavior and testing[C]// 17th Int. Conf. Soil Mech. Geotech. Engng, Alexandria, 2777-2872. State of the Art Paper.

[127] 岩土离心模拟技术原理和工程应用编委会. 岩土离心模拟技术原理和工程应用[M]. 武汉: 长江出版社, 2011.

[128] Bucky, P. B. Use of models for the study of mining problems[J]. American Institution of Mining and Metallurgical Engineers, 1931, 425: 3-28

[129] Pokrovsky G. I, Boulytcher V. Soil pressure investigation on sewers by means of models[J]. Tech. Phys. U. S. S. R. 1, 1934, 2: 121-123.

[130] Pokrovsky G. I, Fyodorov I. S. Investigation by means of models of stress distribution in the ground and the settling of foundations[J]. Tech. Phys. U. S. S. R. 2, 1935, 4: 299-311.

[131] Pokrovsky G. I, Fyodorov I. S. Studies of soil pressures and deformations by means of a centrifuge[C]// In A. Casagrande, P. C. Rutledge & J. D. Watson (eds) Proc. 1st Int. Conf. On Soil Mechanics & Foundation Engineering 1: 70. Cambridge, Massachusetts: Harvard University, 1936.

[132] Pokrovsky G. I, Fyodorov I. S. Centrifugal modeling in the construction industry[M]. Moscow: Stroiiedat, 1968.

[133] Pokrovsky G. I, Fyodorov I. S. Centrifugal modeling in the mining industry[M]. Moscow: Stroiiedat, 1969.

[134] Schofield A. N. Cambridge geotechnical centrifuge operations[J]. Géotechnique, 1980, 30(3): 227-268.

[135] K. Arulanandan, A. Anandarajah, A. Abghari. Centrifugal modeling of soil liquefaction susceptibility[J]. Journal of Geotechnical Engineering, ASCE, 1983, 109(3): 281-300.

[136] Arulanandan K, Thompson P Y, Kutter B L, et al. Centrifuge modeling of transport processes for pollutants in soils[J]. Journal of geotechnical engineering, 1988, 114(2): 185-205.

[137] 张建红, 胡黎明. 重金属离子和 LNAPLs 在非饱和土中的运移规律研究[J]. Chinese Journal of Geotechnical Engineering, 2006, 28(2): 277-280.

[138] Zhang P, Wu Z. Municipal sludge as landfill barrier material[J]. Journal of Environmental Sciences, 2005, 17(3): 474-477.

[139] Hu L, Lo I M C, Meegoda J N. Numerical analysis and centrifugal modeling of LNAPLs transport in subsurface system[J]. Progress in natural science, 2006, 16(4): 416-424.

[140] Dixon J M, Tirrul R. Centrifuge modelling of fold-thrust structures in a tripartite stratigraphic succession[J]. Journal of Structural Geology, 1991, 13(1): 3-20.

[141] Harris L B, Koyi H A. Centrifuge modelling of folding in high-grade rocks during rifting[J]. Journal of structural geology, 2003, 25(2): 291-305.

[142] Schmidt R M. Centrifuge Contributions to Cratering Technology[J]. State of the Art, 1985.

[143] Kutter B L, O'Leary L M, Thompson P Y, et al. Gravity-scaled tests on blast-induced soil-structure interaction[J]. Journal of geotechnical engineering, 1988, 114(4): 431-447.

[144] Simpson P T, Sausville M J, Zimmie T F, et al. Geotechnical Centrifuge Modeling of Explosive Cratering on Earth Embankments and Dams[C]// International Conference on Energy, Environment and Disasters (INCEED), Charlotte, North Carolina, USA. 2005: 123-124.

[145] 包承纲. 土力学的发展和土工离心模型试验的现状[J]. 岩土力学, 1988, 9(4): 23-30.

[146] Taylor R N. Centrifuges in modeling: principles and scale effects[J]. Geotechnical centrifuge technology, 1995: 19-33.

[147] Malushitsky Y N. The centrifugal model testing of waste-heap embankments[M]. London: Cambridge University Press, 1981.

[148] Santamarina J. C, Goodings D. J. Centrifuge modeling: a study of similarity[J]. ASTM Geotechnical Testing Journal, 1989, 12(2): 163-166.

[149] 徐光明, 章为民. 离心模型中的粒径效应和边界效应研究[J]. 岩土工程学报, 1996, 18(3): 80-86.

[150] Ovesen N. K. The Use of Physical Model sin Design: the Scaling Law Relationships [C]// 7th European Conf. On Soil Mechanic sand Foundation Engineering. Brighton, 1979, 4: 318-323.

[151] 杨俊杰, 柳飞, 丰泽康男, 等. 砂土地基承载力离心模型试验中的粒径效应研究[J]. 岩土工程学报, 2007, 29(4): 477-483.

[152] FUGLSANG L D, OVESEN N K. The application of the theory of modelling to centrifuge studies[C]// Centrifuge in Soil Mechanics, Craig W H, James R G, Schofield A N eds, Balkema, Rotterdam, 1988, 119-138.

[153] 唐剑虹. 土工离心模型试验在高土石坝中的应用[J]. 水电站设计, 1996, 12(1): 80-83.

[154] 唐志成. 刚性挡土墙的离心模型试验研究[D]. 成都: 西南交通大学硕士学位论文, 1992.

[155] A. F Kobakhidze. Form of the diagram of backfill pressure on a retaining wall[J]. Soil Mechanics and Foundation Engineering, 1977, 14(1): 68-73.

[156] Z. V Tsagareli. Experimental investigation of the pressure of a loose medium on retaining walls with a vertical back face and horizontal backfill surface[J]. Soil Mechanics and Foundation Engineering, 1965, 2(4): 197-200.

[157] M. H Khosravi, T. Pipatpongsa, J. Takemura. Experimental analysis of earth pressure against rigid retaining walls under translation mode[J]. Géotechnique, 2013, 63(12): 1020-1028.

[158] 应宏伟, 蒋波, 谢康和. 考虑土拱效应的挡土墙主动土压力分布[J]. 岩土工程学报, 2007, 29(5): 717-722.

[159] 王元战, 李新国, 陈楠楠. 挡土墙主动土压力分布与侧压力系数[J]. 岩土力学,

2005, 26(7): 1019-1022.

[160] 王元战, 李蔚, 黄长虹. 墙体绕基础转动情况下挡土墙主动土压力分布[J]. 岩土工程学报, 2003, 25(2): 208-211.

[161] 罗强, 蔡英, 邵启豪. 成都粘土重力式挡土墙的工程试验[J]. 西南交通大学学报, 1995, 30(3): 270-274.

[162] 陈仲颐, 周景星, 王洪瑾. 土力学[M]. 北京: 清华大学出版社, 2007.

[163] 熊勇, 罗强, 张良等. 基于变形时间效应的高速铁路地基压缩层厚度计算方法[J]. 中国科学, 2014, 44(7): 755-769.

[164] 王伟. 基于能量耗散原理的土与结构接触面模型研究及应用[D]. 南京: 河海大学博士学位论文, 2006.

[165] NGUYEN Hong-Phong（阮红风）. 土体剪切变形时间效应特性及高速铁路路堤长期变形状态控制技术研究[D]. 西南交通大学博士学位论文, 2014.

[166] 李浩, 罗强, 张良等. 不同位移模式下衡重式路肩墙离心模型试验研究[J]. 岩土工程学报, 2015, 37(4): 675-682.

[167] 张家国. 衡重式挡土墙受力及变形特性离心试验模型研究[D]. 成都: 西南交通大学, 2004.

[168] 卢良青. 基于三轴试验的中低压缩性土变形时效性分析[D]. 成都: 西南交通大学硕士学位论文, 2014.

[169] 郑颖人, 陈祖煜, 王恭先, 凌天清. 边坡与滑坡工程治理（第二版）[M]. 北京: 人民交通出版社, 2010.